新中国农村发展60年丛书

丛书主编　李良玉

DANGDAI NONGCUN DE SHUILI JIANSHE

当代农村的水利建设

■ 王瑞芳 著

江苏大学出版社
JIANGSU UNIVERSITY PRESS

镇江

图书在版编目(CIP)数据

当代农村的水利建设 / 王瑞芳著. —镇江:江苏
大学出版社,2012.6
（新中国农村发展 60 年丛书 / 李良玉主编）
ISBN 978-7-81130-351-3

Ⅰ.①当⋯ Ⅱ.①王⋯ Ⅲ.①河道整治－研究－中国
②农田水利建设－研究－中国 Ⅳ.①TV882②S27

中国版本图书馆 CIP 数据核字(2012)第 090803 号

当代农村的水利建设

著　　者/王瑞芳
责任编辑/张　平
出版发行/江苏大学出版社
地　　址/江苏省镇江市梦溪园巷 30 号(邮编:212003)
电　　话/0511-84446464(传真)
网　　址/http://press.ujs.edu.cn
排　　版/镇江文苑制版印刷有限责任公司
印　　刷/丹阳市兴华印刷厂
经　　销/江苏省新华书店
开　　本/700 mm×960 mm　1/16
印　　张/18.75
字　　数/320 千字
版　　次/2012 年 7 月第 1 版　2012 年 7 月第 1 次印刷
书　　号/ISBN 978-7-81130-351-3
定　　价/40.00 元

如有印装质量问题请与本社营销部联系(电话:0511-84440882)

总　序

去年 8 月,江苏大学出版社邀我主持编写一套新中国农村发展 60 年的丛书,力求体现新中国成立以来农村发展的整体面貌,希望我尽快拿出总体设想和具体的编写计划。经过陆续的几次洽谈和商榷,编写与出版计划均顺利地落实了下来。

中国是具有悠久农业文明的人口大国,农民是中国人口的主体,农业是国民经济的基础,农村稳定是全社会稳定的关键,应该说这是人们理解中国社会和历史的三个正确的视点。也许,今天这三个视点仍然具有相当的正确性。新中国农村的发展,虽然至今才 60 年的时间,但却是自古以来的一个非常重要的历史阶段。它的重要性,体现在以下 4 个方面:

第一,农村的土地关系,在这个阶段发生过,并且将继续发生深刻的变化。在一个以农立国的国度里,土地关系是所有社会关系的主轴。自春秋时期土地私有化以来,地主土地所有制逐渐成为中国沿袭不变的基本的土地形态,直到 20 世纪 20 年代末期才开始动摇。1950 年前后的短短 7 年中(包括 1949 年前的 3 年多时间),全国范围内进行了土地改革,2 000 多年的地主阶级土地所有制被摧毁。这个变革,其深刻的社会意义,至今还有解读的空间。20 世纪 50 年代先后形成的农业合作社和人民公社土地集体所有制,才是中国历史上真正牢固的土

1

地公有制。相应地，它的解体，在保持土地集体所有形式下的"大包干"，即土地所有权与使用权分离政策的推行，其积极意义、历史价值和未来走向，也许又是一个需要长时间实践才能充分认识的问题。

第二，农民与国家的关系，在这个阶段发生过，并且将继续发生深刻的变化。在农业经济的条件下，所谓土地关系，并不仅仅是封建领主与农民、地主与农民的关系，而且包括土地所有者、农民与国家的关系。在封建时代（暂时沿用这个说法），农民除了直接面对与地主的土地租赁关系以外，还间接面对着与国家的赋税关系。所以，每当封建帝王头脑清醒，实行轻徭薄赋政策，并且能适当抑制土地兼并和地主阶级剥削的时候，常常就是生产力发展，社会相对稳定繁荣的时候。中国的民主革命，把废除地主土地所有制作为社会解放的主要目标之一，有其合理性。但是，如何在废除了农民与地主的土地租赁关系之后，建立恰当的农民与国家的关系，却是一个新的历史课题。在农业集体化时代，理论上有"正确处理国家、集体、个人三者关系"的原则，而实际上，由于国家综合经济能力、农业生产力、城乡关系、工农关系的局限，由于全国区域经济的不平衡，特别是由于社会积累与消费之间的巨大矛盾，要根本改善这个关系，难度依然很大。21 世纪以来，农业税的免征和一系列惠农政策的实行，开辟了农民与国家关系的新阶段，也揭开了现代农业的新篇章。

第三，农业作为一个社会经济行业，其社会价值在这个阶段发生过，并且将继续发生深刻的变化。所谓农业的社会价值,有三个含义:一是它的产品对于社会的重要性;二是农民生活的幸福指数在社会各界生活幸福指数排序中的位置;三是农民的自我社会评价。从生产力的角度研究夏、商、周三代以来的中国农业史,我倾向于把它划分为传统农业、现代农业和发达农业三种类型。所谓传统农业,是指农业的种植技术、生产工具和产出水平大致处于传统时代。所谓现代农业,是指由于现代科学技术的采用,农业的种植技术和生产工具与传统时代相比有了大幅度的改良,从而使农业的产出水平有了大幅度的提高。所谓发达农业,是指农业充分现代化,达到了世界先进水平。

从局部地区来看,中国现代农业的开端是在民国时期。但是,正规地进入现代农业的阶段,应该是在 1949 年之后,特别是在 1978 年之后。直到 20 世纪 50 年代初,即使高产的苏南地区,粮食亩产年平均也只有 500 斤左右的水平。就全国大部分地区来说,化肥、农药的广泛使用,农业机械化的迅速发展,粮食产量的大幅度提高,完全是在 20 世纪 50 年代之后,特别是 20 世纪 80 年代之后的事情。直到今天,对于农业的重要性,或者说,对于粮食问题的重要性,从来没有人提出过疑问。经常有人自豪地说,我们以占世界 7% 的土地,养活了世界 20% 以上的人口,就是一个有力的证明。但是,农民生活的幸福指数和农民的自我社会认同这两个指标,无疑至今仍然处在很低的水平上。根本的出路在哪里呢? 我认为,在于农业的继续进步,从现代农业向发达农业转化。

根据目前的实际状况,发达农业的具体指标,应该包含科技农业、生态农业、集约化农业和幸福农业 4 项内容。所谓科技农业，是指农业的总体科技含量、科技普及程度和前沿科技、尖端科技的应用率，达到一定的水平，并且发挥着相当的经济拉动效应；所谓生态农业，是指应用于农作物生长促进环节的诸种物质成分充分参与自然循环，充分实现了无害化、有机化，从而最大限度地提高了农业的绿色程度；所谓集约化农业，是指农业直接连接国内外市场，实现了经济产出的专业性、批量性和收益性，具有相当高的规模经济的特点；所谓幸福农业，是指由于前三者的综合影响，导致农业生产的轻松度、农民物质生活与精神生活的丰富性、农民作为一个生产者阶层的生活幸福指数和自我社会评价指数的大幅度提高，与其他社会阶层没有明显差异，甚至优越于其他社会阶层。经过几十年的努力，现在中国农村中的极个别富裕村庄，已经开始进入幸福农业的阶段。但是，绝大多数的农村，目前还是处于现代农业甚至传统农业的阶段。我估计，再经过半个世纪左右的努力，将会有相当地区的相当数量的农村能够接近幸福农业阶段。

第四，农民的社会角色，在这个阶段发生过，并且将继续发生深刻的变化。尽管中国是个以农立国的国家，尽管中国传统时代始终实行重本抑末的政策，尽管中国传统时代从来维护士农工商的社会阶级结构，甚至，尽管当代中国长期坚持工农联盟的政治路线，但是，农民的社会角色却变化不大。从根本上说来，这是由国家的整体生产力水平和农业的生产力水平所决定的。20 世纪 70 年代末以来的改革开放，经济结构的极大变化，经济的强劲发展和城市化运动的提速，才使农民的社会角色开始发生转换。最显著的变化,是千百万农民不断加入城市建设者、现代产业和城市移民的行列,短期地、长期地、永久地脱离了农村,以新的身份出现在社会生活的舞台上。随着现代化事业的继续推进,农民阶级不断被消解的时代必将到来;而随着幸福农业时代的必将到来,一个与国民经济需求相适应的、需要保持必要数量的农场主阶层和农业蓝领阶层,将成为充满现代气息的新的社会阶层。尽管距离这一天还有十分漫长的道路要走,但是,认定改革开放是这个过程的真实起点,是不应该有疑问的。

新中国成立以来,中国农村已经有了 60 年的发展经历。道路是曲折的,前途是光明的。其间,憧憬过美好的理想,也体验过严峻的现实;获得过成功的喜悦,也付出过失败的代价;收获过巨大的荣誉,也品尝过沉重的挫折。现在,面对历史,特别需要冷静和理智,"真实、比较、全面、辩证"8 个字,是我们必须贯彻始终的科学方针。

今年,正值新中国 60 周年华诞。用一种学术性大众读物的形式,客观地总结当代农村 60 年来的政治变革、经济变革、社会变迁及其历史脉络,叙述党和国家一系列发展农村的思想、理论、路线和政策,反映农村政治、经济、文化、科技、教育和各项社会事业的面貌,考察广大农民的境况、愿望以及当前现代化、城市化浪潮中的状态和未来动向,无论对于决策者、各级农业主管部门、关注"三农"问题的专家学者,乃至广大的农民朋友,都是十分必要和非常及时的。

社会效益和经济效益的一致,是我们始终考虑的问题。受读者欢迎,受市场欢迎,受同行研究人员欢迎,是衡量这套丛书的三条根本标准。必须坚持严肃的学术立场和面向大众的写作方针,坚持学术性与可读性的统一,坚持贯彻实事求是的严谨态度,全面收集资料,科学分析归纳,力求做到思想平实、思路开阔、内容丰富、文字生动。

本丛书付印前,我还要感谢全体编委:苏州大学王玉贵教授、江苏大学出版社社长吴明新先生、美国北卡罗莱那大学威尔明顿校区历史系陈意新教授、徐州师范大学周棉教授、安徽师范大学房列曙教授、江西财经大学温锐教授、江苏大学董德福教授;感谢江苏省哲学社会科学界联合会廖进研究员、陈晓明先生、程彩霞女士给予本人项目资助,本丛书已列为"江苏社科学术文萃"。

是为序。

李良玉
2009 年 8 月于南京大学港龙园

目 录

前　言

　　农业是国民经济的基础,水利则是农业的命脉。农田水利是为农业生产服务的水利事业,其基本任务是通过各项工程技术措施改造对农业生产不利的自然条件,合理利用水力资源以调节农田土壤水分状况和地区水情,防止旱、涝、碱等自然灾害,为保证农业高产稳产创造有利条件,主要内容包括灌溉、除涝排水、水土保持、盐碱地改良等。农田水利关系亿万农民生产生活,关系国家粮食安全,是农村建设的重要基础。

　　新中国成立后,中国共产党和人民政府非常重视农田水利基本建设,领导广大农民在全国范围内进行了大规模的农田水利建设,取得了举世瞩目的辉煌成绩,促进了农业生产的发展,也留下了宝贵的经验教训。

　　尽管新中国的农田水利建设取得了空前成就,但国内外学术界对该问题的研究则刚刚起步,有影响的研究成果不多。在20世纪80年代初全国各地编撰新方志热潮中,水利部门着手收集、整理水利资料,编纂各地水利志。这些水利志多属资料汇编性质的编纂成果,还不是严格意义上的学术研究著作。水利部农村水利司编著的《新中国农田水利史略》,是水利部门从事农田水利工作的专家结合自身工作实践撰写的一部农田水利史书,带有保存和整理材料的性质,还谈不上严格意义上的学术著作。水利部编写的《水利辉煌50年》和《人民治理黄河六十年》,仍然属于介绍性质的资料集。由当代中国研究所牵头组织编纂的150卷《当代中国》丛书,唯独缺少"当代中国的水利",表明对新中国农田水利建设问题还缺乏必要的研究基础,更彰显出强化对该问题研究的紧迫性和重要性,同时也决定了这项研究的难度。此外,海外学术界虽然开始关注该问题,但多属描述性的介绍,还没有出现有分量的研究成果。

对新中国农田水利建设问题研究基础的薄弱,导致了人们对新中国农田水利建设认识上的模糊。海内外学术界在如何看待新中国农田水利建设的利弊得失问题上,有着较大的分歧,存在激烈的争论,这种争议一直延续到现在。因此,有必要对新中国成立以来农田水利建设的利弊得失进行实证性研究,以澄清历史的迷雾。同时,中国共产党在领导广大农民进行农田水利建设过程中,形成创造了许多行之有效的宝贵经验和建设模式,值得重视。目前,全国农田水利投入严重不足,工程老化失修,运行维护困难,效益下降,总体呈现下滑趋势。在新世纪农田水利建设高潮即将到来之际,深入研究新中国成立以来农田水利建设的利弊得失,探讨其成功的经验及其建设模式,总结其中的失误及教训,对新一轮农田水利建设高潮无疑具有重要的借鉴意义。

正是抱着这样的初衷,本书力图在掌握第一手文献资料的基础上,对新中国成立以来的农田水利建设进行深入的实证性分析,力争将实证分析的历史学方法与计量经济学的方法结合起来,再现中国共产党领导中国人民进行农田水利建设的历史图景。大致说来,本书主要围绕四方面问题展开:首先,考察新中国成立以来党和政府农田水利建设指导方针的发展演变历程。党和政府在领导农田水利建设过程中,根据不同历史时期的具体特点,确立了不同的农田水利建设方针,调动了广大农民大办水利的积极性,促进了农田水利建设高潮的到来。其次,考察新中国成立以来农田水利建设发展的历程,勾画出农田水利建设的基本轮廓,用大量可靠的档案资料和相关统计数据揭示新中国成立以来农田水利建设所取得的巨大成就,分析党和人民为取得这些成绩所进行的不懈努力。再次,评估新中国成立以来各个时期农田水利建设的利弊得失,正视农田水利建设中的某些失误和缺点,深刻总结农田水利建设中的经验教训。最后,力争在占有翔实资料基础上,提出一些新观点,如全民办水利是中国共产党领导人民进行农田水利建设的伟大创举;国家介入与农民合作,尤其是动员亿万农民投入兴办水利是促进中国农田水利建设的有效途径;等等。

新中国成立以来农田水利建设取得了空前成就,是无法抹杀的历史事实。大规模的农田水利建设不仅提高了农业灌溉面积,为中国农业生产和农业的持续发展奠定了物质基础,而且这些水利工程对改变广大农村的生产面貌、促进农业经济发展起了巨大的促进作用。

本书在撰写过程中参阅了大量文献资料,对新中国成立以来农田水利建设的历程作了比较系统的考察,但因农田水利建

设涉及的领域较广，难以逐一详述，故难免挂一漏万。同时，笔
者在撰稿过程中参考了各地编撰的水利志及相关研究成果，这
些成果多数列入书后的"参考文献"中，此处特表谢意。

第一章

新中国成立初期的农田水利建设

第一节 "防止水患,兴修水利"方针

中国是一个农业大国,农业的发展在很大意义上取决于水利建设的好坏,因而,兴修水利成为农业发展的要务,兴修农田水利成为增加农业生产的重要条件之一,中国历朝历代都重视兴修水利。尽管中国是世界上水利事业最发达的国家之一,但农田水利的发展还是比较缓慢的。到1949年新中国成立时,全国仅有4.2万公里的堤防,防洪能力很低。全国灌溉面积仅2.4亿亩,约占当时耕地面积的16.3%,人均占有灌溉面积仅0.44亩。从各地的情况来看,有效灌溉面积基本只占耕地面积的一半以下,农业大省河南省仅占5.87%,浙江省占49.95%,吉林省占1.94%,北京市占2.63%,山东省占2.83%。在自然灾害面前,薄弱的农田水利设施和低下的防洪能力不堪一击。据不完全统计,1949年全国被淹耕地达1.215 6亿亩,减产粮食220亿斤,灾民4 000万,重灾区灾民1 000万。华东地区被淹耕地5 000余万亩,占全部耕地面积的1/5,减产粮食70余万斤,灾民1 600万人。①

水利不但是农业的命脉,而且关系着国家的繁荣与发展,关系着人民的安危与福祉。如果说除害主要是指防洪除涝的话,那么,兴利就是要搞农田水利建设,保障和扩大农田灌溉以增进农业生产。早在新中国成立前,中国共产党在根据地就非常重视农田水利的建设。1931年苏维埃中央政府颁布的《中华苏维埃共和国土地法》规定,一切水利、江河、湖泊"归苏维埃管理,以便利于贫下中农公共使用"。1932年颁发的《经济财政问题决策》规定,苏维埃须鼓励群众办理水圳、修堤等水利建设事业,中央苏维埃各机关、学校、部队每周不少于一天的时间帮助群众耕田、车水、修水利。1934年1月,毛泽东在瑞金县召开的第二次全国工农代表大会上提出:"水利是农业的命脉,我们也应予以极大的注意。"② 据统计,1933年,苏维埃中央政府领导瑞金群众兴修陂圳1 054条、山塘115座、水塘85口,

---

① 金冲及主编:《周恩来传》(下),中央文献出版社,1998年,第972页。
② 《毛泽东选集》第1卷,人民出版社,1991年,第132页。

架设筒车63部;在1934年春耕运动中,又组织群众修复陂圳1 404处、水塘3 379口、筒车83部、水车1 009乘,使瑞金县949亩耕地得到灌溉。兴国县也修复陂圳820条、水塘184口以及筒车、水车71乘。①

抗日战争时期,根据地军民兴修了不少水利灌溉工程。如陕甘宁边区在大生产运动中,提出了"自己动手,兴修水利"的口号,积极发展小型水利事业。1938年,甘泉县抗日民主政府率先组织群众兴修水利,两年内发展水地488.3亩。1940年,由陕甘宁边区政府建设厅工程科科长丁仲文勘测设计、刘秉义负责施工兴建的延安西川裴庄渠开始兴建,渠长6公里,灌地1 400亩,为边区第一大渠,1952年改名枣园渠,后改为幸福渠。1942年至1943年,子长县先后建成子长渠和杨家园子渠,分别灌地800亩和300亩。1942年,靖边县成立水利建设局,发动群众兴水治沙,农民张仲成创造了"水力拉沙"办法,使杨桥畔水地面积由土地革命前的200多亩发展到2 500多亩,张仲成荣获"水利英雄"称号。1943年,富县在葫芦河川道发展水地1 097亩。八路军359旅在南泥湾开荒种地,发展水田数千亩,使南泥湾成为"陕北的好江南"。据统计,延属分区(延安地区)1943年修成小型水地1 738亩,可增产粮食1 275.5石;边区共有水地2 969.5亩,一年可增收细粮2 119.35石。1948年绥德、米脂一带解放,边区政府成立了绥榆水利工程处,着手恢复织女渠和定惠渠工程。至1949年10月,陕北解放区共有水地面积1.2万亩。②

华北各地边区政府重视水利建设,制定农田水利建设条例和暂行办法,调动广大农民积极投身农田水利工程的建设、管理和使用,取得了巨大成就,促进了边区农业发展和粮食增产,积累了水利建设的经验。1938年初,在晋察冀边区政府成立的军政民代表大会上,边区政府提出了"用集体方法切实办理水利、灌溉事业"的主张。2月21日,晋察冀边区政府颁布《晋察冀边区奖励兴办农田水利暂行办法》,规定:"边区内旧有水利事业,无论公营私营,须由负责机关积极整理,以增进其灌溉量,但其组织不健全者,当地政府得督促改组之,其组织解体者,得由当地政府派人管理。""本边区内旧有私营地方水利事业,其独占性较大者,政府得派员监督其营业,以免发生流弊。""如有河渠可资利用,人民愿意集体开凿者,得呈报当地

---

① 江西省水利厅编:《江西省水利志》,江西科学技术出版社,1995年,第561页。

② 陕西省地方志编纂委员会编:《陕西省志》第13卷《水利志》,陕西人民出版社,1999年,第278页。

政府转呈本会核准开凿之。"① 随后,北岳区、冀中区形成了兴办水利、治理水害的热潮。1943 年 2 月 12 日,晋察冀边区政府颁布了《晋察冀边区兴修农田水利条例》,对兴修水利原则、土地占用、费用负担、水量分配和渠道管理等问题作了明确规定。② 与此前后,晋绥边区第二游击区行署于 1940 年 10 月颁布的《第二游击区行署兴办水利暂行条例》、晋绥边区于 1942 年颁布的《晋绥边区兴办水利条例》、晋冀鲁豫边区于 1943 年 1 月颁布的《太行区兴办水利暂行办法》等,都对兴办水利的原则、奖励办法、纠纷解决、投资和贷款还款、水利工程的所有权和使用权、水利工程管理等作了明确规定。③

各边区政府在颁布兴办水利办法或条例的同时,还成立了专门水利管理机构,领导和组织边区水利建设。如晋冀鲁豫边区成立建设厅,各区成立水利局,负责农田水利建设。晋察冀边区成立实业处,负责农田水利建设。冀中公署成立后,立即组织了冀中河务局统一负责治理各河,并在危害最严重的河段分设子牙河办事处和第十一专署河务委员会。1939 年大水灾后,冀中河务局撤销,成立由冀中行署统一领导的河务委员会,由县政府直接负责,并由县长、实业科长、武委会主任分任正、副主任委员。

1945 年冀中行署工务局成立,主要负责本区范围内的水利、交通建设。1946 年 3 月 1 日,冀南解放区成立卫运河、滏阳河河务局,主要任务是整修堤防、防汛排水。1946 年秋,渤海行署运河河务局在德州市成立,下设德县、吴桥、东光、南皮 4 个管理段。1948 年,华北人民政府财办成立卫运河管理委员会,负责协调卫运河防汛和航运事务。④

各根据地对兴修水利的重视调动了广大群众兴修农田水利建设的积极性,各边区的水利建设取得了较大成绩。如晋察冀边区,1939 年至 1945

---

① 《晋察冀边区奖励兴办农田水利暂行办法》,见魏宏运主编《抗日战争时期晋察冀边区财政经济史资料选编》第 2 编"农业",南开大学出版社,1984 年,第 247 页。

② 《晋察冀边区兴修农田水利条例》,见魏宏运主编《抗日战争时期晋察冀边区财政经济史资料选编》第 2 编"农业",南开大学出版社,1984 年,第 313 - 315 页。

③ 《太行区兴办水利暂行办法》,见晋冀鲁豫边区财政经济史编辑组等编《抗日战争时期晋冀鲁豫边区财政经济史资料选编》第 2 辑,中国财政经济出版社,1990 年,第 70 - 71 页;《第二游击区行署兴办水利暂行条例》、《晋绥边区兴办水利条例》,见晋绥边区财政经济史编写组等编《晋绥边区财政经济史资料选编》(农业编),山西人民出版社,1986 年,第 136 页、144 - 145 页。

④ 河北省地方志编纂委员会编:《河北省志》第 20 卷《水利志》,河北人民出版社,1995 年,第 365 页。

年整理旧渠 2 798 道,浇地 304 146 亩;开凿新渠 3 961 道,浇地 727 060.7
亩;凿井 22 425 眼,浇地 125 190.4 亩;修挡水汪 328 个,浇地 6 627.7
亩;增挑杆 586 个,浇地 2 836.4 亩;修堤 44 道 246 里,浇地 290 433 亩,保
护了 13 个县的安全;挖泄水沟 27 道 71 里,形成良田 217 703 亩,保护了 35
个村庄安全;开河 22 道,浇地 132 280 亩;其他水利工程浇地 55 278 亩。①
据统计,从 1938 年到 1942 年春的 4 年里,冀中区总计动员民工和群众达
100 万人以上,整修险段 271 处,堵决口 309 处,筑堤 630 里,疏浚河道
173 里。②

　　1942 年华北大旱,华北各根据地更加认识到加强水利建设的重要性。
在太行区,政府实行以工代赈,发放贷款 235 万元、粮食 20 万斤,开展大规
模的水利事业。仅在清、浊漳河两岸筑堤即有十几条,大的有固新、清泉等
大堤,另外还开滩 1 万余亩。修渠方面尤以涉县漳南大渠、黎城漳北大渠
最为著名。以涉县漳南大渠为例,1943 年初,河北涉县人民在 129 师和边
区政府支持下,引漳河水修建漳南渠,于 1944 年春竣工。该渠全长 26 里
多,共用工 115 005 人,开支款 280 万元,粮食 56 000 斤,能浇地 3 320 亩。
漳南、漳北两大水渠是太行山水利史上空前未有的大工程,是在敌人多次
围攻的战争环境中完成的。难怪涉县老百姓说:"八路军政府是神仙,干什
干成什,说水来水就来。"③

　　各根据地军民在中国共产党的领导下,积极开展农田水利建设,最大
限度地发挥抗旱防涝作用,促进了根据地农业的发展,为抗日战争的最后
胜利奠定了必要的物质基础,也为新中国成立后进行大规模水利建设提供
了宝贵经验。

　　新中国成立初期严峻的水利形势,客观上要求新政府把水利建设提高
到一个重要地位。1949 年 9 月 29 日,中国人民政治协商会议第一届会议
通过了《中国人民政治协商会议共同纲领》,其中第 34 条规定"应注意兴
修水利,防洪防旱";第 36 条规定"疏浚河流,推广水运"。10 月 19 日,中
央人民政府水利部成立,统管全国水利资源的开发、管理和防洪除涝工作,
傅作义任水利部部长,李葆华、张含英任副部长。

---

① 《晋察冀边区(民国)33 年、34 年组织起来概况》,河北省档案馆:579 – 1 – 77 – 5。
② 魏宏运:《晋察冀抗日根据地财政经济史稿》,档案出版社,1990 年,第 126 页。
③ 《太行区 1942、1943 两年的救灾总结》,见晋冀鲁豫边区财政经济史编辑组等编《抗日战
争时期晋冀鲁豫边区财政经济史资料选编》第 2 辑,中国财政经济出版社,1990 年,第 392 页。

1949 年 11 月 8 日至 21 日,水利部在北京召开全国各解放区水利联席会议。会议正式提出了水利建设的基本方针:"防止水患,兴修水利,以达到大量发展生产之目的",并要求:"各项水利事业必须统筹规划,相互配合,统一领导,统一水政,在一个水系上,上下游,本支流,尤应该统筹兼顾,照顾全局。""对于各河流的治本工作,首先是研究各重要水系原有的治本计划,以此为基础制订新的计划。"① 由于长期战乱对水利事业的严重破坏,全国各地水旱灾频繁,党和政府必须首先解决水害问题,将防止水患、兴修水利作为最紧迫的任务,因此,水利建设规划多带有局部性和临时性,来不及对全流域长远的问题做全面的查勘研究,也还难以对江河流域进行长远的规划和根治,水利建设带有很大的被动性。

"防止水患,兴修水利",是新中国成立后较长时期内水利建设的主要任务,也是新中国治水的基本方针。在水利建设的具体实施过程中,水利部在方针的指导下有重点地安排水利工作。面对新中国成立初期严重的水旱灾害,全国各解放区水利联席会议确定 1950 年水利工作的重点是:"在受洪水威胁地区,着重于防洪排水,在干旱地区着重于开渠灌溉,同时并加强水利事业的调查研究工作,以准备今后长期水利建设的资料,其他水利工程、航道整理、运河开凿等,则视人力物力技术等具体条件择要举办或准备举办。"② 其目的是为保障与增加农业生产服务。在这样的方针指导下,1950 年全国各区水利工作的具体布置都根据各地不同的情况展开。有的以防洪为主,有的以灌溉为主,有的则防洪与灌溉约占同等地位。从水利事业费的分配上,可以显著反映各个地区的这些特点,见表 1。

表 1　1950 年各区水利事业分配表

地区名称	防洪占%	灌溉占%	其余占%
华东区	94.6	1.3	4.1
中南区	90.2	4.3	5.5

---

① 李葆华:《当前水利建设的方针和任务》,见中国社会科学院、中央档案馆编《1949—1952 中华人民共和国经济档案资料选编·农业卷》,社会科学文献出版社,1991 年,第 443、444 页。

② 《水利部工作报告》(1950 年),见中国社会科学院、中央档案馆编《1949—1952 中华人民共和国经济档案资料选编·农业卷》,社会科学文献出版社,1991 年,第 447 页。

续表

地区名称	防洪占%	灌溉占%	其余占%
东北区	31.8	37	31.2
西北区	6.1	79.4	14.5
华北区	61.7	28.2	10.1

资料来源:中国社会科学院、中央档案馆编:《1949—1952 中华人民共和国经济档案资料选编·农业卷》,社会科学文献出版社,1991 年,第 447 页。

从表 1 中可清楚地看出,1950 年各地区的工程重点是:华东、中南、华北三区以防洪为主,灌溉为次;西北则以灌溉为主,防洪为次;东北则是防洪与灌溉大体相当。但 1950 年水利事业费的分配,"就全国范围来说,防洪排水约占全部事业费的 73%,开渠灌溉约占 19%,勘测研究约占 4.7%,其余约占 3.3%,又表现了本年全国水利工程以防洪为重点"。①

在全国范围内,防洪、灌溉、排水、航道整理治本等工程,计划土方数量约 3.6 亿方,石方数量约 115 万方。尽管当时百废待举、国家财政困难,但中央政府仍然保持着对水利建设较高比例的投入。新中国成立前三年共投入农林水利建设资金 10.3 亿元,占三年整个基本建设投资 78.4 亿元的 13.14%,其中 1950 年为 1.3 亿元,1951 年为 2.6 亿元,1952 年为 6.4 亿元。② 1950 年全国用在水利事业方面的经费,相当于国民党统治时期水利经费最多一年的 18 倍,1951 年则为 42 倍。③ 可见,中国共产党和人民政府把根治水害、开发水利列为一项重要的建设任务。正如时人所言,中央人民政府刚成立,"在肃清残敌、保证数百万军政人员的供给,调运粮食救灾备荒,有重点的恢复经济三大主要财政任务之下,拿出这么多钱来兴修水利,可以看出人民政府对消除水患的决心"。④ 从此,全国性的农田水利建设事业开始起步。

① 《水利部工作报告》(1950 年),见中国社会科学院、中央档案馆编:《1949—1952 中华人民共和国经济档案资料选编·农业卷》,社会科学文献出版社,1991 年,第 447—448 页。
② 中国社会科学院、中央档案馆编:《1949—1952 中华人民共和国经济档案资料选编·基本建设投资和建筑业卷》,中国城市经济社会出版社,1989 年,第 254 页。
③ 《人民政协全国委员会第三次会议二十八日会上的专题报告和发言》,《人民日报》,1951 年 10 月 30 日。
④ 孙晓村:《为彻底克服水患而奋斗》,《人民日报》,1950 年 8 月 25 日。

第二节 农田水利建设的起步

新中国成立后,为了国民经济的恢复和大规模经济的开展,中国共产党和中央政府重视水利对农业的发展,坚持不懈地领导全国人民大兴水利,贯彻"防止水患,兴修水利"方针,布置和指导全国各地农田水利建设。

1950 年 3 月 17 日,政务院召开第 24 次政务会议,听取了水利部副部长李葆华关于水利春修工作的报告,讨论和通过了关于 1950 年水利春修工程的指示。3 月 20 日,政务院总理周恩来和水利部部长傅作义共同签发了《中央人民政府政务院关于 1950 年水利春修工程的指示》,指出"今年水利建设的方针,仍以防洪、排水和灌溉为首要的任务",将农田灌溉列为与防洪同等重要的任务,并对各级人民政府、各级水利机关及其他有关机关提出了具体要求:(1) 加强组织领导与准备工作。有关地区的行政领导机关,必须把水利建设视为中心工作之一。除各级水利机关加强领导外,还必须建立强有力的联合的领导机关,如春工委员会、春工指挥部等,以便统一动员组织群众。必须加强与工程有关的各方面事务的组织性与计划性。(2) 提高工程质量,保证经济效益。(3) 在灾区的工程上,要结合救灾,切实做到以工代赈。(4) 为保证完成任务,水利部要抓紧春修工程的全面领导,并以黄河、长江、淮河等主要河流为工作重点。[①]

各级政府部门通力协作,使群众的力量得到了充分发挥。广大群众积极响应党的号召,投入到农田水利建设中去。由于新中国成立初期大部地区兴建大型农田水利工程的条件尚不成熟,因而以兴修中小型水利工程收效最大,尤其是小型水利工程,花钱少,受益快,得利大,群众自己也能举办,最受群众欢迎。

1950 年春,老区、新区或灾区都普遍展开了修渠、打井、增修水车、筑堤筑圩、开塘打坝等农田水利工作。据不完全统计,山西省完成了汾河、文山谷河、潇河、滹沱河的干堎与湿堎的合口工程,到 1950 年 1 月底,全省冬

---

① 中国社会科学院、中央档案馆编:《1949—1952 中华人民共和国经济档案资料选编·农业卷》,社会科学文献出版社,1991 年,第 445－447 页。

浇地 75 万亩,达到浇地计划面积的 75%。黎城等 7 县 72 个村新建大小渠 50 条,超过原计划 38 条。山东省各地普遍展开群众性的水利工程兴修, 并试办绣惠渠与黑龙潭灌溉工程。前者引绣江河水进行灌溉,可灌田 3.7 万亩;后者能蓄水 37 万立方米,可灌田 3 000 亩。浙江省水利局兴办大型 农田水利,使 4 万亩良田免受水灾。湖南省洞庭湖的滨湖溃堤及湖北省江 汉堤的修整均已完工。①

中南区各地农民入春后,纷纷挖河、开渠、修塘、筑坝,兴修小型农田水 利。江西省政府贷放大米 492 万斤,兴修各县小型农田水利工程 2 460 座, 包括新建或修筑旧有水库、塘坝、坡堰、沟渠等。江西省吉安专区各县春修 水利工程中,共兴修水库、坡、坝、塘及圩堤 113 座,受益田 21.24 万亩。 1950 年 2 月上旬,江西省水利局兴修的安福渠滚水坝完成,总灌溉面积 3.9 万亩,每年增产稻谷至少 3.9 万担。河南省许昌专区业已完成土地改 革的宝丰、鲁山等 7 个县,1950 年入春以后已修挖河渠 88 条,救出被淹田 10.2 万亩;陈留专区完成 92 里长的河流疏浚工程,救出土地 17 万亩;商丘 专区动员民工 23 万余人治河,3 月底以前即疏通河流 38 条,可使 49 万余 亩土地免除水灾,可增产粮食 3 000 万斤。②

为了更好地指导各地农田水利工作,1950 年 5 月 18 日,中央人民政府 农业部发布《夏季浇水期间加强农田水利工作》的指示,要求各地加强农 田灌溉的管理工作,做到经济、合理地使用水量,以保证完成当年的粮棉增 产任务。指示首先批评各地过去对既有各水利灌溉系统的管理工作不够 重视,以及当年的农田水利工作计划中所存在着的某些单纯工程观点和忽 视建立灌溉制度和管理工作的偏向。为此,指示要求各级政府立即加强灌 溉管理工作,研究并逐渐建立适合当地需要的科学管理机构和制度,在工 程已完成或未完成的灌溉区,都应立即着手建立用水管理机构与管理制 度。在公营灌溉事业中,应配备专责干部,并吸收当地政府干部和在群众 中有威望的人士参加管理机构;另用选举的方法和适当的待遇,来吸收各 地方人士充实各区、村的灌溉管理组织。指示要求各地在当年初步制定用 水的办法和管理的制度。各级政府农业水利部门应增添水利管理干部,以

---

① 《中央人民政府农业部报导准备春耕已有成绩,全国各地尤其是老区正积极积肥送粪、修 整水利农具、增殖牲畜》,《人民日报》,1950 年 3 月 6 日。

② 《保证完成农业增产计划,中南兴修农田水利,受益田地不下四五百万亩》,《人民日报》, 1950 年 5 月 19 日。

加强对私营的及群众合作经营的灌溉事业的组织领导。

指示接着指出：目前全国灌溉面积约 4 亿亩,只占全国耕地总面积的 27%,但其农作物的产量则约占全国总产量的 1/2。对于这种大量出产粮棉及特种作物的水利灌溉事业,各级农业部门应予以重视,加强具体领导。如进行对灌溉地区的各种详细的调查统计工作;组织农业技术人员到灌溉地区研究和指导群众使用科学的灌溉方法和栽培方法;有步骤地在灌溉区实行作物循环种植(轮栽),扩大灌溉面积,改进土壤质量,以达农产丰收的目的。

指示最后指出:1950 年全国的农田水利计划,要求恢复与扩大灌溉面积 850 万亩,这是本年农业建设中的一项艰巨的任务。各级政府必须加强督促检查,健全报告制度,认真掌握工程进度,争取其按时完成,以期在汛期前大部分新修工程能够上水浇地。此外,各地打井与推广水车的计划亦应加强检查,防止自流,使之能对当年的粮棉增产发挥作用。①

截至 1950 年 9 月,全国总计新建和恢复农田水利工程扩大农田受益面积 686 万亩,整修及岁修工程改善受益面积 2 953 万亩。其中包括大型渠道工程 71 处、小型渠道及塘坝工程 15.6 万余处、新凿水井 8 万眼、出贷铁轮水车 7.3 万辆、增加及修复龙骨水车、风车 9 000 余架,凿自流井 186 眼,添置及改装抽水机 2 500 余部。在灌溉管理方面,部分地区当年已初步改造了封建的灌溉管理组织,组建了统一的管理机构,规定了合理使用水的办法,减少了用水纠纷,扩大了灌溉面积。②

1950 年的农田水利建设虽然取得了相当的成绩,但在灌溉管理方面仍存在着若干严重的问题,除了陕西省及华北区部分渠道之外,灌溉事业机构普遍存在着不重视管理工作的偏向,缺乏健全的管理机构和制度,在农村恶势力把持下的各种封建性的极端不合理的管理制度仍然存在。在各地的农田水利工作计划中,只有工程计划,没有用水计划,不能和种植联系起来,只有渠道建筑物的设计,重要的用水设施及灌溉方法普遍缺乏计划,各级领导思想上多认为只要完成了工程计划就算完成了农田水利的任

---

① 《农业部指示各地加强农田灌溉管理工作,建立科学的机构和制度做到合理用水,要求恢复与扩大灌溉面积八百余万亩》,《人民日报》,1950 年 5 月 27 日。

② 《今年农田水利建设对农产丰收起了巨大作用,农业部农田水利工作会议闭幕》,《人民日报》,1950 年 10 月 23 日。

务,这是农田水利工作中的极大缺陷。①

农田水利工程的目的在于提高农作物收获量,因此必须善于组织群众,合理及时的适量灌溉,结合农业技术,提高土壤的肥沃程度,以求产量不断增加。

为了扭转农田水利灌溉管理中的偏向,1950 年 10 月 8 日至 16 日,农业部在北京召开全国农田水利工作会议,各大行政区、华北五省两市及农业部有关直属单位代表 52 人出席。会议指出,由于本年各级农田水利业务主管部门大多建立不久,机构尚不健全,故工作中还存在计划草率、忽视灌溉管理及在领导工作中偏重布置号召、缺乏组织领导检查等缺点,必须在今后工作中大力纠正。会议提出 1951 年度农田水利的建设方针:(1)广泛发动群众,建设小型农田水利工程;(2)继续有重点地兴建渠道,发展水车、水井及抽水机灌溉排水工程;(3)鼓励私人投资农田水利建设;(4)加强灌溉管理,改善管理机构,合理用水。②

会议着重讨论了农田水利灌溉管理问题,明确规定灌溉工作的管理方向应该是民主的、集中的、科学的方向,并确定在国营灌溉事业中应先着手健全受益户小组及村水利委员会的基层管理组织;确立了灌溉管理的规章,即结合农业技术以求达到合理用水、改良土壤及提高农产量的目的;同时,选择重点进行试验以作为国营及群众合营灌溉事业的示范;对民办的灌溉事业,应先健全其管理组织,逐步实现统一的管理,并注意积累资金,以改善工程设备。

农田水利局局长张子林在总结 1950 年农田水利建设工作时,充分肯定了农田水利灌溉方面的许多成绩。他指出,1950 年的农田水利工作以兴修中小型水利工程收效最大。如华东及中南各区,修建塘坝涵闸进行排水灌溉的小型工程完成了 25 万余处,因而增产粮食约 14 亿斤。华北各省及山东在修整中小型渠道和推广水车水井变旱地为水田方面,农田受益面积达 440 余万亩,相当于大型渠道农田受益面积的 6 倍。与此同时,他特别阐述了灌溉管理方面出现的新变化:"全国各地已初步改造了过去的封建管理组织,打破了历史上区与区、县与县、专区与专区、省与省的本位界限,组织了以渠为单位的统一管理机构,并建立了许多科学制度,减少了历

---

①　徐达:《今年的农田水利工作》,《人民日报》,1950 年 8 月 25 日。

②　《今年农田水利建设对农产丰收起了巨大作用,农业部农田水利工作会议闭幕》,《人民日报》,1950 年 10 月 23 日。

史上从来解决不了的许多水利纠纷,扩大了灌溉面积。如山西统一管理汾河渠后,即扩大灌溉面积 20 万亩。宁夏统一管理了 11 个县(地区)的渠道,取消了水利警察管理制度,建立了人民管理制度,并建立了从干渠到毛渠的层层负责制,消除了历年来因闹水利纠纷而浪费水量的现象。"①

国家对水利的重视和投入以及广大人民群众的积极参与,促进了农田水利事业的迅速发展。据初步统计,1950 年度党和政府在工矿交通和农田水利上的投资将近 7 亿美元,对国民经济的恢复与增产起了显著的作用,农田水利工程取得了巨大的成就。河北省的金门渠、蓟运河的扬水灌溉工程、山东的绣惠渠、四川的都江堰、西北的洛惠渠,以及东北的许多大型电力灌溉工程,都是经人民政府重新修建起来的。在修复这些渠道过程中,完成土方达 3.6 亿方。据不完全统计,在修复过程中,参加修建的民工有 460 余万人,参加助修的人民解放军指战员在数十万以上。修复洛惠渠时,沿渠数十万群众热烈支持,仅半年时间就全部修复完成。修复广济渠时,沿渠 20 万农民从始至终积极挖掘土方,广济渠修复按计划完成了工程。为了早日完成土方,许多农民发挥了创新精神。如东北辽西省②的修堤模范邹云,研究出挑土新法,由每日挑土 8 方增至 23 方,创造了挑土的最高纪录。这种办法推广开来,全体民工由每日每人平均挑土 3 方增至 4.5 方,使辽河水利工程得以提前完成。

1950 年水利工程的顺利进行,除了中央与各地政府积极领导群众认真贯彻计划外,各地人民解放军积极参加水利建设也发挥了极大作用。据报道,驻新疆的人民解放军某部在当年麦收前即完成了巴提洪海水库、和平渠、新盛渠等多处工程,可浇旱地 120 万亩。察哈尔省③的三大国营水利工程中 480 多万方的土方工程,完全由驻察人民解放军负责完成。驻苏北地区的解放军某部参加了长达 400 里的新沂河修建工程。④

在中央及地方政府的组织领导下,通过各地水利干部的努力、广大农民的热烈支持和人民解放军的大力助修,1950 年的农田水利建设取得了巨大成绩,成为新中国成立后的第一个时节获得丰收的重要原因。据

---

① 鲁生:《揭开新中国农田水利建设的第一页——记一九五〇年农田水利建设》,《人民日报》,1950 年 10 月 23 日。

② 辽西省,旧省名。1954 年撤销,所辖地区分别划归辽宁、吉林两省。

③ 察哈尔省,旧省名。1952 年撤销,所辖地区划归内蒙古自治区、河北省和山西省。

④ 同①。

1950 年 8 月《人民日报》报道:"全国各地早秋收成一般都在八成或八成以上,比去年增产一成到三成,河南省早秋作物则增产三成,东北全区估计有八成半年景,超过一般的丰收年成,比去年要增产两成多。湖南水稻全省平均可收九成。湖南滨湖地区、湖北江汉地区、江西鄱阳湖地区和苏南、苏北部分地区稻产极好,最高每亩收 700 斤。"据农业部估计,1950 年全国可产棉 1 500 万担左右。①

1950 年 11 月 23 日至 12 月 7 日,水利部在北京召开全国水利会议,出席会议的有全国各大行政区、各省、市和各河流域机关的水利专家 210 余人。会议由水利部部长傅作义致开幕词,由副部长李葆华作总结。在灌溉工程方面,1950 年全国共恢复和增加水田 300 余万亩,超过了原计划,减轻了水灾危害,保证了粮食丰收。②

据农业部部长李书城统计,1950 年群众组织兴修的中小水利工程灌溉面积占全国兴修水利总灌溉面积的 3/4 以上。江西省原计划修塘 3 460 座,由于依靠了农民群众,发挥了广大农民的生产积极性,竟然在短期内完成修塘 10 295 座,大大超过了原计划。③

1950 年 12 月,为了更好地指导各地农田水利的发展,中央人民政府发布了《兴办农田水利事业暂行规则草案》,指出制定本规则是为了促进农田水利事业的普遍发展,提高农业生产,因此除由国家投资或贷款兴办农田水利事业外,也奖励群众合作及私人或团体投资兴办。草案明确规定:"凡经核准之私人或其他组织拟办之农田水利事业,而财力不能胜任者,得向领导机关请求投资或贷款办理之。"④ 这一草案对各地群众自办水利起了一定推动作用。

1951 年 2 月 14 日,农业部在北京召开全国农业工作会议,中心议题是总结交流 1950 年的工作经验,着重研究恢复发展农业生产的各项措施,具体布置 1951 年全国农业生产计划。农业部部长李书城指出:为了完成当年农业增产重大任务,会议必须明确 1951 年的工作方法,研究和解决以下

---

① 《人民政府领导农民战胜灾患改进技术,全国大部地区早秋丰收》,《人民日报》,1950 年 9 月 13 日。

② 《减轻水灾危害保证全国丰收,今年水利工程完成土方四亿公方,全国水利会议确定明年治水方针任务》,《人民日报》,1950 年 12 月 11 日。

③ 李书城:《一九五〇年农业生产中的一些体验》,《人民日报》,1951 年 1 月 18 日。

④ 《兴办农田水利事业暂行规则草案》,见中国社会科学院、中央档案馆编《1949—1952 中华人民共和国经济档案资料选编·农业卷》,社会科学文献出版社,1991 年,第 494－495 页。

两个问题:一是如何发动广大农民,开展大规模的生产运动,如贯彻生产政策、组织起来开展群众性的提高技术运动,以及推动劳动模范进行评比竞赛等;二是讨论发展农业生产的各项措施,如农田水利、防治病虫害、畜牧兽医、普及良种和农具推广等。同时,要研究解决农业生产中的组织和领导问题,包括领导思想、组织机构和领导关系等。①

随后,大规模的水利春修工程在全国展开。3月16日,《人民日报》发表题为《认真作好今年水利春修工程》的社论,强调1951年大规模的水利春修工程对农业生产和沿河人民安全的重大意义,号召各地党政领导机关给予高度重视,拿出足够的力量支持这项工作,有些地区在一定时期内需要把水利工程作为中心工作。社论对兴修水利中几个关键性问题作了具体说明。

(1)春修与春耕如何适当结合的问题。根据1950年春修工程的规模,全国动员民工的总数至少在500万人以上,为了保障春修:首先,要配合工程计划进行宣传解释,说明春修与春耕在生产上利益的一致性,不修好水利工程,农业生产便缺乏保障,以此克服干部和群众在思想上"难于兼顾"的障碍;其次,慎重决定需要动员民工的数量,各地区必须根据工程需要、干部情况、工地广狭、工具准备、动员范围大小和距离远近等条件慎重考虑动员民工的数量,以达到春修春耕两不耽误的目的。

(2)工资问题。参加水利工程的民工带有半义务劳动的性质,但是工资的标准仍然应保证够吃和补偿民工衣服、工具的消耗,并且只要工作效率能够达到一般水平,资金还可有少量的剩余,就要坚持执行按方给资的工资制度,这是解决工资问题的关键。领导水利工程人员不能把工资问题和收方、发粮看做单纯的事务性工作,而要把它看做领导民工的重要工作,是激励民工劳动热情、提高民工劳动效率的关键。只有对此加以重视,再配合政治宣传鼓动工作,才能把民工领导好。

(3)做好准备工作。1950年春修所发生的浪费,由于准备工作不细密、不确实、不周到者,占很大部分。1951年要切实注意计划性,以避免重复过去的错误,尤其要抓紧两个方面:一方面是动员组织工作,应从群众动员起打下良好的基础;另一方面是技术与事务的准备工作,如粮食料物的运备、工程的测量定线、工段划分、工地布置和民工食宿的安排,以保证能

---

① 《全国农业工作会议在京开幕》,《人民日报》,1951年2月17日。

够按时开工。①

1951 年的农田水利建设以修建小型农田水利工程为主,老解放区和解放较晚的地区因情况不同又各有侧重。

(1)华北老解放区主要是发动农民组织起来合伙打井,推广水车和修建小型渠道。如河北省 1951 年春天打好砖井和土井 1.7 万多眼,出贷水车近 3 万辆,对抗旱植棉工作帮助极大。较大型的工程,如察哈尔省的三大国营淤灌渠工程,除桑干河淤灌渠外,浑河及御河淤灌渠工程均已全部完工;山西省的汾河、滹沱河及联合、益民等渠,平原省②的广利渠,以及河北省的晋藁渠等均已修竣,共可浇地 60 多万亩。东北区主要是在辽西省的东辽河和盘山、吉林省的前郭旗及黑龙江省的查哈阳 4 区由国家投资修建近代化的灌溉工程,1951 年完成的部分工程可使 4 个灌区增加 30 万亩水田。

(2)华东、中南、西南等解放较晚地区的农民,经过减租、反恶霸和土地改革运动,政治觉悟提高了,生产的劲头很大,因此修水利很积极。许多农民不仅出力修塘、修坝,还将自己在土地改革或减租运动中所得的胜利果实主动拿出来修水利。如皖南地区 1951 年春修建的 3.6 万多处塘、坝中,农民主动出钱兴修的就有 3.5 万处,占全部工程的 90% 以上。浙江省农民 1951 年春共修好河渠、堰、塘、涵闸等大小工程 6.7 万多处,其中农民自己动手兴修的就有 4 万多处。到 4 月底,湖南省农民已修好塘 46.2 万口、坝 5.5 万座、水车 3 600 多架。

(3)西北区地势高、雨水少,农民需水最急,因此,兴修农田水利工程最迫切。宁夏组织 3 万多民工对全区重要渠道普遍加修;甘肃河西地带通过并渠、并坝、开发水渠,扩大了灌溉面积 60 万亩。陕西省泾惠、渭惠等 8 大新渠道,1951 年春全部修浚,洛惠渠续修工程完成后,1951 年可增加灌溉面积 14 万亩。新疆维吾尔自治区南部由人民解放军战士协助修建的库尔勒县的十八团渠,已在 5 月放水,可灌田 5 万亩。此外,麦盖提县的五零建设渠和迪化市的红雁池水库第一期永久性工程,也在人民解放军努力修筑下完工。据对陕西、甘肃、青海 3 省 49 个县的不完全统计,在土地改革后,农民共兴修渠 1 083 条,可浇地 74 855 亩。关中地区许多县打井都超

---

①　《认真作好今年水利春修工程》,《人民日报》,1951 年 3 月 16 日。

②　平原省,旧省名。1949 年建省,1952 年底撤销,辖区分别划归山东省、河南省。

过计划,其中仅长安一个县就打井 14 000 多眼。①

据不完全统计,7 月份全国新建和恢复的农田水利工程共可增加灌田面积 500 多万亩,岁修和整修工程改善灌田面积 5 000 万亩,全国总计土方工程将近 3 亿方。②

据农田水利局局长张子林的统计,1951 年全国共计兴修大型渠道 90 余处、小型渠道塘坝 139 966 处,出贷铁制水车 95 209 辆,新打和修复水井 15 万眼,机械灌溉和排水的动力增加到 8 000 马力,其他提水工具增加到 67 591 架,新建和修复工程共计扩大耕地受益面积 902 万亩,整修工程保障和改善耕地受益面积 7 150 多万亩,增加粮食产量估计至少 50 亿斤。此外,1951 年还有重点地兴修了大型农田水利灌溉工程。陕西省的洛惠渠注意了挖斗渠工作,在两个月的时间内完成了 450 公里渠道的 600 多座大小建筑物,因之灌溉面积从 1950 年的 5 万亩增加到 24 万亩。皖南行政区 1951 年兴办的易太圩机械排水工程(公私合资经营),在 7 月严重内涝的情况下,保证了 3 万多亩稻田的常年产量。川西著名的都江堰岁修工程,1951 年挖河土方 120 多万立方米,等于之前 10 年挖河土方的总数;另增填土方 53 万立方米,装竹笼 20 多万条,动员人工将近 37 万。这样大规模的整修,保障了 3 000 万亩农田的丰收。③

1952 年 2 月 8 日,政务院第 123 次政务会议通过了《政务院关于大力开展群众性的防旱、抗旱运动的决定》,指出:"旱灾对我国农业生产的危害是具有历史性的。在国民党反动统治时期,水利失修,山林破坏,灾害更加频仍。解放后,全国人民在各级政府领导下,向各种自然灾害的斗争虽取得了很大的成就,但对防旱、抗旱则因事先重视不足,旱灾依然严重地威胁着农业生产。"为此,各地要重视防旱、抗旱工作,必须采取三项措施:

(1)充分利用一切水源,开展群众性的兴修农田水利运动。各地区应根据不同的自然条件和群众习惯,组织一切人力物力财力,号召因地制宜地大力恢复兴建各种水利工程。能引用河水溪水的可开渠、垒堰、修滩,能

---

① 中共中央西北局:《关于春耕工作给中央的综合报告》,见中国社会科学院、中央档案馆编《1949—1952 中华人民共和国经济档案资料选编·农村经济体制卷》,社会科学文献出版社,1992 年,第 416 页。

② 新华社:《全国今年修建的农田水利工程共可增加灌田面积五百多万亩》,《人民日报》,1951 年 7 月 27 日。

③ 张子林:《发展农田水利是农业增产的重要措施》,《人民日报》,1951 年 12 月 20 日。

蓄积地面水的可挖塘、筑坝或兴建小型水库,能利用地下水的可凿井浚泉。应大量增添修整各种水车、筒车、抽水机及其他汲水工具,以增加灌溉面积。扩大原有塘坝蓄水量,更大地发挥抗旱效能。大力发展水井,组织农民合伙打井。对旧有水井灌溉应加强领导,组织互助,合伙使用,扩大浇地范围,水量不足的应组织锥井以增大出水量。各地区应大量生产水车并及时出贷。

(2)充分做到经济用水,珍惜水量,发挥水的最大灌溉效能。对一切渠道坝堰,应加强灌溉管理,根据作物需要将灌水量减到最低限度,并组织群众日夜轮浇,以扩大灌溉面积。

(3)总结和推广群众在耕作技术方面的防旱抗旱经验,普遍进行"天下农民是一家"的教育,克服干部与群众中的保守、本位思想,做到互助互让,提倡上游照顾下游,老灌区照顾新灌区。①

为了珍惜水量、经济用水,政务院要求各地必须迅速改革旧的水利管理机构,建立民主的水利管理机构,废除旧的不合理的用水规章,建立新的合理的用水规章;并对各项水利设施加以有效控制,以达到节约用水、充分发挥其潜在效能的目的。②

全国各地群众性的防旱抗旱运动开展以后,大部地区兴修农田水利有了显著成绩,灌溉面积和保墒面积大大增加。但在各地对农田水利春修工程的检查中仍发现:有些渠道不能上水;有些水井打在不需要打井的地方;有些水井打得不能用;有些水塘塘堤不牢或塘底漏水,一般蓄水量不大。1952年5月7日,中央生产防旱办公室专门发出《关于更深入地开展防旱抗旱运动,保证农业丰收的通知》,指出:各地必须防止因春季多雨而滋长松懈情绪,应尽量利用春播顺利、人力不太忙迫的条件,进一步深入地开展防旱抗旱运动,抓紧时间,提早完成兴修农田水利计划,以期有把握地战胜可能发生的夏旱,保障农产丰收。为此,中央生产防旱办公室要求各地迅即研究执行下列几项办法:(1)各地应普遍深入地检查防旱工作。(2)农田大量用水的季节即到,各地必须加强灌溉管理工作,组织农民合理用水,扩大浇地面积,保证各种作物得到及时灌溉。(3)个别干旱地区要迅速动员农民担水下种,浇水保苗。雨水过多地区要及时领导农民排除积水,赶

---

① 《中央人民政府政务院关于大力开展群众性的防旱、抗旱运动的决定》,《人民日报》,1952年2月13日。

② 《全国各地要紧急预防旱灾的袭击》,《人民日报》,1952年2月13日。

种庄稼。①

　　1952 年 4 月 2 日,政务院发布《关于一九五二年水利工作的决定》,国家对全国水利建设方向作了适当调整:由局部的转向流域的规划,由临时性的转向永久性的工程,由消极的除害转向积极的兴利。依照这一方向,1952 年水利工作总的要求是:(1)继续加强防洪排水,减免水灾,以保证农业生产。(2)大力扩展灌溉面积,加强管理,改善用水,以防止旱灾并增加单位面积产量。(3)重点疏浚内河,整理水道,以发展航运,便利城乡物资交流。(4)进一步加强流域性、长期性的计划的准备工作,特别注意根治水害与灌溉、发电、航运的密切配合,以适应人民经济发展的需要。(5)切实注意组织工作,健全领导,培养干部,以保证任务的胜利完成。②

　　该决定对 1952 年农田灌溉任务作了明确规定:(1)灌溉工程当年应保证完成新建、恢复和扩展灌溉面积 3 000 万亩(其中大型灌溉约占 700 万亩,小型渠道、塘坝和水车、水井等约占 2 300 万亩),并尽量提前开挖支、斗、农渠,使之及早发挥效益。为积极防止旱灾,灌溉工程的新建部分除完成计划任务外,对于条件具备、技术性不太高而又为群众所迫切要求者应予增办。其恢复部分,除完成计划任务外,对于年久失修或已经荒废的旧有渠道,如水源可靠,也应大力修复。根据各地的实际经验,通过民主管理及经济用水,一般可增加灌溉面积 20%。因此,灌溉管理机构已经建立的地区应予加强,尚未建立的地区应即迅速建立,并研究浅浇,以达到扩展灌溉面积的要求。(2)引黄灌溉济卫工程,1952 年应争取春季提前灌溉 20 万亩,年内达到 40 万亩。洛惠渠工程应保证灌田 40 万亩。后套黄杨闸闸工完成后,其灌溉面积应由 110 万亩逐渐扩展到 280 万亩。苏北灌溉总干渠土方工程及高良涧、运东两闸应保证 1952 年基本完成,为解决苏北 2 580 万亩的灌溉问题打下基础。东北四大灌渠 1952 年应在 1951 年的基础上继续努力恢复和扩充。塘、堰、沟洫、小型渠道、井、泉和水土保持等比较简单而有效的水利工程,都应根据当地情况广为宣传介绍,并发动与组织群众力量大量举办。政府一方面在技术上予以协助,一方面交流农民的成功经验,使之形成普遍的群众性的运动。水源比较缺乏的地区,尤应

---

　　① 新华社:《中央生产防旱办公室通知各地深入检查防旱工作》,《人民日报》,1952 年 5 月 12 日。

　　② 《政务院关于一九五二年水利工作的决定》,见中国社会科学院、中央档案馆编《1949—1952 中华人民共和国经济档案资料选编·农业卷》,社会科学文献出版社,1991 年,第 449 页。

试办小型水库,取得经验后逐步推广。①

随着国民经济的恢复,党和政府更加认识到农业基础地位的重要性,更加重视农田水利的兴修。1952 年全国各地农田水利建设的成效较往年显著,群众性的农田水利建设有了突出进展。1952 年 12 月 19 日,水利部在《1952 年防旱抗旱运动中的农田水利工作的报告》中对当年的农田水利建设工作作了总结。该报告指出:截至 12 月,全国共兴修、整修渠道 18.7 万道,塘、坝、涵、闸等工程 208 万处,新打砖、石、土井 75.3 万眼,出贷水车 16.7 万辆,添置抽水机 3 500 多万马力,共可扩大灌溉面积 3 240 余万亩,超过 1950、1951 两年增加的灌溉面积的总和 1 000 余万亩。其中,1952 年实际受益面积约计 8 000 余万亩,水田面积 37 000 余万亩,两项总计 45 000 余万亩,约占全国总耕地面积的 30%。旧有水地中的 10 600 万亩,也因修整了灌溉设备,进行了改善工程或加强了管理,用水情况大有改进,从而保证了 1952 年的农业丰产。②

在大型农田水利灌溉工程方面,1952 年新建工程 88 处,续办 1951 年未完工程 16 处,共计 104 处(其中灌溉工程 88 处、排水工程 16 处),全部计划受益面积 6 817 532 亩。共计完成灌溉工程 67 处、水利工程 9 处,1952 年实际受益面积为 263.4 万亩。共计完成土方 2 714 万方、石方约 11 万方,大小建筑物 1 249 座。同时,随着防旱运动的开展,不少地区的灌溉管理工作也较往年有所提高,灌溉面积有所增加。在渠道方面,据不完全统计,华北区初步改进管理,扩大灌溉面积 1 669 195 亩;西北区扩大灌溉面积 191 401 亩;西南区扩大灌溉面积 611 978 亩。在 1952 年的管理工作中,实行了民主管理的灌区,群众情绪高涨,用水技术得到提高,灌溉面积扩大。如河北省房涞涿渠灌区,由于 1951 年进行了改革,虽然 1952 年春季的水量不及往年同时期的一半,却扩大春冬灌溉面积 8 万亩。③

1952 年的农田水利建设是在全国范围内群众性的防旱抗旱运动中展

---

① 《政务院关于一九五二年水利工作的决定》,见中国社会科学院、中央档案馆编《1949—1952 中华人民共和国经济档案资料选编·农业卷》,社会科学文献出版社,1991 年,第 450 页。

② 水利部:《1952 年防旱抗旱运动中的农田水利工作的报告》,见中国社会科学院、中央档案馆编《1949—1952 中华人民共和国经济档案资料选编·农业卷》,社会科学文献出版社,1991 年,第 507 页。

③ 水利部:《1952 年全国农田水利工作总结和 1953 年工作要点》,见中国社会科学院、中央档案馆编《1949—1952 中华人民共和国经济档案资料选编·农业卷》,社会科学文献出版社,1991 年,第 513、544 - 545 页。

开的,这就使农田水利工作完全建立在广泛的群众基础之上,也是 1952 年农田水利建设的特点之一,因而所获得的成就也是比较大的。据统计,1952 年全国增加灌溉面积总计 2 400 余万亩,超过 1950、1951 两年增加面积的总和。其中,发展水车水井共增加 581 万亩,兴修与整修渠堰塘坝共恢复与增加 1 560 万亩,添置抽水机及其他提水工具共增加 24 万亩,加强灌溉管理共增加 247 万亩。[①] 从总体上看,全国增加灌溉面积呈现出明显的上升趋势:1950 年为 1 204 万亩,1951 年为 2 796 万亩,1952 年为 4 017 万亩,灌溉面积的增长幅度基本上与国家和群众的投入呈正比。[②] 正因为农田水利建设取得了显著成就,灌溉面积不断增长,因而全国农田的受灾面积也相应大为减少。据统计,1949 全国水灾面积在 1 亿亩以上,1950 年为 6 000 万亩左右,1951 年为 2 100 万亩左右,1952 年截至 9 月 21 日,仅为 1 600 余万亩。[③] 受灾面积的减少和灌溉面积的增加,无疑为农业生产的发展创造了良好条件。

1952 年 9 月 26 日,水利部部长傅作义在《人民日报》发表题为《三年来我国水利建设的伟大成就》一文,对新中国成立最初三年的水利建设成就给予了全面详细的总结。傅作义对三年来农田灌溉事业取得的成就给予了高度评价。他说,在这三年中,国家投资兴建的大中型灌溉工程 358 处,这些工程对于防止旱灾有较大的保证。其中较大的有黄河的引黄灌溉济卫工程,东北的东辽河、盘山、查哈阳、郭前旗四大灌溉工程,绥远省[④] 的黄杨闸工程,察哈尔省的桑干河、浑河、御河等淤灌工程,山西省新建的滹沱河、潇河及泽垣渠等灌溉工程,陕西省整理扩充泾、渭、洛、汉、褒、湄等渠工程,以及淮河上的苏北灌溉总渠工程等。在国家投资兴建大中型农田水利工程的同时,各地政府大力推进了群众性灌溉事业的发展,取得了显著成绩。根据不完全统计,全国新建和整修的小型渠道和蓄水塘堰共 336 万余处,这些工程有的扩大了灌溉面积,有的增加了蓄水容量,使原来灌溉的农田在较长时间内都可得到适量的灌溉用水,因而减免了旱灾。全国新凿

① 水利部:《1952 年全国农田水利工作总结和 1953 年工作要点》,见中国社会科学院、中央档案馆编《1949—1952 中华人民共和国经济档案资料选编·农业卷》,社会科学文献出版社,1991 年,第 546 - 547 页。

② 中国社会科学院、中央档案馆编:《1949—1952 中华人民共和国经济档案资料选编·基本建设投资和建筑业卷》,社会科学文献出版社,1991 年,第 942 页。

③ 傅作义:《三年来我国水利建设的伟大成就》,《人民日报》,1952 年 9 月 26 日。

④ 绥远省,旧省名。1954 年撤销,辖区划归内蒙古自治区。

和修复水井共 66.8 万眼,出贷水车 29.3 万辆,各地对于地下水的利用得到普遍的发展。此外,还恢复和增加了机械灌溉排水工具 11.75 万马力,对于增加灌溉和排除内涝渍水也有很大的帮助。① 1950 年至 1952 年具体的水利建设成就详见表 2。

表 2　1950 年至 1952 年的水利建设成就

	计算单位	1950 年	1951 年	1952 年
基本建设投资款	万元	9 206	19 508	32 799
建成大型水闸	座			3
扩大灌溉面积	万亩	1 204	2 706	4 017
拥有万亩以上灌渠	处	1 254	1 279	1 346

资料来源:中国社会科学院、中央档案馆编:《1949—1952 中华人民共和国经济档案资料选编·农业卷》,社会科学文献出版社,1991 年,第 555 页。

1953 年 9 月,中央人民政府水利部发布《关于农田水利工作的报告》,对新中国成立后三年间农田水利建设情况作了全面总结。据水利部报告,三年来共兴修小型塘坝涵闸等工程 310 多万处,凿井 73 万眼,恢复及新建大型灌溉工程 214 处、排水工程 30 余处,添置抽水机 2.3 万马力,对于各个渠道的灌溉管理,普遍进行了民主改革,共扩大灌溉面积约 4 600 万亩,并对原有 2.1 亿多亩的农田进行了灌溉排水设施改善,对农业生产的恢复和发展起到了显著的作用。② 报告对群众性的小型水利建设取得的突出成绩作了充分肯定。湖南省三年来大力进行塘坝的恢复工作,并推行"一把锄头"的专人负责用水管理制度,能做到及时蓄水、节约用水,节省了看水人工;湖北省 1952 年冬 1953 年春以工代赈兴办了 6 万多处蓄水工程,使 280 万亩水稻摆脱干旱威胁;华东各省兴修塘坝、涵闸及圩堤及疏浚河道等工程近 5 亿土方,减轻了旱涝灾害;北方地区水车增加 130% 以上,水井也有大量增加,不但原来的水井灌溉地区,如河北、山东、河南等省灌溉面积显著扩大,而且山西、绥远、热河③、辽西等地区灌溉面积也有大幅增加,同时由于提倡群众互助合伙浇地,从而提高了每眼水井的灌溉能力,河南

---

① 傅作义:《三年来我国水利建设的伟大成就》,《人民日报》,1952 年 9 月 26 日。

② 《中央人民政府水利部关于农田水利工作的报告》,见中国社会科学院、中央档案馆编《1953—1957 中华人民共和国经济档案资料选编·农业卷》,中国物价出版社,1998 年,第 616 页。

③ 热河省,旧省名。1955 年撤销,所辖地区分别划归河北省、辽宁省和内蒙古自治区。

省清丰县、山西省忻县、河北省蠡县的不少村庄已达到全村平均每眼水车井浇地 40 多亩,灌溉效率比新中国成立前提高一倍,最多的一眼水车井能浇灌 80 多亩;河北中部及河南北部地区,由于利用地下水灌溉,很多村庄已全部变为水地,甚至有的县 90% 的耕地成为水地;西北各省大部分地区党委、政府对发展水利极为重视,截至 1952 年,共增加 860 万亩水地,约占原有水地面积的 34%。

在大型灌溉工程建设方面,三年间恢复和修建了许多敌伪破坏及未完成的工程,并新建了一些大灌溉区。东北区完成了盘山、东辽河等 52 处工程,恢复稻田 120 万亩。在华北各省兴办的较大灌溉工程中,灌田 5 万 ~ 30 万亩的有山西潇河和滹沱河灌溉工程、桑干河和浑河淤灌工程,河北石津渠、渤海沿岸电力抽水灌溉工程等 22 处,1953 年已受益的农田共 410 多万亩,大幅度提高了小麦、棉花产量,扩大了水稻种植面积。西北区续修了新中国成立前 16 年未能完成的洛惠渠,灌溉农田 40 万亩。新疆军垦部队修建了红雁池、八一、四十团渠等水库渠道工程,扩大了 160 多万亩耕地面积。河南省整修了广利渠,恢复灌溉面积 40 万亩。引黄济卫第一期工程 1951 年完工并灌田 28 万亩,成为黄河下游引水灌溉的创举。此外,湖南省陡惠渠、江西省北缭渠、广东省马坝工程等都已完工。华东区兴修了安徽省佟公坝、浙江省湖海塘、福建省莲柄港等 10 余处大型工程,对稻田灌溉都有较好效果。

在农田水利灌溉管理方面,由于进行了管理上的民主改革,组织起来互助浇地,因而灌溉效率已见提高,一般都能做到省工、省水及提高灌溉区单位面积产量。改进灌溉技术问题已引起部分灌区的重视,并有不少地区的群众在珍惜水量的号召下改变了不合理的用水习惯,创造并推行了沟灌、小畦灌溉等进步的灌溉方法。四川省朱李火埝原来采用不合理的续灌办法灌田,在实行了轮灌方法后,扩大了灌溉面积 1.8 万亩。河北省房涞涿渠,1952 年春旱,引水量不及往年一半,但由于注意管理工作,从而保证了原有 8 万亩农田的灌溉用水,并扩大了 3 万亩的灌溉面积。

尽管三年来的农田水利建设取得了巨大成绩,但同时也存在一些缺点和不足。水利部报告对此作了比较深刻的检讨,承认在水利建设领导工作中"存在着严重的脱离实际、脱离群众的主观主义、官僚主义,造成了工作中许多缺点与错误"。这些缺点和错误主要表现在三个方面:

(1)各级农业水利机关在布置工作时脱离群众需要,不顾条件,盲目制订计划,盲目往下分配数字,盲目追求数量,缺乏具体领导和技术指导,既没有交代清楚政策和工作方法,还要限期完成任务,以致不少地区出现了严重的强迫命令、形式主义的作风。华北地区的打井工作、江南地区的塘坝兴修整修工作,多有不从实际出发、贪多冒进、脱离群众需要与可能的条件、不照顾群众实际困难、严重脱离群众的官僚主义及强迫命令作风,以致把好事办成坏事,给群众带来很大损失,并在群众中造成了不良影响。

(2)在大型灌溉工程上,好大贪多,不注意工程效益,更不注意用水管理,工程与增产目的脱节。同时,只图兴办工程,不考虑客观条件和主观力量,在兴办前不注意搜集研究基本资料,设计工作粗枝大叶,对国家建设事业缺乏严肃负责的态度。不少省区为了争取工程计划的批准,不惜夸大工程效益,而上级水利部门则是盲目地批准工程计划;在工程兴办以后不是认真负责地办一处就办好一处,贯彻始终,浇好地、增了产,有重点地创造典型、吸收经验、加以推广,而是一处未完又办一处,"到处摆摊子,到处是包袱",贸然开工,造成很多错误,浪费很大,灌溉效益不高。

(3)农业水利领导机关对已完成的及旧有的灌溉渠多数不进行具体领导,灌溉管理机构不健全,致使许多灌区的灌水浇地问题处于无人负责状态。1953年全国多数较大灌区仍一直承袭着旧的用水方法,渠系紊乱,管理不严,大水漫灌,浪费水量。在华北、西北诸省中的一些灌区,由于地下水位不断上升,土壤恶化,土地泛碱,耕地面积逐渐缩小,作物产量不能提高,或有下降趋势。陕西泾惠灌区,由于耕种方法的错误及用水不当,逐年减产。江南地区灌溉用水的浪费和不讲求灌溉方法的现象也很普遍。对于灌溉方法及土壤改良等工作,也没有注意在灌区有重点地建立灌溉试验站,进行地下水观察、作物需水量试验以及其他一些基本资料的调查分析试验等工作,以逐渐改变旧式的灌溉方法。

通过三年的农田水利建设,水利部逐步确定了兴办群众性小型农田水利为重点的思路,指出:"根据目前农村分散的小农经济特点,及目前国家财力和工业化的程度,以开展群众性的小型水利最为有效,应当作为水利部门工作中重点任务之一。小型水利工程,技术性不高,易为群众所掌握,可就地取材,就地出工,费用不多,且能很快见到效果,在防旱防涝工作中能够解决很大问题。"这一思路逐渐成为此后农田水利建设的基本方向。

水利部对农田水利灌溉管理上出现的问题,也提出了整治和改正办法,明确提出:对于灌溉管理方面,必须认真改善现有灌溉渠系的领导,特别要克服不深入群众、不深入研究、不进行具体指导的官僚主义的领导和无人负责的现象。灌区内的灌水浇地问题,一定要专人分段负责、具体指导;要总结群众的灌溉经验,进行灌溉试验,并逐步实行与作物和土壤需要相适应的配水计划,努力做到合理用水和防止土壤碱化,以打下科学用水的基础。灌区群众所交的水费,只能用于本灌区的岁修养护及管理人员的开支,故须根据当地群众经济力量,按最低比例征收。关于水井、水车、塘坝及群众自己兴修的小渠道的灌溉问题,应提倡组织起来,帮助群众成立管理用水的组织,以期合理用水、发挥潜在能力,但必须根据自愿互利原则,不得强迫。对于国有渠道,为了消除"供给制思想",并推动工作继续向前发展,在不增加原来群众水费负担的条件下,原则上应逐步实行企业化经营。但考虑到当时灌溉管理机构不健全,用人多、开支大、浪费多是一般现象,广泛推行企业化势必增加农民水费的开支,因此只能暂时沿袭原有收水费习惯、在农民亦认为所收水费不高的国营灌溉事业运行机制中,由省水利机关选择一、二处,重点试行企业化的经营办法,取得经验,然后再由水利部总结经验、制订办法,逐步加以推广。①

1953 年 10 月 13 日,中央农村工作部对国民经济恢复时期的农田水利情况和存在的问题作了更为详细而具体的总结。报告肯定了三年来农田水利灌溉事业的成就。据水利部截至 1952 年底的统计,全国共有水田、水浇地约 4.5 亿余亩(水田 3.7 亿亩,水浇地约 8 000 万亩),占全国耕地面积的 29%。三年来全国共举办现代化的灌溉工程 214 处,灌溉面积 455 万亩。东北的东辽河、盘山、查哈阳、郭前旗四大灌区,1952 年灌溉面积 60 余万亩,可扩展至 400 余万亩;陕西省已整理扩充旧有渠道,增灌 51 万亩;苏北灌溉总渠已开挖完成,若完成整个渠系工程,结合洪泽湖蓄水,可扩展灌溉面积 2 500 万亩。各地群众性的灌溉事业亦有相当发展。据不完全统计,新修和整修的蓄水塘堰、小型水库、小型渠道等共 314 万余处;新凿和恢复水井 731 809 眼,出贷水车 29 万余辆,并增加和恢复机械灌溉排水工具 125 060 万匹马力。三年来本着大型工程由国家投资或贷款举办,群众性工程民办公助的原则,共使用投资 7 800 余亿元,贷款 21 000 余亿元。由于大量兴修水利,三年来共扩大灌溉面积 4 445 万亩,占全国总灌溉面

① 《中央人民政府水利部关于农田水利工作的报告》,见中国社会科学院、中央档案馆编《1953—1957 中华人民共和国经济档案资料选编·农业卷》,中国物价出版社,1998 年,第 616 – 622 页。

积的 1/10,其中华北 1 900 余万亩,西北 700 余万亩,西南、中南均为 600
余万亩,华东近 500 万亩,东北 133 万亩,内蒙 12 万亩。内蒙、华北、西北
扩大的灌溉面积主要为水浇地,旱地变水浇地,一般可增产 50% 到一倍。
报告最后强调:今后的农田水利工作,除比较大型的灌溉工程应由国家举
办外,应根据广大群众"需要、可能、自愿"的原则,大力开展兴修群众性小
型水利;必须因地制宜,计划的制订与施工都要依靠群众,充分利用群众的
经验,将防旱抗旱与防洪防淤相结合,并注意解决占地赔偿、出工负担、灌
溉管理等具体问题。①

第三节　引黄灌溉济卫工程

黄河流域是中华民族的发祥地,是中华农耕文明的摇篮。黄河是中国
第二条大河,也是举世闻名的多灾的河流,它的灾害主要是水灾。黄河流
域雨量很少,平均全年只降雨 400 毫米,但是每年降雨量的一半左右却经
常集中在夏季的 7、8 月,并且多是暴雨。这种夏季集中的暴雨经常造成
洪水,称为"伏汛"。黄河在陕西省境内支流很多,如果夏季暴雨的面积较
大,几个支流同时涨水,就会造成特大洪水。黄河的水灾大部分是这种夏
季暴雨造成的。此外,有时 9、10 月间也可能因大雨造成洪水,称为"秋
汛"。3、4 月间,冰雪融化也常造成洪水,称为"桃汛"。黄河在甘肃、内蒙
和山东境内是由南向北流的,在南方化冰的季节,北部河段往往还在封冻,
大量流冰在下游被阻,壅塞河道,也会造成河水暴涨,称为"凌汛"。

黄河的水灾之所以特别严重,不但因为黄河流域夏季的暴雨,更重要
的是由于黄河下游的泥沙淤积。黄河的含沙量在世界各国的河流中占第
一位。埃及尼罗河每方水的平均含沙量是 1 公斤,美国科罗拉多河平均是
10 公斤,而黄河在河南省陕县的含沙量竟达到 34 公斤。根据水文资料计
算,黄河平均每年经过陕县带到下游和入海口的泥沙达到 13.8 亿吨,体积

① 中共中央农村工作部三处:《农田水利情况和存在的问题》,见中国社会科学院、中央档案馆
编《1953—1957 中华人民共和国经济档案资料选编·农业卷》,中国物价出版社,1998 年,第 622 -
625 页。

约9.2亿立方米。① 黄河有这么多泥沙,到了下游由于河道平缓,泥沙不能完全入海而大量沉积,因而河身逐年淤浅,直至高出河堤两旁的地面,成为"地上河"。遇到较大的洪水,河堤无法约束的时候,黄河下游就要发生泛滥、决口以致改道的严重灾害。

据历史记载,黄河在新中国成立前的三千多年中,发生泛滥决口达1 500多次,重要的改道26次,其中大的改道9次。② 改道最北的经海河出大沽口,最南的经淮河入长江。因而黄河的灾害一直波及海河流域、淮河流域和长江下游。黄河的每次泛滥、决口和改道都会造成人民生命财产的严重损失,常常发生整个村镇甚至整个城市人口大部分或全部被淹没的惨事。1933年的黄河洪水造成决口50余处,受灾面积达1.1万余平方公里,受灾人口364万余人,死亡1.8万余人,财产损失以当时银洋计约合2.3亿元。1938年蒋介石政府在河南郑州附近掘开南岸花园口河堤,造成黄河大改道,受灾面积5.4万平方公里,受灾人口1 250万人,死亡89万人,造成了无人的黄泛区。③ 黄河南侵淤淀了淮河及其支流的河道,因而更造成了淮河的灾害。

新中国成立以后,中央政府很快就着手研究治理黄河问题。但鉴于当时党和政府将治水的重点集中于根治淮河,大规模治理黄河的条件还不成熟,故确定了"以下游防洪为中心、同时准备治本"的治黄方针。1950年至1951年两年间,在中央政府的领导下,各地治理黄河由分区治理逐渐走向统一治理,并进行了巨大的黄河修防工程。以1951年政府对于治理黄河的投资为例,仅工程费一项就达5亿斤小麦,超过国民党统治时投入费用最多年份57倍。④ 1952年,在黄河堤防工程方面,培修了1 300余公里的大堤,完成了土方工程8 200余万方,下游数以万计的坝埽均由秸埽改为石坝,完成石方工程170余万方。⑤ 到1954年,人民政府在下游培修了黄

---

① 邓子恢:《关于根治黄河水害和开发黄河水利的综合规划的报告》,《人民日报》,1955年7月20日。

② 须恺:《中国的灌溉事业》,见中国社会科学院、中央档案馆编《1953—1957中华人民共和国经济资料选编·农业卷》,中国物价出版社,1998年,第638页。

③ 同①。

④ 王化云:《二年来人民治黄的伟大成就》,见中国社会科学院、中央档案馆编《1949—1952中华人民共和国经济档案资料选编·农业卷》,社会科学文献出版社,1991年,第471页。

⑤ 王化云:《人民的新黄河》,见中国社会科学院、中央档案馆编《1949—1952中华人民共和国经济档案资料选编·农业卷》,社会科学文献出版社,1991年,第475页。

河大堤1 800公里,完成了土方1.3亿方;将原有保护堤坡的坝埽由秸料换成石料,共用石料230万方;在大堤上用锥探的方法发现了8万个洞穴和裂缝,并加以填补,从根本上改变了原有河堤残破卑薄、百孔千疮的状态。

为了给大规模地利用黄河水灌溉农田积累经验,中央人民政府决定修建河南省境的引黄灌溉济卫工程与绥远省境的黄杨闸工程。

1949年11月29日,黄河水利委员会(简称黄委会)在开封召开所属干部大会,传达水利会议的决议。黄委会副主任赵明甫说:中央人民政府已批准1950年治黄预算并决定举办引黄济卫工程。故1950年任务十分艰巨。随后,黄河水利委员会组织引黄测量大队至黄河北岸工地开始测量工作。该队共分地形(三个组)、水准(两个组)、导线等组,测量范围由郑州铁桥北岸上口至新乡分渠首、沉沙池及东西干区各灌田渠。地形测量计1 272平方公里。在测区内,河流每公里测量一次断面,每10公里测量一次流量①,并在渠首元村镇、新乡县、获嘉县、汲县设永久测站。

1950年1月22日至30日,黄河水利委员会在开封召开治黄工作会议,沿河主要治黄负责干部、黄委会委员、水利专家等共50余人到会。水利部副部长张含英参加了会议。会议确立了"除害兴利"的治黄总方针,决定对黄河下游大堤进行培修加固,并兴建引黄灌溉济卫工程,同时要求对干流进行查勘工作,为制订统一治理黄河的规划作准备。会议讨论通过了1950年治黄工作方针和任务、1950年工作计划和预算草案,并决定由黄河水利委员会组织编制草案和工作制度等。

在"变害河为利河"的口号下,黄河下游历史上第一次利用黄河水造福人民的引黄济卫工程加快了测量规划工作进程。

引黄灌溉济卫工程,系由黄河北岸铁桥以西引水,沿京汉路东侧总干渠流入新乡市卫河的水利工程。引黄济卫工程有两个目标:一是为了灌溉,计划浇灌平原省汲县、新乡、获嘉及延津4县农田约40万亩;二是为了济卫,增加卫河水源,以促进新乡至天津间的航运。该工程引水地点在京汉路黄河铁桥以西北岸。筑闸引水,总干渠自进水闸至新乡卫河边止,长50余公里,渠水量为40立方米每秒。总干渠两侧分别挖修东西干渠,长各约30公里,水量为14立方米每秒。济卫方面,计划输入卫河水量为17立方米每秒,使卫河经常保持20立方米每秒的水量,以便航行200吨级

---

① 一条河道的"流量",是指在河道某一横断面,每秒钟内有多少立方米的水流过去。

汽船。

经过 1950 年的筹备,1951 年 3 月,引黄灌溉济卫工程正式开工,修筑总干渠、西干渠、东一干渠以及水闸、桥梁等主要工程。6 月 27 日至 7 月 14 日,水利部部长傅作义同副部长张含英、苏联顾问布可夫、黄河水利委员会副主任赵明甫、清华大学教授张光斗等人对黄河进行了查勘,视察了黄河堤防,勘定了"引黄灌溉济卫工程"渠首的位置,查勘比较了潼关至孟津蓄水库的库址坝址,以准备黄河治本工作。到 12 月底,第一期工程提前完工,1952 年 3 月 12 日试水,东一、西一两个灌区开始灌溉。1952 年 7 月,引黄济卫第二阶段正式开工,修筑沉淀区及东三、东二、新磁、小冀 4 个灌区工程,到 12 月第二期完成。1953 年 2 月,第三阶段工程开工,主要修筑部分工程的加固和整修及沉淀区的建筑物工程,到同年 8 月竣工。

引黄灌溉济卫工程是新中国农田灌溉史上值得大书特书的事情。在工程设计中,设计者打破了过去只重视干支渠的倾向,敢于做出斗毛渠的具体设计,使挖渠工作全面展开,因而在第二阶段完工之后便能够放水浇地,立即发挥工程效益。①

引黄灌溉济卫工程共建成渠首闸、总干渠、西灌区、东一灌区、东二灌区、东三灌区、小冀灌区、新磁灌区和沉沙池等大小建筑物 1 999 座,修筑斗渠以上渠道长达 4 945 公里。灌溉渠将可引入巨大流量的黄河水,不仅可以灌溉黄河北岸新乡、获嘉、汲县、延津等县 72 万亩农田,而且保证了船只在卫河枯水期仍能航行无阻,使新乡到天津 900 多公里的卫河航运得以畅通,"自引黄以来,就保证了卫河航运的畅通,100 吨的木船可满载。1952 年完成卫河货物航运吨公里数约为 1951 年的 162%,增加运费收入200 亿元。1953 年计划货运吨公里数较 1952 年扩大了 20%,单是第一季度已完成全年计划 35.9%"。② 8 月中旬,黄河水利委员会撤销了引黄灌溉济卫工程处,将引黄灌溉济卫工程全部移交河南省人民政府管理领导。

1956 年 6 月,为了充分发掘灌溉的潜力,黄河水利委员会决定续修引黄济卫扩建工程。工程内容包括:加固渠首和总干渠,把引水量由 50 立方

---

① 水利部:《1952 年全国农田水利工作总结和 1953 年工作要点》,见中国社会科学院、中央档案馆编《1949—1952 中华人民共和国经济档案资料选编·农业卷》,社会科学文献出版社,1991 年,第 513 – 514 页。

② 范鹏:《引黄灌溉济卫工程效益显著,河南省治淮后数千万亩秋田获丰收》,《人民日报》,1953 年 10 月 14 日。

米每秒增加到 70 立方米每秒；进行渠系改善和灌区扩展，把灌溉面积由 72 万亩扩大到 160 万亩；利用总干渠上一号和三号跌水举办两处水力发电站，发电 900 千瓦到 1 200 千瓦，除扬水灌溉 12 万多亩农田外，还要供给农产品加工和农村照明用电。①

1958 年 5 月 1 日，引黄灌溉济卫扩建工程举行放水典礼。工程的总干渠和干渠上共完成闸门、桥梁、涵洞、跌水等建筑物 50 座。工程引水可灌溉天津和沧县一带 900 多万亩土地，其中有 600 多万亩水稻；灌溉山东省德州、武城一带 150 万亩土地；灌溉河南省近 500 万亩土地。② 时任黄河委员会主任的王化云高度评价引黄灌溉济卫扩建工程是"历史上的创举，并为黄河下游开辟了利用黄河水兴修水利的道路。这不但有很大的经济价值，而且有重大的政治意义"。③ 30 多年后，王化云于 1988 年仍然称赞该工程，他说："实践证明，30 多年前的决策是正确的。据统计，这个灌区从 1952 年开灌以来，仅粮棉增产总值就达 4.4 亿元，为灌区总投资的 18 倍，如今人民胜利渠已成为'渠道纵横地成方，粮棉增产稻花香'的全国先进灌区。"④

第四节　农田水利建设的普遍开展

1952 年 12 月，政务院 163 次政务会议通过《关于发动群众继续开展防旱、抗旱运动并大力推行水土保持工作的指示》，对 1952 年冬及 1953 年春的农田水利工作进行了部署。指示明确指出：必须广泛开展蓄水运动，尽量积蓄雨水和地面上的水流，以增加农田灌溉的面积。南方的塘堰工程几年来虽有改进，但仍须继续大力修整，加强管理养护工作，提高抗旱能力，此外还应推广小型蓄水库工程，以增加蓄水的容量。在北方干旱地区，

①　牛立峰：《引黄灌溉区的今天和明天》，《人民日报》，1956 年 6 月 5 日。

②　《引黄济卫扩建工程放水，可灌溉三个省的一千五百万亩农田》，《人民日报》，1958 年 5 月 4 日。

③　王化云：《二年来人民治黄的伟大成就》，见中国社会科学院、中央档案馆编《1949—1952 中华人民共和国经济档案资料选编·农业卷》，社会科学文献出版社，1991 年，第 473 页。

④　王化云：《我的治河实践》，河南科学技术出版社，1989 年，第 138 页。

除应进一步组织起来发展水车、水井并提高其灌溉效能外,应积极利用一切水源,发动群众修造小型水库和发展池塘,并广泛进行养冰蓄冰,以增加水源,供给灌溉使用。平原低洼地区,注意推广沟洫畦田,以做到防旱、防涝相结合。对于每一河流的治理,都要考虑到大量蓄水,以解决灌溉的需要。①

　　1953 年 3 月 6 日至 17 日,水利部召开了主要大区和省水利局长及几个较大灌溉渠负责人参加的农田水利工作会议。在总结前三年农田水利建设成绩与经验教训的基础上,水利部提出了 1953 年及今后农田水利工作的基本思路:"应着重开展群众性的各种小型水利,整顿现有水利设施,加强灌溉管理,发掘潜在力量,以扩大灌溉与排涝面积,增加粮食生产。至于新办的较大的水利灌溉工程,则应采取慎重态度,充分准备、稳步前进、择要举办的方针。"为了防止强迫命令,此后兴办任何一个工程都须群众自愿,并应按照以下四个原则进行:适合当地实际需要;为人民与政府财力所许可;受益大,花钱少;技术上有成功把握。对于由群众出钱出工自办的工程,必须贯彻"受益田亩多的多负担,受益田亩少的少负担,不受益的不负担"的原则。兴修水利占用群众的土地,一定要给予调剂或赔偿。在动员群众兴修水利时,一定要抓住农闲季节,结合农业生产,适当调剂劳动力,尽可能地做到不违农时。②

　　1953 年 5 月 6 日,水利部党组就此次会议向中共中央呈报了《关于农田水利工作会议的综合报告》。6 月 5 日,中共中央将该报告批转给各中央局和分局、各省市委及水利部党组。中共中央批示指出:"三月间召开的农田水利工作会议,对三年来的工作方针和工作方法中所存在的一些缺点与错误进行了比较认真地检查,明确了今后的工作方针与具体做法,这对于今后农田水利工作的推进会很有帮助。"批示还指出:中央同意这次农田水利会议所提出的各项改进工作意见,并应按照以下原则进行:(1)适合当地实际需要;(2)为人民与政府财力所许可;(3)受益大,花钱少;(4)技术上有成功把握。能如此去做,便能取得群众热烈赞助,将事情办

---

① 《中央人民政府政务院关于发动群众继续开展防旱、抗旱运动并大力推行水土保持工作的指示》,《人民日报》,1952 年 12 月 27 日。
② 《中央人民政府水利部关于农田水利工作的报告》,《人民日报》,1953 年 9 月 11 日。

好,取得更大效果。①

根据中共中央的指示以及三年的治水实践和农田水利建设实践,水利部在国家财力有限的情况下,逐步确定了以兴办群众性小型农田水利为重点的思路。指示指出:"根据目前农村分散的小农经济特点,及目前国家财力和工业化的程度,以开展群众性的小型水利最为有效,应当作为水利部门工作中重点任务之一。小型水利工程,技术性不高,易为群众所掌握,可就地取材,就地出工,费用不多,且能很快见到效果,在防旱防涝工作中能够解决很大问题。"② 这种思路逐渐成为以后农田水利建设的基本方向。水利部明确规定:"今年以及今后数年内,各省水利部门在农田水利工作上,无例外的均应以发展群众性水利以加强灌溉管理作为领导重点。"③

水利部的总结,一方面表明政府对前一个时期水利供给方式的肯定,认为采取广泛依靠群众的供给方式有利于中国农田水利事业的发展;另一方面也确定了未来一个时期农田水利设施供给方式的方针,预示着农田水利建设将要沿着依靠群众的道路进行。

随着"一五"计划的实施,全国大规模经济建设的开展,农田水利建设的重点由整修恢复原有灌溉、排水工程为主,转为按国民经济发展的要求有计划、有步骤地兴修新的水利工程设施,逐步提高和扩大抗御水旱灾害的能力,更有效地发挥水资源的使用效益,扩大农田水利灌溉面积。为此,水利部于1953年12月召开专门会议,李葆华在会议总结报告中指出:此次会议提出的水利方针就是根据国家总的部署,即根据过渡时期总路线的要求提出的。"一五"计划时期水利建设有5项主要任务:一是使黄河、长江不发生严重的决口或改道,以防打乱整个国家的建设部署;二是继续大力治淮,以减轻这条多灾河流的危害;三是其他一般河流也要抓住为患较严重者,适当地进行整治;四是开展群众性中小型水利;五是解决已完工程的遗留问题。他特别重视第四项任务,强调指出:"由于国家财力有限,水利工程很大部分要靠群众力量解决。小型水利工程虽然规模小,但是数量

① 《中共中央批准中央水利部党组关于农田水利问题的报告及对此问题的指示》,见中国社会科学院、中央档案馆编《1953—1957 中华人民共和国经济档案资料选编·农业卷》,中国物价出版社,1998 年,第 549 - 550 页。

② 《中央人民政府水利部关于农田水利工作的报告》,《人民日报》,1953 年 9 月 11 日。

③ 水利部:《一九五二年全国农田水利总结和一九五三年工作要点》,《人民水利》,1953 年第 2 期。

很大,几年来农业的增产,除了由于减轻了大灾以外,主要还是靠广泛兴修了农田水利,故一般地区应以开展群众性小型水利为重点。"①

在农业合作化运动中,全国各地为保证农业丰产,大力开展农田水利建设。在这种情况下,1955年1月,水利部在北京召开全国水利会议。会议认为,此后必须积极从流域规划入手,采取治标治本结合、防洪排涝并重的方针,继续治理为害严重的河流;同时积极兴办农田水利,以逐渐减免各种水旱灾害,保证农业生产的增长。根据这一基本精神,会议决定了1955年治河防洪方面的主要工作,确定了1955年发展农田水利的任务。为满足农业增产特别是粮食、棉花增产的需要,1955年计划扩大灌溉面积1 400万亩。会议特别要求各地重视水土保持工作。其中以黄河上、中游和永定河上游水土流失严重地区为全国重点举办水土保持的地区,每县要求完成40平方公里到60平方公里。②

1955年1月23日,《人民日报》就此会议发表了题为《抓紧冬春季节开展农田水利工作》的社论,要求凡是没有拟定和布置1955年农田水利计划的地区,都应根据可能的条件,尽快地订出计划,布置任务。各级党政领导机关在安排农村工作时,应当适当地统一安排农田水利工作,把农田水利工作列入自己的工作日程。社论强调指出:"1955年是我国第一个五年计划建设中具有决定意义的一年。1955年增产粮食、棉花、油料的任务能否完成,1955年的农业生产合作社办得好坏,对于第一个五年计划中的农业生产计划和合作化计划的实现都是有重大关系的。发展农田水利是保证农业增产和促进互助合作的重要条件之一。因此,1955年对于农田水利工作也是具有决定意义的一年。"③

为及早做好防旱抗旱准备工作,5月14日,农业部和水利部联合发出《关于大力开展农田水利进一步加强防旱抗旱工作的指示》,要求各地必须大力开展农田水利,对未完成工程应抓紧时间及早完成。④

8月22日至27日,华北五省区农田水利工作会议在北京召开。会议着重研究了1956年、1957年增加灌溉任务和保证完成任务的各项措施。

---

① 李葆华:《水利会议总结报告》,见中国社会科学院、中央档案馆编《1953—1957中华人民共和国经济档案资料选编·农业卷》,中国物价出版社,1998年,第556-557页。
② 《水利部召开今年全国水利会议》,《人民日报》,1955年1月19日。
③ 《抓紧冬春季节开展农田水利工作》,《人民日报》,1955年1月23日。
④ 《农业部水利部指示各地加强防旱抗旱工作》,《人民日报》,1955年5月18日。

经过讨论,一致认为应紧密结合互助合作的发展,贯彻1955年全国水利会议所规定的"大力发动与依靠群众自办,国家给予技术和经济上的扶助,大量兴办小型农田水利和挖掘已有灌溉设施的潜在力量,有条件地区,亦可择要兴办较大型的灌溉工程"的方针。在华北各省区兴修农田水利中应结合防洪排涝,内蒙古自治区应有计划地解决牧业用水。

10月16日,中共中央同意水利部党组《关于华北五省区农田水利工作会议纪要的报告》,并转发各地参考。批语指出:(1)第一个五年计划全国农田水利任务由7 200万亩增加到1亿亩,这是保证完成国家农业增产计划的重要措施。各地党委应重视这一工作,特别是地委、县委应把领导农田水利作为一项重大工作来做。(2)此后二年的任务是繁重的,但完成这个任务是可能的。(3)为了适应这一任务,要求各地党委:迅速加强各县水利机构;各专县都要做出农田水利的轮廓规划和今后二年的具体计划;农业合作社要把兴修水利作为保证增产的一项重要的基本建设,因之社内应有专人负责管理水利工作,并应制订出必要章程;水车水井入社应根据互利原则处理,不要使原主吃亏;凡因农田水利工程所占土地,应该免征农业税;农田水利贷款延长归还年限和降低利息问题,按银行的新规定办理。①

1955年10月之后,在全国农业合作化运动的高潮下,出现了增加农业生产和兴修农田水利的高潮。尤其是1955年底,毛泽东在《中国农村的社会主义高潮》按语中明确指出:"兴修水利是保证农业增产的大事,小型水利是各县各区各乡和各个合作社都可以办的,十分需要定出一个在若干年内,分期实行,除了遇到不可抵抗的特大的水旱灾荒以外,保证遇旱有水、遇涝排水的规划。这是完全可以做得到的。"② 这一指示肯定了群众自办为主、小型为主的农田水利建设思路,对随后的全国农田水利建设起了巨大的促进作用。

由于党和各级政府的高度重视,1955年在兴修小型农田水利工程中,各地农业生产合作社起了带头和推动作用,各地大力兴修小型农田水利工

---

① 《中共中央同意水利部党组〈关于华北五省区农田水利工作会议纪要的报告〉》,见中国社会科学院、中央档案馆编《1953—1957中华人民共和国经济档案资料选编·农业卷》,中国物价出版社,1998年,第556−557页。

② 中共中央文献研究室编:《建国以来毛泽东文稿》第5册,中央文献出版社,1991年,第498−499页。

程。如安徽省在 1955 年的春修中新建和整修塘坝、沟渠、圩堤、涵闸、水井等工程 25 689 处,完成土石方 67 302 733 方,超过春修计划任务 43.5%。这些工程的兴建,扩大了灌溉面积 662 865 亩,改建灌溉面积 11 887 984 亩,共有 12 570 894 亩农田提高了抗旱、防洪、除涝的效能,增加了产量,因而也进一步提高了群众对兴修水利的积极性。定远县窑旺农业社 1954 年冬 1955 年春兴修了 5 口塘(包括新建的一口),使受益田平均每亩增产粮食 120 斤,共增产 9 600 多斤。宿县的十年九不收的老鳖窝洼地做了沟洫和圈围的工程后,改种水稻 620 亩、早稻 133 亩,1955 年产量最高的每亩达 800 斤,一般的每亩 400 斤。当地农民说:"往年的荒草地,今年的粮食囤,这是从古未有的事。"宿县、阜阳两专区打砖井 297 眼(其中竹井 43 眼),可使 1 万多亩田达到不雨保收;结合抗旱打的土井 17 万眼,解决了约 30 万亩午季作物的灌溉问题。广大农民看到了打井的好处,积极要求打井。农民阎昌华说:"打井真正好,浇水多又透,可惜井太少。"安徽全省农业基本合作化以后,农民更迫切要求兴修水利。截至 12 月底,全省参加兴修的民工最多已达 293 人,开工塘坝、沟渠、水井等工程 22 万余处,完成土石方 6 419 万多方,占原定冬春修总任务的 50%。其中仅据芜湖、六安、滁县、徽州等 4 个专区的初步统计,受益农田即达 2 056 445 亩。①

到 1955 年,全国共扩大灌溉面积 1 580 多万亩,超过原计划 12.9%。以每亩耕地经灌溉后平均增产 50 斤粮食计算,可为国家增产粮食 7.9 亿斤。国家为了帮助农民兴修水利,除发放了大批贷款外,还新建立了许多抽水机站和排水站。据不完全统计,全国 1955 年增加抽水机 1 200 多台,共有 27 000 多马力,受益面积达 90 多万亩。②

对于 1955 年农田水利取得较大成就的原因,邓子恢于 1955 年 8 月 24 日在写给周恩来的工作简报中作了分析,他认为:1955 年各地为保证棉粮增产,首先抓水利,各级党政加强了对这一工作的领导,配备了一定的干部力量,在工程进行中又注意培养农民技术员,因而顺利完成了任务。但仍有部分地区存在着重大轻小和偏重单位工程的情绪,使群众性的水利陷于自流,还有些省因堵口复堤任务大、开工晚,导致完成任务差。工作中的主要经验是:第一,正确贯彻中央农田水利方针政策,因地制宜地普遍开展民

---

① 安徽省水利厅:《安徽省 1955 年水利工作总结》,安徽省档案馆:55 - 1 - 2350。
② 《全国今年扩大灌溉面积一千五百多万亩》,《人民日报》,1955 年 11 月 20 日。

办公助的群众性农田水利,达到省工、省钱、质量好、收效快。例如,云南省玉溪县团结河工程是临河开渠、沿渠修塘,在不灌溉时期以渠引水灌塘,到灌溉时开塘补渠水之不足,因此原灌溉 1 万亩的水源扩大到灌溉 4.7 万多亩。四川省抓住全省 60% 以上为丘陵的特点,发动群众兴修 1.7 万余处山湾塘,当年均受益;加上其他工程的完成,四川省共扩大灌溉面积 290 余万亩。第二,在党政统一领导下,统一安排,使 1955 年的农田水利兴修工作和中心工作紧密结合。不少地区结合兴修水利推进统购统销、建社等工作。例如,湖南省有的地区提出"坚决修好塘和坝,迎接农业合作化"。安徽省滁县官山乡白天修塘、晚上建社,做到建社修塘两不误。同时由于农业生产合作社的带动,广大群众积极参加兴修水利运动,湖南省临湘县九区的农业生产合作社在兴修水利时,吸收互助组和个体农民 4 400 人参加,很快完成 100 多处工程。四川省发动农业生产合作社积极兴修水利,要求把社建立在高产稳收的基础上,因而带动了互助组和个体农民积极兴修水利,使全省水利工作有了新的发展。第三,贯彻了"多受益多负担,少受益少负担,不受益不负担"的合理负担政策。1955 年有些地区采用按受益田亩摊工摊方、评工记分、工完清账、以工换工、以方给资等办法,提高了群众兴修水利的积极性。①

为了适应工农业发展的迫切要求和农业合作化迅速发展的需要,在第一个五年计划内,全国计划扩大灌溉面积 1 亿亩,每年增产粮食 60 亿至100 亿斤。为了完成国家的计划,水利部先后在北京、长沙、成都、沈阳、兰州召开各省区会议,拟订了 1956 年扩大灌溉面积 3 000 多万亩的计划,进一步推动了全国农田水利建设的全面开展。

第五节　农田水利建设初见成效

1956 年在农业合作化高潮中展开的大规模兴修水利运动,使我国农田水利建设工作得到了空前迅速的发展。全年兴修农田水利工程的灌溉

①　邓子恢:《农田水利建设中的经验和问题》,见《邓子恢文集》,人民出版社,1996 年,第 432 - 434 页。

面积达到 1.5 亿亩(当年受益的达 1 亿亩),相当于新中国成立前中国历史上有水利设施的灌溉面积的一半、新中国成立后 6 年来发展的灌溉面积的 200%,超过第一个五年计划任务指标的一倍。1956 年完成的水土保持的控制面积达 6.63 万平方公里,相当于新中国成立后 6 年来完成的控制面积的总和。新开垦荒地 3 000 多万亩,相当于第一个五年计划任务指标的 80%。① 全国因改建、扩建和整修旧有灌溉工程而改善的灌溉面积和防涝排水(包括沟洫畦田)面积,分别达到 7 500 万亩和 8 700 多万亩,都分别超额完成了年度计划任务。② 各地水利建设工作的开展和在农田水利工作上取得的巨大成就,对各地在 1956 年战胜严重的洪、涝、旱灾害并保证农业增产,都起到了很大作用。

1957 年 1 月 8 日至 18 日,水利部在北京召开全国水利会议,邓子恢副总理对 1956 年水利工作的巨大成就给予高度评价。他指出:"首先应该肯定 1956 年我们水利建设的成绩是伟大的,而且是空前的……农田水利的成绩尤其巨大。据统计我国过去几千年来所做的水利灌溉工程只能灌溉农田四亿亩左右,而去年一年就扩大了灌溉面积一亿五千多万亩,其中除去 5% 不能用,三千多万亩工程还需要改善以外,余下的一亿一千多万亩灌溉工程已对农业增产发挥了实际效益。这个数字相当于全国原有总灌溉面积的 1/4,比解放后六年来全国扩大灌溉面积的总数还要多得多。"他强调:在兴修农田水利的工作中,"必须因地制宜、因时制宜、因社制宜",必须贯彻执行"从群众中来,到群众中去"的群众路线,多和群众商量、多听取群众的意见是极为重要的,但是过去有些地方在进行这一工作时没有充分发挥群众的智慧和力量,并且有脱离实际的偏向。今后必须切实改变那些"从上面来,往下边派,强迫命令"以及"事前不与下面干部和群众商量,事后又不准下面修改,硬要下面'贯彻'"的错误做法。③

在第一个五年计划期间,国家投资修建和扩建的灌溉工程增加灌溉面积 4 100 多万亩,加上农民群众自己投资兴修的数以千万计的塘坝井渠和小型水库增加的灌溉面积,到 1957 年 7 月,全国总灌溉面积已由新中国成立前的

---

① 陈正人:《关于农业合作化和农业生产问题》,《人民日报》,1957 年 3 月 15 日。
② 《1956 年水利建设成就空前巨大,对战胜洪涝旱灾、保证农业增产起了很大作用》,《人民日报》,1957 年 1 月 11 日。
③ 《邓子恢副总理在一九五七年全国水利会议上的讲话》,见《当代中国的水利事业》编辑部编印《历次全国水利会议报告文件(1949—1957)》,1987 年,第 335 – 338 页。

2.3亿亩和1952年的3.1亿亩,发展到5.2亿亩,相当于世界各国灌溉面积总和的30%。在灌溉面积的总量和增长速度方面,中国已是世界第一位。全国约17亿亩的耕地中,有30.5%是水田和水浇地;全国每个农业人口平均占有的水田和水浇地,也由新中国成立的半亩增加到一亩左右。①

大力发展农田水利不仅仅是为了防灾保产,更主要的是为了农业增产。据许多典型调查显示,农田得到灌溉以后,结合其他农业措施,一般增产50%到一倍,有些地区增产两到三倍。黑龙江省在"一五"期间建设了5 000余处大小型各种灌溉工程,灌溉面积达到32公顷,五年内新增灌溉面积24 000公顷。其发展速度,远超过历史上的任何时期。② 农田水利建设的发展使这个原来稻田很少的省份,县县出现了稻田,而且稻田一直发展到北纬50度的孙吴县。全省稻田从1953年的12万公顷发展到1956年的25万公顷,增加的水田相当于过去40年发展水田的总和,为国家增产了大量的粮食。③ 由于兴修农田灌溉工程,辽宁省水稻面积1956年比1949年增加了三倍,产量增加了6倍。内蒙古在第一个五年计划期间,把570万亩旱地变成了水田,5年增产11亿斤。广西邕宁西云江灌溉区兴修水利前后,产量由100万斤增加到500万斤。浙江省兴修农田水利后,205万亩"靠天田"变良田,283万亩单季稻变双季,2 000万亩田地提高了抗旱能力,848万亩积涝田改变,1 000多万亩地得以保产。云南的独龙人、苦聪人等居住地区,由于兴修了水利,第一次出现了水田,当地人民第一次尝到了大米饭的香味。湖北省监利县农民流传着歌谣:"有水无肥一半谷,有肥无水望天哭。"④

从1953年开始,广东全省农民以史无前例的规模掀起了群众性的兴修农田水利运动,完成了排灌面积2 090万亩和培修堤防6 000万土(石)方,使全省70%的农田有了排灌设备,1 552万亩耕地消灭了旱灾。据统计,广东省有17个县3个市基本消灭了旱灾,21个县4个市初步消灭了旱灾,对农作物的增产起到了关键性的作用。⑤

①　《第一个五年计划期间水利建设的成绩巨大,工程总量可筑"长城"四十多座,灌溉面积增长速度占世界首位》,《人民日报》,1957年10月4日。

②　黑龙江省水利厅:《第二个五年计划建议数字》,黑龙江档案馆:171 - 1 - 123。

③　《与河争地,向水索粮,发动群众,大兴水利》,《人民日报》,1957年11月19日。

④　《水利是农业的命脉》,《人民日报》,1957年12月22日。

⑤　同④。

广西壮族自治区来宾县是著名的苦旱地区,水利基础极差,旱地辽阔,加上境内山光岭秃、林木稀少、雨水不调,历史上每到秋冬缺水季节,全县1 524 个村庄中有一半左右连人畜饮水都不够,往往一水三用:先洗脸,再洗衣,然后喂牲畜。全县 77 万亩稻田中,抗旱 50 天以上的保水田只 5 万多亩,"望天田"占 64 万亩。从 1955 年开始,全县水利建设获得了巨大发展,兴修的水利工程扩大灌溉面积 40 多万亩,其中抗旱 50 天以上的保水田达 21 万亩,使全县保水田增至 30 万亩。兴修农田水利使全县在 1956 年虽然遭到空前大旱,但粮食产量却比 1955 年增产 20% 以上。①

云南省河流纵贯全境,有着优越的水利条件,但过去没有很好地利用起来。新中国成立初期,云南境内只有 443 万亩水田。几年来,云南修筑了灌溉面积万亩以上的水利工程达 50 多个,大小工程总计 20 多万个,扩大灌溉面积达 623 万多亩。在兴修增灌的同时,还改善灌溉面积 800 多万亩,增加防洪排涝保收面积 500 多万亩,水土保持 1 100 多万平方公里。到 1957 年止,全省已有保水田 1 200 多万亩。②

甘肃全省有半数以上的县(50 多县)受到程度不同的干旱威胁,其中29 个县属于"十年九旱"的重旱区。1954 年,甘肃省委发起"兴修水利,保持水土,改变甘肃干旱面貌"的号召,在群众中掀起了规模巨大的兴修水利、保持水土的热潮,创造出许多惊人的事迹。如武山县柏家山的群众,在高山大岭中,靠自己的力量劈山填沟,修了一条 60 里长的东梁渠,把河水引上了海拔 1 912 米的高山。全省灌溉面积由 1952 年的 689 万亩,扩大到 1957 年的 1 500 多万亩,超过了历史上 2 000 多年来兴修水利面积的总和,农业人口每人平均有 1 亩多水地和水浇地。③

兴修小型农田水利对于保证农业增产有重要作用。贵州高寒山区大定县新场乡从 1955 年实现高级合作化以后,就提出了"滴水归田、凑少成多"的兴修小型农田水利的口号,经过 1955 年和 1956 年两个冬季,新场乡没有要国家投资一分钱,已经新修、补修了数千处小型水利工程,使占全乡80% 以上的旱田变成饱水田,全乡平均每亩粮食产量从 1955 年的 500 斤

① 《来宾全县大兴水利,千年苦旱将被征服》,《人民日报》,1957 年 12 月 11 日。
② 《云南粮食产量超过五年计划指标,发展水利增施肥料起了很大作用》,《人民日报》,1957 年 12 月 12 日。
③ 《兴修水利,保持水土,战胜干旱,甘肃由缺粮省变成余粮省》,《人民日报》,1957 年 12 月 17 日。

上升到 1957 年的 730 斤。①

　　河南省济源县农田水利和水土保持工作,是这一时期河南农田水利工作的典型代表。该县的自然特点是山区苦旱、平原苦涝。广大群众对保土蓄水、治水排水的要求非常迫切。为此,县委从根本上考虑全面治理旱涝灾害的问题,领导农民进行了治理蟒河等水利工程,在山岭地区开展了以水土保持为重点的农业基本建设。几年下来,水利建设已收到了显著的效果。主要的措施有四项:一是坡地梯田化,二是荒山绿化,三是沟地川台化,四是大量修建小水库。几年来共修建了 100 座小型水库,能蓄水 1 000 多万立方米,控制了 57.63 万亩的流域面积,保护了南姚等 20 多个村庄,灌溉了 8 万多亩高地。1956 年,水库的蓄水浇地 2.4 万亩,每亩增产粮食 50 斤。在蟒河上游,已经形成了"水库群",控制了蟒河汛期 1/3 的流量,减少了下游的涝灾。平原地区的农田水利建设主要是开渠打井,充分利用河水及地下水源扩大灌溉面积。到 1957 年 8 月,全县共开渠道 914 条,打机井 15 眼、砖井 1 671 眼、土井 2 880 眼,并建立了一处能浇地 5 000 多亩的机器灌溉站,平原地区基本上实现了水利化。在低洼地区,贯彻执行了"蓄泄兼顾、以蓄为主"的方针,采取了利用积水和排除多余积水相结合的措施。在最低洼的地区整修沟洫台田 1.6 万亩,沟内安上闸门,旱时蓄水保墒,涝时适当排泄。历史上的"蛤蟆湾",现在变成了米粮川。

　　济源县多年在山区、平原地区、低洼地区因地制宜进行大规模的农田水利建设,全县的农业生产发生了巨大变化。1956 年全县耕地面积由 1949 年的 706 336 亩扩大到 1956 年的 802 402 亩,其中水浇地及水田面积由 6.9 万亩增加到 1956 年的 33 万亩。农田水利建设加上各项农业技术措施,使全县获得连续 4 年的丰收。特别是 1956 年获得了空前的大丰收,粮食单位面积产量由 1949 年的 94 斤增加到 168.4 斤,增长了 78.9%,总产量由 6 638 万斤增长到 1.977 8 亿斤,增长了 198%。②

　　1957 年 8 月 16 日至 29 日召开的全国农田水利工作会议,总结了第一个五年计划期间农田水利工作的成就和经验,确定了今后水利建设的基本方针。会议明确指出,依靠群众,因地制宜,大量兴办各种各样小型农田水

---

　　① 《人民代表雄心勃勃,建设高潮滚滚向前,全国人民代表大会第五次会议开始大会发言》,《人民日报》,1958 年 2 月 5 日。

　　② 中共济源县委:《让山和水为人民造福——济源县怎样取得了农田水利建设的胜利》,《人民日报》,1957 年 11 月 10 日。

利,有重点地举办大型工程的农田水利建设方针,是完全正确的,是几年来农田水利工作取得成就的重要原因之一。凡是认真地、正确地贯彻这一方针的地区,农田水利工作就得到了突飞猛进的发展,贯彻不好的地区,工作就产生了偏差。密切依靠党政的领导,认真贯彻群众路线的工作方法,是开展农田水利工作的重要保证。不依靠党政领导,脱离群众,工作就不能得到开展。加强技术指导是保证工程质量和安全、发挥工程效益的根本措施。目前在技术指导方面还存在一些缺点和问题,必须切实加以改进。会议认为,农田水利工作还要全面规划,统筹安排。过去因对此注意不够,一度产生忽视防治内涝和灌溉管理等偏向,造成一些损失的教训必须汲取。

在水利建设方针上,水利部在新中国成立初期提出过大中小并重、蓄泄兼筹等方针,没有强调以蓄为主、小型为主的方针。在不少水利干部中存在着重大型轻小型的思想。在发展灌溉与水土保持问题上依靠群众与小型为主问题上意见基本一致,但对于兴建大量的小型水利工程对消除洪水能起多大作用,有着各种不同的看法。1957 年的全国农田水利工作会议明确确定了"以蓄为主、小型为主"的方针。会议指出:"今后农田水利工作的具体方针是,积极稳步,大量兴修,小型为主,辅以中型,必要的可能的兴建大型工程。兴修和管养并重,巩固和发展并重,数量和质量并重,继续贯彻依靠群众,社办公助,全面规划,因地制宜,多种多样,投资少,收效快的原则。对已有水利设施,本着修管并重精神,积极整修和扩建,加强管理,挖掘潜力,充分发挥效益。内涝灾害和水土流失严重地区,应分别把排水除涝、水土保持工作摆在首要地位。"①

农田水利工作的巨大发展,对提高中国农业生产和改变农村经济面貌起到了显著作用。据许多典型调查,农田得到灌溉以后再结合农业措施,一般会增产 50% 到一倍,有些地区可增产 2~3 倍。到 1957 年 7 月止,全国灌溉面积占耕地面积的比例由 1949 年的 16.3% 上升到 30.5%。若以全国 5 亿农业人口平均计算,每人可有水田、水浇地的面积为一亩左右,比新中国成立前平均占有面积增加近一倍。此外,干旱地区因兴修了水利和开展了水土保持工作,农业生产面貌发生了根本变化。历史上的干旱地区甘肃省,在 1929 年以前的 285 年中,发生旱灾 139 次,新中国成立后兴修

---

① 《遍修水利,多辟肥源,五年来农田灌溉面积增加两亿亩,多修中小型水利是今后主要工作》,《人民日报》,1957 年 8 月 30 日。

了水利工程,基本战胜了旱灾,到 1957 年,全省已有水浇地 1 500 多万亩,平均每人已有 1 亩水地,甘肃由缺粮省份变为自给自足省份。①

在"一五"时期的 5 年内,全国共完成土石方 17.8 亿立方米,增加有效农田灌溉面积 738 万公顷。1957 年底,全国灌溉面积达到 2 733.9 万公顷,比 1952 年底的 1 995.9 万公顷增长 37%。1957 年,全国用于排灌的动力设备增加到 4.1 亿瓦特,比 1952 年的 0.9 亿瓦特增长了 3.6 倍。全国机电灌溉面积从 1952 年的 31.7 万公顷,上升到 1957 年的 120.2 万公顷,增长了 2.9 倍。② 5 年间全国农田灌溉面积增长情况,如表 3 所示。

表 3　1952 年至 1957 年农田水利灌溉面积增长情况(单位:万亩)

| | 1952 年 | 第一个五年计划期间 | | | | | | 1957 年为 |
		合计	1953 年	1954 年	1955 年	1956 年	1957 年	1952 年的%
实有灌溉面积	31 737	—	33 376	34 834	36 941	48 358	51 541	162.4
新增灌溉面积	4 018	21 808	1 802	1 602	2 226	11 870	4 309	107.3

资料来源:农业部计划局:《第一个五年计划期间农业统计资料汇编》(1959 年 4 月),见中国社会科学院、中央档案馆编《1953—1957 年中华人民共和国经济资料选编·农业卷》,中国物价出版社,1998 年,第 683 页。

总之,新中国成立初期,中国共产党和各级人民政府非常重视水利建设,在优先治理江河水灾的同时,逐渐加大了农田水利建设的投入,不仅修复了遭受战争破坏的原有水利灌溉设施,而且新建了一些农田水利工程。随着"一五"计划的实施及大规模经济建设的开展,水利建设的重点逐渐转向有计划、有步骤地兴修新的农田水利工程,逐步提高抗御水旱灾害的能力,不断扩大农田水利灌溉面积,取得了初步成效。经过多年的治水实践,党和政府在"一五"时期逐渐形成了以群众运动方式兴修小型水利的基本思路,确立了以兴修小型水利工程为主的农田水利建设的方向。以群众性小型水利为主的兴修农田水利的方针,显然符合当时中国国情的正确方向。

---

① 《遍修水利,多辟肥源,五年来农田灌溉面积增加两亿亩,多修中小型水利是今后主要工作》,《人民日报》,1957 年 8 月 30 日。

② 董志凯、武力主编:《中华人民共和国经济史(1953—1957)》(下),社会科学文献出版社,2011 年,第 559 页。

第一章

「大跃进」时期的农田水利建设高潮

第一节 "三主"治水方针的形成

新中国成立后,党和政府非常重视水利建设,确立了"防止水患,兴修水利"的治水基本方针。经过三年治水实践,黄河、长江和淮河等流域大规模洪水得到有效控制,党和政府开始制订全国各大河流的治理计划,确定新的水利工作方针,有意识地改变被动治水的局面。政务院制定的《关于一九五二年水利工作的决定》指出:"从 1951 年起,水利建设在总的方向上是:由局部的转向流域的规划,由临时性的转向永久性的工程,由消极的除害转向积极的兴利。"这就是说,国家治水重点开始从消极的除害转向积极的兴利,着手根治水害。正是根据这一文件精神,水利部制订了相应的水利建设规划。

依靠国家还是依靠群众进行农田水利建设?这是全国各地在实施水利建设时面临的重大方针问题。有人提出:要大兴水利,非政府大量投资不可。党的过渡时期总路线提出且开始实施"一五"计划之后,国家有限的资金将主要投资于工业部门,难以拿出太多的资金大规模搞水利建设。故单纯依靠国家投资大兴水利是不现实的,国家的拨款只能作为补助,农田水利建设所需资金的主要部分必须依靠群众自己筹集。同时,以小型工程为主的农田水利建设,本身就是一种群众性的建设事业,必须依靠群众自己的力量来办。为此,水利部将水利建设的重点放在为国家的工业化与农业的社会主义改造服务上来,明确提出:"开展各种各样的群众性的中、小型农田水利,培养人民的抗灾能力,为农业增产服务。"①

1955 年底,毛泽东在《中国农村的社会主义高潮》一文中明确指出:"兴修水利是保证农业增产的大事,小型水利是各县各区各乡和各个合作社都可以办的,十分需要定出一个在若干年内,分期实行,除了遇到不可抵抗的特大的水旱灾荒以外,保证遇旱有水,遇涝排水的规划。这是完全可

---

① 《全国水利会议确定今后水利工作方针,逐步战胜水旱灾害促进农业增产》,《人民日报》,1954 年 1 月 3 日。

以做得到的。"① 这实际上已经形成了群众自办为主、小型为主的水利建设思路。

经过新中国成立初期的治水实践,党和政府开始形成了以群众运动方式兴修小型水利的基本思路。国务院副总理邓子恢在1957年初召开的全国水利会议上发表讲话,强调要依靠群众办水利:"农田水利是群众性的工作,必须依靠群众依靠地方党的领导,而不要把希望单纯寄托在国家帮助上面。"他分析认为:水利对农业增产有重大的作用,所以国家对水利建设是重视的,国家对农田水利要给予支援。但决不能抱有单纯依赖国家的思想,不可过多地依靠中央调拨,要依靠群众办水利。他明确指出:"我们要争取多做一些民办公助的工程。依靠合作社的力量,并由国家给予技术上和投资贷款上的帮助,这是今后农田水利发展的方向。不要因为国家投资少而丧失信心,只要真正依靠群众,适应群众的需要,群众是会起来办的。"②

水利部副部长李葆华在这次会议的总结报告中对邓子恢的观点予以积极回应,他在谈到新中国水利建设方针任务时说:水利建设的总目标是大力兴修水利,加强防洪排涝措施,开展水土保持工作,努力减轻巨大的水旱灾害和逐步消除一般的水旱灾害。但要达到这个目的,必须走群众路线,依靠群众办水利。他说:"群众路线是我们党在一切工作中的路线,在水利工作上也不是例外,农田水利带有很大的群众性,这一点尤其重要。我们必须依靠党的领导,依靠群众充分发挥群众的积极性。"他代表水利部明确表态:"今后在农田水利工作中,除了国家投资兴办较大工程,主要的仍应贯彻'民办公助'的原则,具体一点说,就是依据合作社的力量兴办水利,国家给以必要的经济上的和技术上的帮助。"③

1957年8月16日至29日,水利部召开全国农田水利工作会议,提出今后农田水利工作的具体方针是:积极稳步,大量兴修,小型为主,辅以中型,必要的可能的条件下兴建大型工程。8月28日,邓子恢副总理在会议

① 毛泽东:《〈应当使每人有一亩水地〉按语》,《毛泽东文集》第6卷,人民出版社,1999年,第451页。
② 《邓子恢副总理在一九五七年全国水利会议上的讲话》,见《当代中国的水利事业》编辑部《历次全国水利会议报告文件(1949—1957)》,1987年,第340–341页。
③ 李葆华:《一九五七年全国水利会议的总结》,见《当代中国的水利事业》编辑部《历次全国水利会议报告文件(1949—1957)》,1987年,第347、350–351页。

上作报告,他说:"在即将到来的第二个五年计划时期,发展我国农业生产的主要措施也仍然是提高单位面积产量,而提高单位面积产量,第一就要依靠水利。"他再次强调:"今后发展农田水利的方针路线是依靠群众,依靠合作社,走群众路线;依靠党委重视以取得各方面的配合;在技术上的因地制宜;加上国家有计划的支援。"他还强调:"在工作部署上,应该抓住重点兼顾一般,同时还要统筹计划全面安排,即防洪排涝、灌溉、水土保持等相结合,不能孤立进行。发展中小型水利是第二个五年计划时期工作的主要方向。"[①] 这样,"依靠群众,依靠合作社,小型为主"的水利建设方针逐渐明晰起来。

全国农田水利工作会议后,中共中央、国务院发布了《关于今冬明春大规模地开展兴修农田水利和积肥运动的决定》,指出:"根据我国农田水利条件的有利特点,必须切实贯彻执行'小型为主,中型为辅,必要和可能的条件下兴修大型工程'的水利建设方针。在工程的兴建上,还必须注意掌握巩固与发展并重,兴建与管理并重,数量与质量并重,依靠群众,因地制宜,研究历史,多种多样,投资少,收效快等原则。对已有的水利设施,应该积极整修和扩建,加强管理,挖掘潜力,充分发挥效益。在内涝灾害或者水土流失严重的地区,应该把排水除涝或者水土保持工作,放在首要地位。农村水电工作应结合水利建设,重点试办,在有条件的地区应该积极发展,做到逐步满足必要的机械灌溉的需要。在牧区应该注意逐步解决人、畜饮水问题。"决定还指出,在水利经费上贯彻勤俭办水利的精神,少花钱,多办事,"群众性的农田水利,主要是依靠合作社的人力、物力、财力,并且鼓励社员积极投资,国家只能作必要的补助"。[②] 这样,党和政府明确提出了"小型为主、社办为主"的农田水利建设方针。

"小型为主、社办为主"进行农田水利建设之路能否走得通?河南省济源县治理蟒河流域的初步成功,以及随后产生的治理淮河支流沙颍河流域的规划,为这条治水方针的可行性提供了实践依据。

河南省自新中国成立以来,开展了大规模的治淮工程。随后,全省各地也纷纷掀起以小型工程为主的群众性治水运动,其中最著名的有济源县

---

① 《提高单位面积产量的首要依靠,发展中小型水利,邓子恢在全国农田水利工作会议上作报告》,《人民日报》,1957 年 8 月 29 日。

② 《中共中央国务院关于今冬明春大规模地开展兴修农田水利和积肥运动的决定》,《人民日报》,1957 年 9 月 25 日。

的蟒河小流域治理和禹县鸠山的水土保持工程。1957 年 10 月 21 至 27 日,河南省水利工作会议根据中共八届三中全会精神,总结了河南农田水利建设的成功经验。其中最重要的经验之一,就是在治水方针上坚持依靠群众,以小型为主,中型为辅,大中小工程相结合。会议指出:"在治水上,必须是依靠群众,以小型为主,中型为辅,大中小工程相结合。以小型为主,才能成为群众性的水利建设运动。形成群众性的治水运动,才能根除水旱灾害。以小型为主,才能够依靠群众。"这显然是对中央初步形成的"小型为主、社办为主"的水利建设方针的细化,阐述得更加清晰。通过肯定成绩、经验,这次会议更加明确了"依靠群众兴修以小型为主"的农田水利工作方针,并批评了单纯依靠国家搞大型工程的思想。

这次会议总结的另一条治水经验是明确提出了"以蓄为主、以排为辅、蓄泄兼施"的治水方针。会议分析:"根据自然情况,在治水上必须坚持以蓄为主、以排为辅、蓄泄兼施的方针。河南省的自然情况是:汛期雨量集中,夏秋多涝,冬春多旱,且又处五大水系的上游。这一自然情况,决定了在解决水旱灾害问题上不能只靠排水或蓄水一个办法解决,更不能采取以排水为主的方法。因此,在一个流域面积内,不论是上游、中游、下游都应采取以蓄为主、以排为辅的方法。要把拦蓄洪水和河道整理结合起来,把防旱和防涝结合起来,否则就不能解决水旱灾害。"①

实际上,在泄水还是蓄水问题上,长期以来存在着不同的意见。由于历史上水害频繁,因而人们对水存有恐惧心理,治水向来以疏导为主。每到雨季,平原地区和低洼地区的沿河农民常常提心吊胆地去排水,唯恐水留在自己的地区酿成灾害,毁坏农田和家园。中国自大禹凿龙门、疏九河的传说开始,疏导、排水的方法便占优势。明朝潘季驯和清朝靳辅治淮,用的也是这个方法。把洪水送走,成了中国治水的传统。

在治理淮河过程中,政务院明确规定治淮的基本方针是蓄泄兼筹、三省共保、除害与兴利结合。党和政府的治水思想发生了重大变化:对蓄水的看法有了根本变化。中央人民政府在成立的时候就提出了变水害为水利的方针,但是由于在这方面缺乏系统的知识和经验,怎样实现这个方针没有明确的认识。特别是 1949 年全国性的严重水灾和 1950 年淮河水灾以后,人们总是对水存着畏惧的心理,仍然因袭了旧的治水传统,认为送走

---

① 《水利建设要有愚公移山的毅力》,《人民日报》,1957 年 10 月 31 日。

洪水、堤防不破,就完成了治淮任务。① 此时,苏联专家反复解释:"水是人民的财富,要全面地根本地治水,必须把水拦蓄控制起来,听人的支配。因为在夏秋多雨的时候,虽然感觉水多,可是春季干旱的时候,也许感觉缺水;下游经常发生水灾,而上游时常干旱。今年虽然水大,普通年份水量也许不够。所以要治理每一条河流,必须首先就全流域多少年的情况算一算总账,才能决定水的处理。在处理当中,又必须结合防洪、灌溉、航运、发电等多方面的需要,才能做到最经济的处理。"②

为了具体说明这一问题,苏联专家系统地介绍了斯大林改造自然的计划,单是水利方面,就要建造大量的蓄水库、蓄水池,不但要发展大规模的灌溉系统,同时还要增加空气中的湿度,以改变农业气候。苏联水利专家布可夫提出了具体建议:"在上游修建大量的山谷水库,在中游更好地利用湖泊洼地蓄水,并采取其他措施,要求在淮河流域的广大土地上,将大自然所给的水全盘控制利用。不但消除水灾,并且大规模地发展灌溉事业,改进航运,建设水电站。只有当水做完它所有的工作后,才将它送到海里。"③

布可夫提出的意见引起了中国方面的思想震动,其改变了以往的治水思路。在实地查勘研究的过程中,布可夫帮助解决了如下问题:(1)淮河虽然源流分散,但可以而且必需建筑山谷水库,否则上游洪水问题无法解决。(2)即使在苏北这样雨水丰沛的地区,为了保证农业增产,灌溉仍是必需的,布置工程时应当将除害兴利同时解决,而不应把这两个问题割裂处理。(3)在中国当时条件下,大规模闸坝工程是可能建筑而且可能在短期间完成的。④ 在苏联专家的帮助下,广大技术人员努力研究如何在治淮规划中贯彻水利建设方向,拟订出了气魄宏大的治淮计划草案。正如张含英指出的那样:苏联专家所强调的这一思想,对我们全部水利的计划已经起了极大的影响。苏联专家的技术协助使我们有力地实现了毛主席的号召,不但要使淮河流域的 22 万平方公里的土地永绝水患,同时还要发展5 000万亩的农田灌溉,改善2 000公里的航道系统,并建造若干水力发电

① 于明:《千里淮北撒河网》,《人民日报》,1959 年 10 月 19 日。

② 张含英:《斯大林派来的人怎样在中国的河流上工作着》,《人民日报》,1952 年 11 月 25 日。

③ 钱正英:《先进的引导——治淮工程中学习苏联先进经验的体会》,《人民日报》,1952 年11 月 21 日。

④ 同③。

工程。治淮工程实践的成效,使中国水利建设从 1951 年起,从怕水变成爱水;从被动的防御洪水,变成主动地控制和利用洪水;从局部的治理,变为流域的规划。向大自然夺取一切可以利用的水源,以为人民服务,是我们当前的口号。① 党和政府在治理淮河时提出了"蓄泄兼顾"方针,平原、洼地的治水工作收到很大成效。

李葆华在 1952 年全国水利会议上提出:"在治水当中,必须切实注意蓄水的必要,使防洪防旱结合起来。关于水是宝贵的资源,我们应当设法控制水流、蓄积水流、利用水流,而不应当单纯地考虑泄水,我们在 1950 年水利会议时已经提出过这一个意见。1951 年并且做了很多蓄水的工程,已经有一部分发挥效益。可是根据我们考查了解,还有一些地区对于这个方向认识不足,有的并且把已成的蓄水工程闲置起来不去进一步研究利用。因此在这次会议还有再加提倡的必要。"形成了以"蓄水为主"的治水思路。他再次强调:"我们治水的方向,就必须从全流域着眼,从长期的多方面的利益着眼,要求根治水患,并且对水的利用和工程经济做慎重的考虑。"这一方针明显是受苏联专家影响提出的,也是对此前治水经验的总结。

1952 年 12 月,政务院 163 次政务会议通过《关于发动群众继续开展防旱、抗旱运动并大力推行水土保持工作的指示》,明确指出:"必须广泛地开展蓄水运动,尽量积蓄雨水和地面上的水流,以增加农田灌溉的面积。南方的塘堰工程几年来虽有改进,但仍须继续大力修整,加强管理养护工作,提高抗旱能力;此外还应推广小型蓄水库工程,以增加蓄水的容量。在北方干旱地区,除应进一步组织起来发展水车、水井并提高其灌溉效能外,应积极利用一切水源,发动群众修造小型水库和发展池塘;并广泛进行养冰蓄冰,以增加水源,供给灌溉使用。平原低洼地区,注意推广沟洫畦田,以做到防旱、防涝相结合。对于每一河流的治理,都要考虑到大量蓄水,以解决灌溉的需要。"② 从尽量排水、泄水到尽量蓄水、用水,是新中国治水方针的重大转变。

从 1953 年起,安徽省委便提出了"防洪保堤"、"治涝保收"和"改种避灾"的积极治淮办法。即采取以除涝保收为重点,结合防洪保堤的治淮方

---

① 张含英:《斯大林派来的人怎样在中国的河流上工作着》,《人民日报》,1952 年 11 月 25 日。

② 《关于发动群众继续开展防旱、抗旱运动并大力推行水土保持工作的指示》,《人民日报》,1952 年 12 月 27 日。

针。"除涝工程以蓄水为主,在广大平原上进行蓄水,既除涝又防旱,还能减轻洪水对淮堤的威胁。"① 这样,"以蓄水为主"与"群众性的社办为主、小型为主"一起构成了中国水利建设的指导方针。1957 年召开的河南省水利工作会议正式提出了"蓄水为主",并将其与"小型为主、社办为主"并列,初步形成了水利建设的"三主"方针。

河南省水利工作会议提出的"三主"方针,引起了中共中央的高度重视。1957 年 12 月 10 日,中共中央书记处书记谭震林在郑州主持召开了沙颍河治理工作座谈会。会议总结了沙颍河流域全面治理的典型,并吸取全面治理蟒河的经验,决定以"蓄水为主、小型为主、社办为主"的"三主"方针来治理沙颍河。沙颍河上游山区和丘陵区许多先进的治理典型表明:只要充分发挥群众的力量,广泛搞各种小型工程,完全能够做到一次降雨 200 毫米的情况下,水不下山、泥不出沟。会议还认为:在下游平原和低洼易涝地区,贯彻以"蓄水为主、小型为主、社办为主"的方针,利用挖坑塘、壕沟、筑畦田、围田等方法,分割雨水、节节拦蓄,既能避免雨水集中,也能蓄水灌溉或将旱田改种水稻、改种耐涝作物。沙颍河流域在这方面也提供了很好的范例。②

谭震林听取汇报后,充分肯定了以"蓄水为主、小型为主、社办为主"的治理沙颍河的方针,并在讲话中指出,对群众性治水不能求全责备,而应热情支持。有人不赞成把山区蓄水的办法推行到平原上,提出"以蓄为主是根据山区经验总结出来的,不宜在平原推行。根据黄、淮、海平原易涝、易渍、易碱的特点,农田必须立足于排,否则会对水土环境造成破坏——地表积水过多会造成涝灾,地下积水过多会造成渍灾,地下水位被人为地维持过高则利于盐分向表土聚集形成碱灾,涝、渍、碱灾并生,后果不堪设想"。谭震林对这种不同意见采取了谨慎态度,指示说:"山区的问题解决了,平原的问题还有待调查研究。"③ 尽管存在少数人的不同意见,但会议最后还是形成了"蓄水为主、小型为主、社队自办为主"的"三主"治水方针。

尽管人们对"蓄水为主"有不同的意见,但一致赞成"小型为主、社办为主"的方针。1957 年 12 月 15 日,《人民日报》发表了题为《大兴水利必

---

① 于明:《千里淮北撒河网》,《人民日报》,1959 年 10 月 19 日。
② 君谦:《找到了治理沙颍河的钥匙》,《人民日报》,1958 年 3 月 21 日。
③ 陈惺:《"大跃进"时期河南的水利建设追忆》,《中共党史资料》,2008 年第 4 期。

须依靠群众》的社论,公开倡导依靠群众大兴水利,强调了"小型为主、社办为主",而没有特别强调"蓄水为主"。社论批评了单纯依靠国家兴办大中型水利的观点,鼓励大搞群众性的小型工程,指出:"小型水利工程的特点是花钱少、收效快,每乡、每社都可以兴修。五亿农民同时动手兴修小型水利,其效果当然比集中兴修的少数大型水利工程快得多,大得多。"[①] 社论列举了大量的事实,论证了"以小型为主,以中型为辅"的方针是完全正确的。

河南省济源县和孟县在农业合作化以后打破县界,成功地共同治理了蟒河;河南省委采取同样做法治理淮河支流中含沙量最大的沙颍河,也取得了成效。山东省昌潍地委也制订出治理潍河、胶莱河、白浪河、洱河、淄河、潮河6个水系的规划,决定"三年基本改变面貌,五年治好全区河流"。山西省晋南地委召开了闻喜县等7县县委书记会议,决定三年内基本上把涑河治好。山西省雁北地区成立了由地委书记直接领导的治理浑河委员会,决定流经浑源县、应县的浑河主流和8个大峪的全部治理工程"二年完成,三年扫尾"。这样大规模的、几个地区联合进行的群众性治水运动,"标志着中国水利建设事业的新发展,标志着遍布祖国各地无数条小河流的新的生命史的开始"。[②]

在河南省明确提出并实施"三主"方针的同时,河北省委在行唐召开沙河会议,讨论如何根据"以小型为基础,以中型为骨干"的方针综合治理沙河流域。河北省委总结并推广了行唐治理沙河的经验,逐渐形成了与河南省相似的"三主"方针。河北省明确提出的治理方针是"依靠群众,从生产出发,以小型为基础,以中型为骨干,辅之必要的少数大型工程",并且提出了"把水蓄在山上"的口号,规定:修建水库不只是为了拦洪,更重要的是为了把水蓄起来,为群众的生产、生活服务。因此,只要条件允许,就尽量多蓄水,用以发展灌溉和发电。从全省的总水量来看,不是多了,而是太少,必须千方百计把水蓄住,才能大规模地发展灌溉,实现全省水利化。会议强调:要尽可能把山区的水蓄在山区,使建库与建设山区、改变平原相结合。把水大量蓄在山区,一方面可以发展山区生产,另一方面可以免除平原的水患和大规模的开展平原灌溉。同时,由于山区水库是三山环抱,占

---

① 《大兴水利必须依靠群众》,《人民日报》,1957年12月15日。

② 《蓄水为主、小型为主、社办为主》,《人民日报》,1958年3月21日。

地少、蓄水多,所以是最经济的。中型水库的库容,应该根据可能,尽量多蓄水。不仅山区地区以修建水库的方式蓄水,而且平原也要积极蓄水,建立灌溉系统。会议要求:"纯平原的县要大力推广景县的经验,利用一切坑塘、洼淀和平原水库把境内的水全部蓄起来,并尽可能的引蓄河水发展灌溉。"① 这次会议,实际上将以蓄水为主、小型为主、社办为主"三主"方针更加具体化。

1958 年 3 月 21 日,《人民日报》发表题为《蓄水为主、小型为主、社办为主》的社论,肯定了河南省治理蟒河的经验,对水利建设为什么要以蓄水为主、小型为主、社办为主进行了详细的阐述,充分肯定并介绍了河南省确定的治理沙颍河的三条方针:(1)以蓄水为主,在满足全流域对于水的需要之后,作适当的排泄;(2)以小型工程为主,辅之以必要的中型工程;(3)小型工程全部由农业合作社自办,在特别困难的地区,国家给以必要的支持;中型工程以社办为主,国家给以必要的补助。

社论指出,以蓄水为主,是群众性治水事业的一个重大转变,反映了劳动人民控制水的能力在迅速发展和提高。应该用什么方法来蓄水呢? 主要应依靠大型工程,还是中型或小型工程呢? 社论的结论是:"应当以小型工程为主。"把小型工程用于一般农田水利会收到很好的效益已没有人怀疑,但是把小型工程用于治理河流还是令人怀疑的。河南省大规模综合治理蟒河和沙颍河流域的经验证明,多种多样的小型工程(小水库、谷坊、鱼鳞坑、截水沟、水平沟、地埂等)的治水效果是明显的,基本上达到了水土不下山的要求;只要整个沙颍河流域都因地制宜地修建各种小型工程,就可以基本上消除洪、涝、旱灾。因此社论强调:"无数的事实已经证明小型工程虽然规模小,但是到处可以大量修建,因此它们控制的面很广大;而少数的大型工程所能控制的流域面积却是有限的。只有把少数大型工程和大量的小型工程配合起来,它们才会相得益彰,收效更大。同时还要看到,依靠成千上万的小型工程治理好了小河流,根除大河流的水患也就容易了。"

小河流的治理既然以小型工程为主,那么,治理工程就必须主要依靠农业合作社来办,因为小型水利工程每个县都要举办数千个,必须发动农民群众有人出人、有钱出钱、有料出料、有计献计。几年来,凡是治水成功

---

① 《依靠群众,小型为基础,中型为骨干,根治河北各河流,改变河山面貌》,《人民日报》,1958 年 4 月 26 日。

的地方,都是这样做的。各地的经验证明:依靠群众兴办水利工程可以节约经费,避免浪费。因此,社论号召各地坚决走群众路线,鼓励千百万农民:"要综合利用各种水利工程,全面发展生产,把水土保持、防洪、排涝、发展灌溉结合起来,把农、林、牧、副业全面发展起来。"①

《人民日报》在发表社论《蓄水为主、小型为主、社办为主》的同日,还以《"三主"方针深入人心,治理沙颍河工程突飞猛进》为题,对河南省治理沙颍河流域的经验进行了专题报道。随后,水利部副部长张含英对"三主"方针作了详细阐述。他明确指出:"我们的治水方针是:以蓄为主、以小型为主、以群众自办为主,在这个基础上,结合必要的排水、大中型和国家举办的工程,达到全党办水利,全民办水利,多、快、好、省地把水患变为水利,以适应社会主义工农业发展的需要。我们采取的措施是:综合利用、综合治理、全面规划、全面治理,以发挥水利资源的最大利用。"②

1958年8月29日,中共中央政治局扩大会议通过了《中共中央关于水利工作的指示》,再次强调水利建设的"三主"方针,并且向各地提出要求:"在贯彻执行'蓄水为主、小型为主、社办为主'的'三主'方针时,应该注意到在以小型工程为基础的前提下,适当地发展中型工程和必要的可能的某些大型工程,并使大、中、小工程相互结合,有计划地逐渐形成为比较完整的水利工程系统。"指示指出,小型工程是培养水源和保护大、中型工程的基础,也只有通过小型工程才能在农田灌溉上发挥大、中型工程的作用。只有以小型为基础,大、中、小工程互相结合的地表水、地下水互相为用的完整的水利工程系统,才能最有效地和最大限度地发挥水利工程的效益,也才有可能抵抗较大的旱涝灾害,达到农业生产稳定丰收。在兴修水利工程时,不论是小型工程、中型工程或一般的大型工程,都必须是依靠群众力量为主、国家援助为辅,并且应当实行以蓄为主,达到充分地综合利用水利资源的目的。力求农田灌溉、水利发电、船运尽可能互相结合,对于农村小型水力发电应有计划的发展。③

在"三主"治水方针指导下,从1957年秋到1960年春的三个水利年度,全国各地掀起了群众性的大修农田水利建设的高潮,各地兴修了大量中、小型水利设施,取得了显著成绩。

① 《蓄水为主、小型为主、社办为主》,《人民日报》,1958年3月21日。
② 《让新生的水利科学发扬光大,张含英代表的发言》,《人民日报》,1958年4月30日。
③ 《中共中央关于水利工作的指示》,《人民日报》,1958年9月11日。

第二节 大规模农田水利建设高潮的掀起

1957 年 9 月 24 日,中共中央、国务院发布《关于今冬明春大规模地开展兴修农田水利和积肥运动的决定》,指出积极广泛地兴修农田水利是扩大农业生产、提高单位面积产量、防止旱涝灾害最有效的一项根本措施,同时指出多积肥多施肥是保证增产的可靠办法。为此,水利部从各司、局及所属北京勘测设计院、水利水电科学研究院抽出 120 多名工程师和技术员,分别到河北、山东、山西等省帮助群众开展以兴修中、小型水利设施为主的农田水利工作。①

1957 年 9 月 20 日至 10 月 9 日,中共八届三中全会在北京召开。会议通过的《一九五六年到一九六七年全国农业发展纲要(修正草案)》第五条明确规定:"兴修水利,发展灌溉,防治水旱灾害。"具体规划是:从 1956 年起的 12 年内,全国水利事业的发展应当以修建中、小型水利工程为主,同时修建必要的可能的大型水利工程。小型水利工程(打井、挖塘、筑堤、打旱井、开渠、筑圩、修水库以及兴修蓄水排水的沟洫、畦田、台田系统等)、小河的治理,由地方和农业合作社负责,有计划地尽可能大量地进行。通过这些工作,结合国家大、中型水利工程的建设和大、中河流的治理,要在 12年内基本消灭普通的水灾和旱灾,并且凡是能够发电的水利建设,应当尽可能同时进行中、小型的水电建设,结合国家大、中型的电力工程建设,逐步增加农村供电。② 这可以说是对全国农田水利工作的部署。10 月 27日,《人民日报》发表了题为《建设社会主义农村的伟大纲领》的社论,进一步强调农业在 12 年内要实现一个巨大的跃进。《关于今冬明春大规模地开展兴修农田水利和积肥运动的决定》和《一九五六年到一九六七年全国农业发展纲要(修正草案)》发布后,全国各地积极响应党和政府的号召,

---

① 《水利部派技术人员下乡》,《人民日报》,1957 年 10 月 4 日。
② 《一九五六年到一九六七年全国农业发展纲要(修正草案)》,《人民日报》,1957 年 10 月26 日。

相继召开水利会议,掀起了"大跃进"时期农田水利建设的高潮。①

1957年10月21日到27日,河南省召开水利工作会议,河南省各专区专员、重点县县长和水利局长参加了会议。会议决定,河南省要在1958年开展一个发展农业生产的大规模的农田水利建设运动,要求在全省原有水浇地4 300多万亩的基础上,再扩大灌溉面积2 000万亩;在一次降雨150毫米的情况下减除涝灾1 000万亩;增加水土保持面积6 800平方公里。同时要求农田水利建设与农业生产紧密结合,做好冬浇春浇工作。会议根据以往经验和河南省雨量集中、旱涝不均的自然特点,确定此后农田水利建设的方针是全面规划、综合治理;通过肯定成绩、总结经验,明确了依靠群众兴修以小型为主的农田水利工作方针。会议认为,只要依靠群众、坚持不懈,1957年冬1958年春的大规模兴修农田水利运动必将在抗旱种麦期间已经形成的水利建设运动的基础上掀起新的高潮。② 中共中央书记处书记谭震林参加了河南省举行的水利工作会议,并在26日向大会作了重要指示。他号召全体同志和群众要有愚公移山那样一股劲,掀起大规模的以兴修小型农田水利为主的生产建设运动,争取1958年小麦大丰收;并明确了水利建设的基本方针,即依靠群众为主、国家辅助,小型为主、中型为辅,必要和可能时兴修大型。③

1957年11月初,中共河南省委召开豫北13个县座谈会,总结和推广新乡专区治理蟒河的经验,研究治理卫河的规划。中共林县、安阳、新乡、济源等县县委书记和县水利局长、中共新乡、安阳地委和专署的负责人、水利局长及省直属机关有关部门负责人共40多人参加了会议。中共中央书记处书记谭震林参加座谈会听取汇报,并作了重要的指示。河南省委书记处书记吴芝圃也作了总结发言。谭震林在听取了蟒河流域治理经验以后,

① 学术界基本上将"大跃进"运动界定在1958年至1960年,称为"三年大跃进时期"。但因农田水利建设多是安排在冬、春农闲季节集中进行的,故水利建设年度多跨越"今冬明春"。依据此特点并根据当时中共中央、国务院于1957年9月24日发布的《关于今冬明春大规模的开展兴修农田水利和积肥运动的决定》的时间界定,"大跃进"时期的农田水利高潮实际上从1957年冬已经开始,到1960年春结束。因此,"大跃进"时期的农田水利建设就包括了1957年秋冬至1958年春、1958年秋冬至1959年春、1959年秋冬至1960年春这三个水利年度。

② 《水利建设要有愚公移山的毅力,河南批判伸手要钱和单纯依靠搞大型工程的思想,强调必须坚持依靠群众兴修小型水利为主的方针》,《人民日报》,1957年10月31日。

③ 《大规模地兴修小型农田水利,在河南省水利会议上,谭震林同志作了重要指示》,《人民日报》,1957年10月31日。

又听取了中共新乡、安阳两地委以及豫北各县的详细汇报。他在会上首先就如何运用治理蟒河的经验做好卫河治理规划问题作了重要指示:蟒河治理经验,不在于具体的工程和技术,而在于全面规划、综合治理和集中治理;而在于全面发展、综合利用,密切结合当前生产,把长远利益和当前利益结合起来;而在于依靠群众性的、多样性的小型工程为主,辅之以必要的中型工程;而在于认真总结经验,虚心学习各地经验,及时推广经验;而在于党委负责,书记动手,全党动员,坚持贯彻。卫河治理应该吸收这方面的经验,应该将深山、浅山、丘陵、平原、洼地、碱地、沙地全面地规划在治理范围内;应该从封山育林、造林、植林、整修梯田、挖水窖和旱井、修水库和谷坊、挖沟洫、修台田、种水稻等方面进行综合性的治理;在规划排水工程时就应当想到用水的问题,想到如何把卫河流域全部水利资源用于灌溉这个地区的土地。最后,谭震林作了 5 点指示,即全面规划,综合治理,集中治理;全面发展,综合利用;依靠群众,小型为主;认真总结本地经验,虚心学习外地经验;党委负责,书记动手,全党动员,坚持贯彻。①

把勤俭建国、勤俭办社的精神贯彻到农业基本建设中,是湖南省委书记胡继宗在全省农田水利工作会议上讲话时提出来的。他强调,根据过去的经验,只要走群众路线,贯彻"社办公助"的原则来大力兴修农田水利和进行各种农业基本建设是完全可能的。为了争取农业大丰收,湖南省1958 年在丘陵山区兴修了农田水利工程,计划扩大和改善灌溉面积 925 万亩;湖区除大力加固堤防外,还要兴修和整理排水灌溉系统,以防治渍涝,扩大保证有收成的农田面积。胡继宗在会上着重批判了不注意勤俭建国、勤俭办社的错误思想。到会干部经过讨论后,一致拥护并表示在 1957 年冬 1958 年春农业基本建设中坚决走群众路线,贯彻"社办公助"的原则。②

1957 年 10 月 28 日闭幕的山东省农田水利会议,讨论了以兴修水利为中心的农业基本建设高潮问题,会议确定山东省兴修水利的方针是发展灌溉与除涝、防洪并重,大力开展山区水土保持与洼地改造工作。1958 年兴修水利的任务是发展灌溉面积 500 万亩,改善 500 万亩;兴建除涝与洼地改造工程 300 万亩,改善 400 万亩;完成山区水土保持控制面积 6 000 平方公里。这些任务要求在 1957 年冬 1958 年春完成 80% 以上。

① 《豫北十三县举行水利座谈会,总结和推广治理蟒河经验》,《人民日报》,1957 年 11 月 15 日。
② 《把勤俭办社精神贯彻到农业基本建设中去,四川湖南准备大兴水利》,《人民日报》,1957 年 10 月 1 日。

辽宁省农田水利会议决定,1958年要扩大农田灌溉面积10万公顷、排涝面积32万公顷、水土保持面积26万多公顷。会议要求做好迎接农田水利建设新高潮的宣传教育工作,制订好秋修冬修施工计划,积极做好秋修冬修工程的各项准备工作,尽量提早施工,力争秋冬完成1958年全年施工计划的60%以上。吉林省农田水利会议研究了1957年冬1958年春开展水利建设的具体事项,并提出了在第二个五年计划期间扩大灌溉面积43万多公顷的计划。1958年就要扩大灌溉面积10万公顷以上,其中有一半要求在1957年完成。接着,吉林省各县普遍召开了水利工作会议,批判了各种消极情绪和保守思想,修订了1958年水田开改计划。黑龙江省在超额完成第一个五年计划水利建设指标的基础上,又掀起了群众性的全面发展水利事业的高潮。各地农业社纷纷提出"向水索取粮食""洼地变良田"的口号,不论山区、平原,到处可以看见兴修水利的人群。据全省半数县的统计,兴修水利的人数已达10万,完成土方量100余万方。

安徽、陕西、青海三省也召开了专门会议,制订了1957年冬1958年春的兴修水利计划。安徽省1957年冬1958年春农田水利工程计划共完成土石方4.3亿~4.5亿方。根据"小型为主,中型为辅,必要和可能的兴建大型工程"的方针,安徽省确定水利工作的中心任务是:排涝灌溉,结合改种,继续提高和巩固防洪能力,争取1958年农业大丰收。安徽省计划在1958年增加灌溉面积428万亩,改善灌溉面积893万亩,控制水土流失面积1 906平方公里,同时对长江干堤和一般江堤也提出了具体要求。为了完成上述任务,各地领导机关计划大力发挥农业社的人力、物力和财力作用,并且坚决贯彻勤俭办水利的原则。陕西省1957年秋冬和1958年春要完成扩灌任务250万亩,并且确定以兴修小型为主,必要时兴修一些较大的工程。在关中平川地区计划发动群众继续打井,掏箍半成井和推广水车;在渭北高原区除继续兴修原来的各种小型水利工程外,计划引水到高原灌溉农田。陕北和陕南沿山地区计划发动群众修水库、水塘,打自流井和掏泉。青海高原各族农民计划在1958年新修水田32万亩,1957年冬修水田11万多亩。①

江苏省以兴修小型农田水利工程为主的冬季水利建设运动已经开展。1957年冬的农田水利工程比往年提前一个月动工,全省计划1957年冬

---

① 《安徽陕西青海江苏及早动手 订出兴修水利计划》,《人民日报》,1957年10月22日。

1958年春要完成土方工程5亿方,其中依靠发动群众兴修的小型农田水利占4亿方,等于1956年冬1957年春工程量的2.3倍。江苏全省有400多万劳动力投入兴修水利的工程。① 截至11月19日,全省有40多个县市的小型农田水利工程和30项以上大、中型工程先后开工,成千上万的人陆续开往沿水前线,仅扬州、徐州两专区就有70余万民工投入运动。按照国家已批准的计划,江苏省1957年冬1958年春兴修大、中型工程157项,其中属于防洪的34项、排涝的76项、灌溉的45项,其他2项,全部工程包括涵闸182座、桥157座、抽水机站70个,很多都是有关发展徐淮地区农业生产的关键性工程。小型农田水利工程则分布在江苏全省各地,工程完工后可改善排水面积1 145万亩,改善和扩大灌溉面积295万亩。②

规模宏大的兴修水利运动也在浙江省开展起来。据统计,到1957年11月底,浙江全省已有64个县开工,每天出工10多万人,共开工各种农田水利工程8 657处,已完成54处小型水库和1 755处其他水利工程。浙江省有77个县建立了兴修水利指挥部,加强了对水利工作的领导;有70个县召开了水利代表会,就兴修水利和发展农业生产关系等问题展开了大放、大鸣、大辩论,提高了群众兴修水利的积极性。建德专区遂安、临安等13个县在水利会议后,乡乡成立水利委员会,社社建立水利小组。浙江省在兴修水利过程中,一面通过组织参观、访问,教育农民兴修水利和增产粮食的意义,一面训练了大批农民水利技术员。到11月底,浙江全省有50多个县组织了3 000多名干部、群众先后到诸暨同山乡、绍兴棠棣乡、温岭彭岭乡等因修好水利而获得农业丰产的先进地区参观访问。东阳、永嘉、海宁、德清等23个县举办了水利训练班,共培训农民技术员3 200名。③

早在1957年9月初,湖北省就召开了全省水利会议,讨论、布置了1957年冬1958年春的水利工作。此后,各专区、县以至乡、社,都以兴修农田水利为中心,进行了具体研究和安排。鄂北地区的光化、均县、枣阳等县,在此期间兴修的大小灌溉工程达1万多处,不仅解决了冬播灌溉用水,还能改旱地为水田10万亩左右,其中仅均县一地就改旱地为水田2.4万

① 《安徽陕西青海江苏及早动手　订出兴修水利计划》,《人民日报》,1957年10月22日。

② 《江苏省水利冬修运动广泛展开,动员人力多,工程进度快》,《人民日报》,1957年11月26日。

③ 《浙江八千多处水利工程开工　今冬明春将增加灌溉面积百多万亩》,《人民日报》,1957年11月26日。

多亩,超过 1957 年冬计划的 20%。盛产粮棉的鄂东地区,在兴修几个大型灌溉工程的同时大力整修、加强旧有水利设施,合理调整灌溉系统。一场规模比往年大得多的兴修农田水利的运动在湖北农村广泛展开。在富饶的长江两岸或是丘陵高山地区,到处都有修塘、开渠、挖沟、筑坝的人。他们力争在原有灌溉工程的基础上,继续扩大和改善灌溉面积 1 千万亩,增加保收田 400 万亩,旱地改水田 75 万亩,扩大耕地面积 80 万亩。①

1957 年 11 月 20 日晚,为了指导以防治旱涝灾害和扩大农田灌溉面积为目的的群众性的农田水利建设运动健康发展,水利部召开了全国农田水利电话会议,水利部副部长何基沣在会上对当前的运动做了总结,对此后的工作提出了意见。河北、河南、山东、吉林、甘肃、陕西、四川等 7 省的水利厅厅长(副厅长)在会上汇报了工作。

根据河北等省的汇报和水利部的分析,当时全国农田水利建设运动的发展是健康的、顺利的,是继 1956 年水利建设高潮之后水利工作上的又一次大跃进。河北、河南、山东、山西、陕西、甘肃、吉林等北方 7 个省到 1957 年 11 月为止,已经扩大灌溉面积 1 600 多万亩,占 7 省 1958 年年度计划的 33%,而 1955 年和 1956 年同期只完成年度计划的 3% ~4%。但是,水利部认为,运动的发展还存在不平衡的现象,有的地区动得还不够,劲头还不足。因此,在这次全国农田水利电话会议上,水利部要求各地对水利建设运动加强具体指导,克服运动发展不平衡的现象,把 1957 年的农田水利建设运动更踏实、更全面地开展起来;要求各级领导机关全面地深入地对水利工作进行检查,依靠群众指导这一运动健康地发展,在克服右倾保守思想的同时防止盲目乐观情绪产生。②

水利部副部长何基沣在电话会议上首先总结了 1957 年兴修水利的特点:

(1)领导主动、劲头足、动手早、行动快,准备比较充分。中央兴修水利的决定发布以后,各地相继召开了会议、发出了指示。不少地区立即成立了统一指挥机构,由党委第一书记亲自领导,真正做到了全党动员、全民办水利。据不完全统计,各省扩大灌溉面积计划已达 9 000 万亩,比 9 月全

① 《兴修水利,抗旱防涝,争取丰收,长江两岸丘陵高山到处是修塘开渠的人,湖北开展大规模兴修水利运动》,《人民日报》,1957 年 11 月 5 日。

② 《水利部召开全国农田水利电话会议! ——水利部何基沣副部长在电话会议上的讲话摘要》,《人民日报》,1957 年 11 月 23 日。

国农村工作会议所提控制指标增加 50% 左右。1957 年冬修运动的开展比较往年一般提早了两三个月,仅据河北、河南、山东、山西、陕西、甘肃、吉林 7 个省到 11 月初的不完全统计,已完成扩灌面积 1 600 余万亩,占 7 省年度计划的 33%。

（2）各省都十分重视培养典型,注意推广先进经验。几年来各个地区都培养了一些好典型,例如天津专区的洼地改造、河南省新乡专区蟒河的综合治理、浙江省金华专区的小型水库、湖南省醴陵县的合作用水、安徽省巢县的塘坝联合修管、山西省大泉山的水土保持等。1957 年各地在开展工作时,都充分利用和推广了这些好的经验。山西省雁北专区经过一年多的努力,已经出现了 207 个"大泉山",1958 年春将达到 500 个"大泉山"。很多地区不但注意学习外地的经验,而且十分注意培养、发现本地区典型和好的经验。

（3）各地接受 1956 年运动中的教训,注重工程质量和效益。有的省提出"库成渠通,井成地平";有的省提出"切实做到修好一处,用好一处,管好一处";还有些省出台了工程检查验收条例。不少地区抽调大批技术干部下乡,加强群众性水利工程的技术指导。大部分地区有信心做到"又多、又快、又好、又省"的要求。

（4）水利工作密切结合政治运动。农村中两条路线的大辩论成为推动水利运动的主要动力,很多地区结合工作和群众思想认识,提出辩论题目,组织群众讨论,对于提高群众认识、克服困难、推动工作有很大作用。例如浙江省东阳县上湖乡通过边鸣放、边辩论、边行动的方式,解决了"兴修水利有没有好处?""依靠国家,还是依靠群众?"等问题,在各社辩论会结束的第二天,就有 800 多人出工,继续兴修 1957 年春没有完成的两座水库。

（5）各方面紧密配合和积极支援。从中央到地方的工业部门、商业部门、运输部门、宣传部门、监察部门以至部队、学校,都以巨大热情给以大力支援。各地商业部门千方百计寻找货源,以满足水利建设各项物资器材的需要。甘肃、江西等地驻军也都纷纷组织力量帮助农民修水利。[1]

尽管兴修农田水利高潮正在以排山倒海之势向前发展,但在部分地

---

[1] 《更踏实更全面地开展水利建设!——水利部何基沣副部长在电话会议上的讲话摘要》,《人民日报》,1957 年 11 月 23 日。

区、部分工作中还存在着一些问题。如何进一步加强具体指导，是当时运动中的重要问题。水利部副部长何基沣在讲话中建议各级领导机关应对水利工作全面、深入地检查，及时总结经验，发现问题，纠正缺点。对当时有些地区已经发现的问题，如有些地区认为国家对水利的投资和农业合作社的积累有所增加，因而放松了对勤俭办水利方针的贯彻；个别地区发生了强迫命令、浪费劳动力、忽视工程质量和工地安全卫生等现象，都必须立即采取措施加以纠正。

根据这一阶段水利建设的发展情况，何基沣提出了几个具体问题供各地注意。一是切实保证质量，注意安全，使工程修好后能够及时充分发挥效益。在冬修中，坚决贯彻"修、管、用"三位一体的精神，做到"库成渠通，井成地平"，修好一处，管好一处，用好一处。二是在兴修水利工程的同时，应大力开展冬灌和蓄水保水工作。三是在开展水利工作中应注意全面规划。四是在物资器材的供应方面，应当本着勤俭精神，尽可能依靠群众和地方力量就地取材，就地供应。五是东北和北方一些地区再经过一段时间就要进入冰冻时期，在冰冻时期，一些可以施工的工程，如打井、蓄水养冰、打冰坝以及一些可以在工棚内进行的水工建筑物等，仍应继续兴建。不受风冻影响的全国大部省份，则应抓紧12月和1月时间，把水利运动推向新的高潮。

1957年12月22日晚，中共中央农村工作部副部长、国务院第七办公室副主任陈正人在中央人民广播电台对全国各地农村工作人员和农业社社员发表了广播谈话。他指出：一个规模壮阔、声势浩大的群众性的兴修水利运动已在全国大部地区展开。领导方面在水利运动方面的任务是：一方面注意指导先进地区继续前进，争取超额完成任务；另一方面积极帮助和督促行动迟缓的地区，迅速地赶上去。

陈正人说：从当前水利运动发展的情况看，其特点是规模大、劲头足、进度快。根据20个省区截至12月20日的不完全统计，每天出工兴修水利的人数达到6 300万人以上。例如安徽省每天平均出工人数达1 100余万人，占全省农业劳动力的80%左右。河南、山东、四川等省出工的劳动力也有七八百万人之多。许多开展较好的县、区、乡、社，投入兴修水利、积肥和其他农业基本建设的人数达到总劳动力的80%~90%以上，甚至连当地的城镇居民、学生、驻军、手工业者也都参加了轰轰烈烈的兴修水利运动。在这些地区，户户无闲人，人人搞生产，社员们提出"早出工、晚收工，月亮底下当英雄"的口号。水利建设取得了空前成绩,不少县、社已经提前完成了原订的冬修任务,有的甚至已提前完成了1958年的水利计划任务。截至12月20日,16个省已经完成的各项工程设施的效益,就可扩大灌溉面积3 390万亩,占1958年度计划指标9 221万亩的36%以上。如河南省在20天中就扩大灌溉面积154万亩;甘肃省到12月上旬已经有14个县完成了1958年的原订计划;河北省保定专区到11月下旬已扩大灌溉面积132万亩,占原订年度计划的94%。然而,农田水利建设运动发展得很不平衡,黑龙江省仍然有5个县没有行动起来;浙江省到11月底还有12个县没有水利活动;内蒙古的呼伦贝尔盟和巴彦淖尔盟到12月上旬才开会向下布置水利任务;甘肃省虽然有14个县已超额完成了任务,但仍然有个别县却一亩水地也没有发展。陈正人指出,这些地方兴修水利迟缓的主要原因是领导思想有毛病,对迟缓的地区要检查、帮助、督促、批评。解决这些问题的关键在于领导亲自出马,到迟缓的地区深入具体地进行帮助,解决思想问题。同时,要解除部分地区单纯等待国家帮助而忽视发动和依靠群众的观点,坚持"依靠群众,大兴农田水利"的根本方针,广泛推广各种先进经验,采取组织参观、开座谈会等形式,利用报纸、广播、编小册子等方式及时传播先进经验,带动落后。

陈正人指出,冬季是我国绝大部分地区兴修水利的大好季节,时机不可失去。湖南、山东、江苏等省领导部门已召开了电话会议或广播大会,号召全省干部和农民群众抓紧12月和1至2月的时间,再接再厉,把水利运动推向新的高潮,这种措施是完全正确和及时的。在全国不受冰冻严重影响的大部分地区,都应当这样做。陈正人建议:凡是气候条件允许的省、专区、县和农业合作社都应当争取在春耕以前完成或基本完成1958年全年水利兴修任务,这个要求若能实现,将为1958年农业生产的大跃进,奠定坚实可靠的基础。①

1958年1月15日,《人民日报》发表了《先进的再先进,迟缓的赶上去,请看一看各地农田水利建设运动进展的情况》一文,对全国各地农田水利建设的进展情况作了鸟瞰式的描述。

江苏省以兴修小型农田水利工程为主的冬季水利建设运动继续开展,

---

① 《先进的再前进,迟缓的赶上去,请看一看各地农田水利建设运动进展的情况》,《人民日报》,1958年1月15日。

为了进一步促进小型水利工程的进度,更大规模地发动群众,江苏省委按照本省不同地区的特点,由省委书记及有关部、厅负责同志在睢宁、常熟、南通、南京分片召开了水利会议。各片会议都组织代表参观了先进县、先进乡或先进社的小型水利工程,总结了许多来自群众创造的治水经验,确定了各种不同地区不同的治水方针。如睢宁县炬星社得出了按地方等高线分段排水、全面搞沟洫圩田的经验,是平原坡地防涝防旱的榜样。1957年该县很多地区连续下雨,雨量达175毫米却未受涝。总结了睢宁县的经验,便确定了整个徐淮平原坡地"以蓄为主,排灌兼施"的治水方针。占全省耕地面积1/3的平原坡地,如果全部推广睢宁县的治水经验,其农业生产面貌将得到显著改善。①

声势浩大的兴修水利的高潮在安徽全省范围内形成。安徽省兴修水利的特点是动工早(较往年提早20天左右)、劲头大、人数多、进度快。农民兴修水利的积极性是空前的。如动工早、进度快的肥东县、阜南县,每个县参加兴修水利的都有30万人左右,占全县整半劳动力70%以上。这两个县提前完成了预计1957年冬要完成的水利任务,并继续进行原计划1958年春天准备进行的工程。萧县提出争取在1957年冬完成1957年冬1958年春整个的水利任务。到12月6日,全省参加兴修水利的农民已有1 000万人,已完成土石方2.6亿方。②

安徽省在10月中旬召开全省水利会议时,计划完成的土石方工程只有5亿多方(包括小部分大中型工程),但各地要求国家在小型工程上的投资即达9 000多万元。经过会议讨论,计算出全省农业社的公积金达1亿多元,很大部分可以用于兴修水利。因而,安徽省兴修的小型农田水利土石方工程可主要由农业社自筹资金兴办,不要国家投资。全省农业社社员纷纷把农业社所能拿出的资金都用来兴修水利。仅肥东县一个县的农业社便自筹了30多万元。舒城县两塘乡5个农业社计划修12座小型涵闸工程,需投资3.5万元,经过社员反复讨论,在公积金中拿出2.3万元,又从生产基金中抽出1万元照顾困难户(作为预支),自己解决了兴修水利的资金困难。寿县爱国社一个社就自筹了5万元资金来兴修水利工程。安

---

① 《江苏两年内消灭旱涝灾害,广东农民正为消除干旱灾害作斗争》,《人民日报》,1958年2月11日。

② 冒茀君:《动工早,劲头足,声势大,进度快,安徽千多万人兴修水利》,《人民日报》,1957年12月15日。

徽省基本做到了小型工程不要国家投资,由自己筹资兴办。①

安徽省各级党委在兴修水利工程之初就重视工程质量和效益问题,各级党委第一书记亲自抓水利,并抽调8.3万多干部深入到乡和工地去掌握这一工作情况。到12月底,安徽省1 000多万个农业社社员和干部经过两个月的艰辛劳动,超额完成了全省8亿土方兴修水利任务,并提出了新的奋斗目标——再接再厉再做8亿土方。已完成的8亿土方,包括各种水利工程73万多处。这些工程可以扩大灌溉面积554万多亩,改善灌溉面积618万多亩,减轻和免除涝灾面积887万多亩,初步控制水土流失面积160平方公里。②

截至1958年1月23日,安徽省农民又提前超额完成了追加的8亿土方的水利工程任务。第一次8亿土方的任务在12月下旬完成后,接着又在近一个月内完成了追加的任务。水利建设运动开始后,全省总计完成土石方16亿多土方,完成的水利工程达139万多处。这些工程可以增加灌溉面积730多万亩,改善灌溉面积1 130多万亩,除涝面积1 150多万亩,控制水土流失面积970多平方公里。③

16亿土方完成后,为了完成未完的工程和加强部分工程质量不好的工程,安徽省委提出再增加8亿土方的号召,前后总计24亿土方。这个数字等于最初计划的6倍,为8年来安徽省工程总和的1.5倍。一个冬天即完成近20亿方的工程,根本上改变了过去兴修水利中前松后紧的状况。据安徽省委书记曾希圣介绍:全部小型农田水利工程,除支付兴修工具和重要器材方面用了300万元外,其余土方都没有要国家投资。到1958年3月,24亿土方的计划超额完成。④

1958年1月15日,《人民日报》发表《先进的再前进,迟缓的赶上去,请看一看各地农田水利建设运动进展的情况》一文,对全国各地农田水利建设的进展情况作了鸟瞰式的描述。报道指出,从1957年10月到1958年1月上旬,100天的时间内已经实现了1958年度农田水利计划数的近4/5。已经完成的各项工程,总共可以扩大灌溉面积7 358.9万亩,改善灌溉面积2 522.8万亩,治理洼地3 394.8万亩,控制水土流失面积22 343平

---

① 《安徽各地勤俭办水利,小型工程资金全部自筹》,《人民日报》,1957年12月15日。
② 《完成八亿土方,再搞八亿土方! 安徽兴修水利劲头大》,《人民日报》,1957年12月29日。
③ 《依靠群众力量办大事,安徽修水利十六亿公方》,《人民日报》,1958年1月25日。
④ 同③。

方公里。就各个地区来看,天津郊区已经完成了原订全年计划的将近三倍,安徽省、广西壮族自治区、陕西省已经完成了原订全年计划的一倍半以上,湖北省、河北省、甘肃省也超过了原订的全年计划。已经完成的工程扩大灌溉面积的绝对数字最大的是河北、河南两省。河北省已经增加灌溉面积 1 700 多万亩,河南省已经增加灌溉面积 1 500 多万亩,两省合计占全国增加灌溉面积总数的 44% 强。相比之下,新疆、云南、福建、贵州等省、区进展迟缓,到 1 月上旬为止还没有实现全年扩大的灌溉面积计划数的1/5。①

河北省入冬以来掀起了规模空前的群众性兴修水利和积肥运动。投入运动的人力每天有 1 200 万人之多。截至 1958 年 1 月下旬,在大约三个月的时间里全省扩大浇地面积 2 542 多万亩,相当于合作化以前 6 年每年平均扩大浇地面积的 30 多倍。在山区水土保持工程方面,已经修成了小水库 1 703 座,正在施工的还有 1 985 座,共增加控制流域面积 5 433 平方公里。河北省在运动一开始就认真贯彻了"全面规划、综合治理、集中治理、综合利用"和"蓄水为主、小型为主、社办为主"的方针,明确贯彻了"以蓄为主,蓄而为用"思想,在山区修水库、水窖,在平地利用坑塘洼地河道、存蓄洪水,既解决了灌溉水源,也防止了洪涝灾害。据高树勋介绍:运动深入到每一角落和每一人,真是"乡乡有任务,社社搞水利",夜以继日,坚持不懈。常常几十里地,一片人海,白天红旗遍地,夜晚灯火通明。②

徐水县是河北省兴修水利运动中最有计划、有系统的一个地区。全县有 89 个山头,到 1958 年初已根治了 27 个,连山区带平原 1958 年计划修水库 200 多个,已完成了 100 余个。这些水库完成后,共可蓄水 1.3 亿方,可消灭境内的洪沥水灾害,实现水利化。同时,在渠灌地里又打了井,渠里有水用渠,渠里有水用井。全县形成了一个河河相通、渠渠相通、库库相通的水利体系。这样,农业增产的速度有了一个大飞跃,从 1957 年的亩产210 斤达到 1958 年的 500 斤。徐水县成了全省前进的榜样,鼓舞了各地群众的积极性,妇女、儿童、老人动手的动手、支援的支援,例如打井用的砖,由群众自筹的不下 6 亿块,做到了"有钱出钱,有料出料,有技术出技术,有计献计"。据沧县专区的统计,群众投资就达到 1 500 余万元,相当于国家

①《先进的再前进,迟缓的赶上去,请看一看各地农田水利建设运动进展的情况》,《人民日报》,1958 年 1 月 15 日。

② 高树勋:《苦战三年,改变面貌,十年计划,五年完成》,《人民日报》,1958 年 2 月 12 日。

在该区投资的三倍以上。①

从 1957 年 9 月以来,河南省掀起了以兴修水利和积肥为中心的生产建设新高潮。全省参加水利建设的劳动力由 500 多万人发展到 1 500 多万人。河南省人大代表赵文甫形容:"漫山遍野,人山人海,'白天一片人,夜间遍地灯'。"在运动中,原订各项计划突破再突破,修改又修改。原计划 1958 年扩大灌溉面积 700 万亩,而仅仅一个多月的抗旱种麦运动就扩大了灌溉面积 610 万亩,几乎完成了一年的计划。于是,计划修改为 1 000 万亩,随即又发觉这个指标仍然保守,再修改为 2 000 万亩,接着又把计划再提高到 4 000 万亩(1958 年麦收以前完成)。截至 1958 年 2 月初,全省已经完成的水利建设主要工程情况是:发展灌溉面积 2 341 万亩,为原计划的 117.05%;除涝面积 1 468 万亩,为原计划的 146.8%;初步控制水土流失面积 8 834 平方公里,为原计划的 129%。在水利建设高潮中,伏牛山区禹县人民提出了战斗口号:"山硬硬不过决心,山高高不过脚心。"荥阳农业社社员提出:"青年劲头赛赵云,壮年力气赛武松,少年儿童像罗成,老人干活似黄忠,干部策划胜诸葛,妇女赛过穆桂英。"处在豫东大平原的淮阳县组织了 27 万劳动大军,创造了挖塘不下水的先进经验。密县河西乡提出:"秃岭大又大,暴水似恶霸,大家齐动手,消灭水恶霸,要在六十天,坡田水利化,实现四、五、八。"②

河南省的水利工程建设虽然取得了很大成绩,但还没有实现水利化,水旱灾害仍然威胁着农业增产。因此,河南省计划在 1958 年把各种灌溉面积发展到 1.1 亿亩左右,占全省总耕地 1.36 亿亩的 80% 左右,全省基本上实现水利化。河南省水利建设的方针是:在全面规划、综合治理的原则下,以兴修小型工程为主,中型工程为辅,在必要和可能的条件下,兴修大型工程;依靠群众,以农业社兴办为主,以国家兴办为辅;以蓄为主,以排为辅,上下游兼顾,各种地区密切结合;防旱与除涝并重,数量与质量并重,建设与使用并重;兴利与除害相结合,水利建设与当年增产相结合,当前利益与长远利益相结合。同时,不同地区采取不同措施:在山区和丘陵区,贯彻执行全面规划,综合开发,沟坡兼治,集中治理的方针,采取以蓄为主,农、林、牧、水利密切结合,一山一坡一沟集中治理和全面利用的办法,做到坡

---

① 高树勋:《苦战三年,改变面貌,十年计划,五年完成》,《人民日报》,1958 年 2 月 12 日。

② 赵文甫:《要在 1959 年基本实现水利化,争取 1962 年超额完成"四、五、八"》,《人民日报》,1958 年 2 月 5 日。

地梯田化、梯田水利化。要求一次降雨200毫米以内时,做到不产生径流,土不下山,水不出川;在特大暴雨的情况下,减轻洪水灾害。同时,要利用各种水源,修建各种工程,发展灌溉。要求1959年度灌溉面积发展到1 500万亩,保种保苗面积发展到1 000万亩,使山区和丘陵区基本上实现水利化。在平原地区,按水平线修成沟洫网,按等高线修成土埂。在一次降雨150毫米时做到就地吸收处理;在一次降雨200毫米时做到分割处理;在一次降雨200毫米以上时在大范围内做到分配处理。在1957年和1958年两年内打新井50万眼,加上现有的130万眼,达到180万眼,充分利用地下水,发展灌溉。在利用地表水方面,除了发动群众大量开挖修建小型渠道、塘、作物小水库、拦河闸坝、沟洫网以外,还要争取国家补助兴办大、中型水利工程,使平原地区的井灌、渠灌面积达到9 000万亩,实现水利化。在低洼易涝盐碱地区,全面采取改变地形、改种作物和改善耕作制度的"三改"措施,把除涝和兴利结合起来,因地制宜大量种植水稻、高粱、药玉米等耐水作物,利用高粱、药玉米耐水性强的特点,修建季节性的水库,既可蓄水灌溉,又能发展生产。做到一次降雨200毫米时水不外流,一次降雨200毫米以上时能够分配处理,不发生径流。①

河南省原来制定的扩大水浇地的指标一再被突破,不到三个月,全省已扩大灌溉面积2 341万亩。这个数字比新中国成立前几千年来开辟的水地面积还多两倍多。中共河南省委分析了水利大跃进的新形势,认为河南1958年在1亿多亩的耕地上实现水利化是完全有条件的。全省每天投入运动的劳动力达1 500万人。在太行山、伏牛山和桐柏山区,数以百万计的农民冒着严寒,在山顶上、沟壑中,日日夜夜地劈山、锉石,修筑谷坊、水塘、小水库、鱼鳞坑和梯田,节节拦水,做到土不下山,水不出川。许昌、开封、商丘、南阳等平原地区和低洼易涝地带,过去兴修水利方针不够明确,偏重于地下提水和排水,结果有些地方年年办水利,年年遭灾,越排水灾越严重。1957年,这些地区经过大辩论,查算水账,人们认识了水蓄起来的好处,就决定把河道分割成小片,用挖沟、渠、河网等办法引用河水灌溉,涝时排水;没有河道的地方,采取挖坑塘、塘内下泉,抬高路基,修围田、

---

① 赵文甫:《要在1959年基本实现水利化,争取1962年超额完成"四、五、八"》,《人民日报》,1958年2月5日。

台田等措施,控制洪水径流,力争明年春季提前实现水利化。①

1958 年 3 月 20 日,河南省人民委员会通报,有 54 个县(市)基本实现水利化,占全省县(市)总数的近一半。这些县(市)已经可以把 70% 以上的耕地变成水田或水浇地,能够在百日无雨的情况下适时灌溉,保证丰收;同时,在一次降雨 200 毫米时,山区能够土不下山,水不出川,平原能够不产生径流,不发生水灾。通报指出,要达到彻底消灭水、旱灾害,还要做更大的努力。因此必须防止和克服骄傲自满情绪,要再接再厉,继续前进,在现有基础上,有计划地再建一些中型工程,把天上、地面上和地下的水完全控制起来,用于生产。同时,要充分发挥水利工程的效益,大力解决提水工具、平整土地等问题,保证适时灌溉,保证作物丰收。②

第三节　1958 年农田水利建设的成绩与特点

据《人民日报》1958 年 2 月 23 日报道,经过 4 个多月的苦战,全国超额 79.6% 完成了 1957 年至 1958 年度兴修农田水利的计划。原计划要求增加灌溉面积 9 221 万亩,但截至 2 月 20 日的统计,全国实际完成的各项农田水利工程,总共可以增加灌溉面积 1.65 亿多亩,而新中国成立前几千年所发展灌溉面积的总数也不过 2.4 亿亩。③

据有关部门统计,截至 1958 年 3 月 31 日,全国已经完工的农田水利工程共可增加灌溉面积 2.726 多亿亩,经过修订的 1958 年扩大农田灌溉面积计划已经提前半年超额完成。1958 年原订扩大农田灌溉面积 9 221 万亩(从 1957 年 10 月起至 1958 年 9 月止),这个计划到 1 月末就已被突破。各省和自治区先后修订了计划,使全国 1958 年扩大农田灌溉面积的计划增加到 2.6 亿亩。从 1957 年 10 月起的 6 个月中,全国新修农田水利

---

① 《贯彻以蓄水、小型、社办为主的方针,河南省明年实现水利化》,《人民日报》,1958 年 2 月 15 日。

② 《河南五十四县基本水利化,省人委号召作更大努力彻底消灭水旱灾害》,《人民日报》,1958 年 3 月 22 日。

③ 《苦战四月全国水利计划超额完成,原计划增加灌溉面积九千多万亩现已增加到一亿六千多万亩》,《人民日报》,1958 年 2 月 23 日。

工程扩大的灌溉面积等于新中国成立前几千年所发展灌溉面积的120%。超过第一个五年计划期间增加的灌溉面积30%,为1955年冬和1956年春的水利高潮完成实绩的两倍半。①

据《人民日报》1958年5月3日报道,以水利为中心的农田基本建设的规模,投入的人力、物力和财力以及进度和成就都是史无前例的。据4月中旬的不完全统计:全国农村兴修水利、水土保持和洼地治理三项完成的工程总量,共达土石方250多亿方,全国农民共做了130多亿个工日。以1亿劳动力计,每个劳动力就做了130多个工日,这事实上是5亿农民的总动员。半年来修成的农田水利工程、水土保持工程和洼地治理工程,成绩是巨大的。农田水利方面截至4月底,新增灌溉面积达3.5334亿亩,比新中国成立以来8年间新增的灌溉面积2.7321亿亩还多29.3%,比新中国成立以前原有的灌溉面积2.3893亿亩还多47.9%。这就使全国灌溉面积(包括水田和水浇地)从1957年10月前的5亿多亩一跃而达8.6548亿亩,达到耕地总面积的50%以上,超过了印度和美国;使5亿农民每人有1.7多亩可浇灌的耕地,比新中国成立前每人平均占有的可浇灌的耕地增加了2倍多。半年来水土保持方面,新增可控制的面积达15.9万平方公里,洼地治理达2.0325亿亩。全国灌溉工程设备有了很大的发展。1957年底,全国共有渠道工程176万处,其中灌田万亩以上的有1800多处;各种塘坝(包括小水库)蓄水工程831万处,水井774万眼。② 经过半年来的农田基本建设,我国平原和山区都发生了很多变化,最显著的是河南平原、安徽省淮北平原和华北平原、豫西部分山区和甘肃中部的山区。易旱易涝的河南和淮北平原,水田和灌溉面积发展最大,往年积水的涝区洼地1958年将变成水稻区。半年来的农田水利建设大大提高了这些地区防止水旱灾害的能力,为农业增产提供了可靠的保证。

1958年5月下旬,国务院第七办公室发言人就全国农田水利建设工作进行谈话,充分肯定了成绩:"这次水利建设高潮,是我国水利建设历史上的一次革命,是我国农民经过经济上政治上和思想上的社会主义大革命,经过社会生产力的大解放之后,把自己由受自然支配的奴隶变为支配自然的主人的一次革命。"从1957年10月到1958年4月底的短短200天

---

① 《全国灌溉面积扩大了多少? 二亿七千万亩》,《人民日报》,1958年4月2日。
② 《灌溉面积已占总耕地一半多,每个农民平均占有可浇灌耕地比解放前增加两倍以上》,《人民日报》,1958年5月3日。

时间中,全国共扩大灌溉面积 3.5 亿亩,改善灌溉面积 1.4 亿亩,洼地治涝面积 2 亿多亩,水土保持初步控制面积达 16 万平方公里,完成的土石方总量达 250 亿方。在建设高潮中,许多地方的农民提出了"苦干一冬、大战一春、实现水利化","向山要地,向水索粮","几年辛苦,万年幸福"等豪迈口号。他们变冬闲为冬忙,"思想不冻地不冻",在零下 30 度的严寒中坚持施工。他们咬牙苦干,节衣缩食,挤出资金,大搞水利。他们克服了一切困难,冲破了一切成规定律,从山区到丘陵到平原到洼地,创造了各种各样的系统的水利工程。他们在向大自然进军中不仅斗力,而且善于斗智。随着工程规模的扩大和劳动量的增加,他们创造了成千上万的提高工效的工具。特别可贵的是他们在兴修水利中,打破了几千年的只顾本乡本土的狭隘观念,互相关心,互相支援。这些工程绝大部分修得很好,有 60% 以上已经发挥了效益。为了充分发挥现有工程的效益,根据各地已有的经验,主要应抓紧以下几点措施:第一,抓紧雨后蓄水、引水、保水工作,通过各种引水、蓄水工程,拦蓄径流,不让水跑掉。第二,大力挖掘自流泉,拦蓄旱河潜流,充分发挥地下水的潜力,并尽可能做到渠灌与井灌结合的双保险。第三,加强灌溉管理,节约用水。第四,结合春播夏种,或利用农业生产间歇时间,积极平整土地。此外,解决提水工具不足的困难主要应依靠群众。工业部门已尽了最大的努力,各地不能等待国家供应提水机械,应当继续大力提倡和推广各种改良提水工具,奖励群众发明创造,同时充分挖掘现有抽水机械的潜力。各地出现了一场灌溉技术的革新运动,应当抓紧总结经验,训练干部,传授技术,使运动得以迅速开展。①

在 1958 年的水利建设高潮中,河南省走在了全国的前列,取得了突出成绩。河南省按照"蓄水为主、小型为主、社办为主"的治水方针,取得了水利建设的空前的成就。到 1958 年 5 月,全省 122 个县市已有 105 个县市基本实现了水利化。截至 5 月 8 日统计,总计共完成土石方 80.044 15 亿方,已完成水利工程的蓄水能力达到 254.6 亿方,扩大灌溉面积 7 471 万亩,连原有的 4 300 万亩,全省水利建设灌溉能力共可达到 1.17 亿亩,占全省总耕地面积的 86.6%,其中自流灌溉面积达到 4 675 万亩。②

---

① 《发挥工程效益,今冬继续大干,国务院第七办公室发言人谈农田水利建设工作》,《人民日报》,1958 年 5 月 24 日。

② 《发挥群众威力征服大自然的范例,河南基本消除一般水旱灾害》,《人民日报》,1958 年 6 月 7 日。

1958 年 6 月 7 日,《人民日报》发表题为《河南人民做出了好榜样》的社论,对河南省水利建设的成就给予表扬,号召全国各地学习。社论认为,1957 年冬季以前,河南省还只治理了一条蟒河;现在,全省各地建设了大量的多种多样的水利工程,把全省除黄河以外的大大小小的河流都按照蟒河的样子初步"管理"起来,使它们在一般情况下不容易泛滥成灾。同时,黄河边上还兴建了规模巨大的引黄灌溉工程(其中有的工程是同河北、山东等省共同兴建的)。河南人民在水利建设中有许多宝贵的创造,例如可以大大加速打井进度的跃进锥以及能够省水、省地、省工的地下灌溉渠道网等都已闻名全国。至于其他水利施工工具和提水工具方面的创造,更是层出不穷。社论指出,河南省苦战半年基本实现水利化的事实,更加增强了我们对于农业生产大跃进的胜利信心。"现在河南省首先实现了基本水利化,使大多数农田摆脱了普通水旱灾害的威胁,这就为实现农业生产大跃进创造了最有利的条件。"我们希望北方各省都加倍努力,争取在一两年或两三年内使大部分农田变成水浇地和水田;希望南方各省也像河南省一样,在最短期间基本实现水利化,摆脱普通水旱灾害的威胁。河南省基本上实现了水利化,"是河南人民的伟大胜利,也给全国人民做出了好榜样"。①

1958 年 5 月 21 日到 6 月 5 日,农业部在武汉召开南方地区农田水利工作会议,参加会议的有湖北、湖南、江西、广东、福建、江苏、安徽、浙江、四川、云南、贵州、广西、上海等 13 省、自治区、直辖市和陕西、河南两省三个专区的代表,以及中央有关各部、委、室的代表共 180 多人。会议主要总结了 1957 年至 1958 年水利年度南方各省水利建设高潮的经验。会议认为,南方各地和全国一样掀起了农田水利建设的高潮,取得了史无前例的巨大成绩。据参加会议的各省、自治区、直辖市的不完全统计,这期间共扩大灌溉面积 1.3 亿多亩,不少省、市的灌溉面积已达到现有耕地面积的 70% ~ 80% 以上;另外,改善灌溉面积达 1.2 亿多亩,完成防洪、防涝面积 1 亿亩,水土保持初步控制面积 5.3 万多平方公里,并且积极进行了中、小河流的治理和农村水电站的筹建和兴建工作等。会议期间,各地代表参观了襄阳专区的水利建设,交流了各地大兴水利的重要经验。② 会议认为,南方各

---

① 《河南人民做出了好榜样》,《人民日报》,1958 年 6 月 7 日。
② 《南方地区农田水利会议总结》,江苏省档案馆:3224 – 长期 – 361。

省兴修农田水利方面最主要的经验是：必须加强各级党委对水利工作的领导，在政治挂帅的前提下做到政治和技术结合、领导和群众结合，充分发挥群众的革命劲头和无穷的智慧；必须坚决贯彻"蓄水为主、小型为主、社办为主"的水利建设方针，在这一基础上结合必要的排水工程、大中型工程和由国家举办的工程；必须加强和扩大社与社之间、乡与乡之间、县与县之间、省与省之间的共产主义的协作；必须破除迷信，解放思想，大胆革新，大胆创造，不断地提高劳动效率和工程质量；此外，还必须加强对水利灌溉的管理，做到节约用水，合理用水，提高水的利用率。大家一致认为，襄阳专区在上述各方面都有较好的经验。专区采用"远处引水、近处灌田、盘山开渠、渠堰相连、闲时灌堰、忙时灌田"的办法建立西瓜秧式的自流灌溉网，是一项创造性的措施，为今后山区和丘陵区大搞水利建设找到了方向，建议各地大力推广。会议认为，福建省南平专区改进灌溉方法、改良烂泥田和改良冷水田的"三改"经验也很好，建议各地因地制宜地组织推广。①

不久之后，1958 年 6 月 20 日，农业部召开的北方地区农田水利工作会议在河北省保定市开幕，经过 27 天的会议，7 月 16 日在河南省郑州市闭幕。由农业部召开的这次现场观摩会议，参加的有辽宁、吉林、黑龙江、内蒙古、河北、河南、山东、山西、陕西、甘肃、青海、新疆、宁夏等省、自治区以及北京市的代表 100 多人。会议期间，中共中央政治局委员、中共中央书记处书记谭震林到会作了重要指示。

这次会议用开会、参观交错进行的办法，先后在河北、安徽、河南三省参观了徐水、安国、宿县、濉溪、扶沟、鄢陵、郏县、禹县、长葛等 9 县的水利建设，交流了各省不同地区兴修农田水利、治水防洪、水土保持、改造洼涝的丰富经验，总结了过去一年北方地区水利建设中史无前例的巨大成绩。北方地区兴修水利共完成土石方在 360 亿方以上，扩大灌溉面积 2.9 亿亩，改洼治涝 1.2 亿亩，水土保持初步控制面积为 16.8 万平方公里。北方地区的灌溉面积已由 1957 年占耕地面积的 19%，跃增到 49%，很多地方的自然面貌和农业生产面貌起了根本的变化。通过这次现场会议实地参观，从山区到丘陵到平原到洼地都找到了治理的典范。徐水县地表水与地下水利用同时并举，两套灌溉设施做到双保险；安国县"地平如镜面，垅沟

---

① 《争取南方地区基本水利化，农田水利工作会议提出大干一冬春的宏伟任务》，《人民日报》，1958 年 6 月 9 日。

直如线",灌溉耕作园田化;宿县和濉溪县河网化;长葛县井泉灌溉、工具改革、深翻土地等,这些经验都是值得学习的榜样。①

会议指出,全国实现水利化的关键在于北方,北方的任务要比南方重得多,为此,北方各省、区、市应掀起一个"学河南、赶河南的运动",把水利建设推向更大的高潮。会议初步提出了北方各省、区和市大干一年的各项具体指标。这些指标包括:增加灌溉面积,使北方地区在大干一年之后,基本上实现水利化;改洼治涝,使全部低洼易涝区得到初步治理;实现大面积土地上的河网化和灌溉园田化;使大部分水土流失区得到初步控制。此外,还要在兴修水利中发展农村水电和大量改良提水工具。经过研究,会议确认今后水利建设的方向应当根据总路线,继续贯彻以小型为主、蓄水为主和群众自办为主的方针。今后要以"兴修小型水利工程为基础,中型为骨干,辅以必要的大型",大、中、小型相结合,由点到面,由分散到系统,由一乡一社到中小河流域的综合开发,结合中小河流域治理,大力发展农村水电、航运和水产事业。争取在一两年内,基本消灭水旱灾害,全面完成水利化。②

1958 年 6 月 23 日,李葆华在《人民日报》上发表《水利运动的新形势》一文,对 1957 年至 1958 年度水利建设高潮进行总结。他指出:1957 年冬季以来,水利建设出现了新形势。这不仅表现为农田水利以史无前例的速度、规模和声势开展起来成为农业"大跃进"中的前浪,而且表现为群众的力量和智慧打破了治水的成规,为我国社会主义建设时期的水利工作确定了正确的路线,并将在几年之内基本上改变我国的自然面貌。究竟打破了哪些成规? 首先,这一运动打破了只有国家花钱才能办事的思想。许多地方的例子说明:过去等国家投资,什么事也没办成,现在坚决依靠群众,把千年留下的问题解决了。治淮 8 年,国家共投资 14.5 亿元,完成了 16 亿多土石方,1957 年仅安徽一省,主要依靠群众力量就完成了 50 多亿土石方。湖南省常宁县 8 年来只修了 60 座小型水库和 1 座中型水库,1957 年主要依靠群众自筹,却修建了 700 多座水库。其次,这一运动打破了技术的神秘观点,大大推动了水利技术的发展。群众创造性提出的"长藤结瓜"、"白马分鬃"、"葡萄串"、"满天星"等多种多样的水利规划,大大地丰

---

① 何基沣:《北方地区农田水利工作会议总结》,江苏省档案馆:3224 – 长期 – 502。

② 《北方地区农田水利工作会议决定,大干一年提前实现水利化》,《人民日报》,1958 年 8 月 1 日。

富了前人的经验。再次,这一运动打破了"谁受益,谁负担"的老观念,开始打破社、乡以至区、县的界限,成为全民性的建设运动。

李葆华对于 1958 年兴修的水利工程作了分析:在已完成的 4 亿亩灌溉面积的工程中,大约有 50%~60% 已经发挥了效益。有相当数量的蓄水工程,在汛期蓄水后,就可以发生作用。有一部分工程,由于水源不够或者提水工具没有解决,或者土地还没有平整,当时可以起部分灌溉或抗旱作用,需要继续开辟水源、解决提水工具、平整土地后才能完全发挥作用。有一部分灌区需要在收麦后才能平整土地,引水浇地。也有少数工程,在蓄水、引水的实际考验中,可能发现一些问题,需要经过整修才能使用。因此,今后水利建设除了还要大量发展小型水利工程以外,对已完成的小型工程,还有许多事情要做:"已成的小型工程,需要继续整修、加固,提高标准。已经提高标准的工程,也要经常防护,每年维修,保证效益。鱼鳞坑需要种上树,维护好,一直到山坡绿化为止。山区、丘陵区地边埂需要继续加工,一直到梯田化为止。水井水塘需要解决提水工具,每个灌溉工程都要做到引水浇地为止。"[①]

1958 年度全国群众性的水利建设高潮究竟取得了怎样的成绩? 1958 年 10 月 14 日,农业部正式发布了 1958 年农田水利成就公报,公布了水利建设最为权威的数据。公报指出:"一年期间,全国共扩大灌溉面积 4.8 亿亩,洼改治涝面积 2.1 亿亩,水土保持初步控制面积 30 万平方公里,新建农村水电站 10 万千瓦,水力站 18 万马力,完成土石方总量 580 亿公方。当前我国的灌溉面积已达 10 亿亩,占全国耕地总面积的比例,由 1957 年 9 月份的 31% 跃升到 59.5%,占世界灌溉总面积 1/3 以上。从发展速度、建设规模、完成数量上看,今年我国农田水利建设事业的发展,创造了世界水利史上的奇迹。"[②]

《人民日报》同时发表题为《掀起更大的农田水利高潮》的社论,指出:"这是我国勤劳勇敢的五亿农民在党的领导下,奋战一年所取得的辉煌战果。一年扩大灌溉面积四亿八千万亩,翻遍古今中外历史是找不到先例的。我们祖先经过几千年的漫长岁月和辛勤劳动,到解放前全国只有二亿三千万亩的灌溉面积;解放后八年,水利建设迅速发展,又扩大灌溉面积二

① 李葆华:《水利运动的新形势》,《人民日报》,1958 年 6 月 23 日。
② 《水利建设创世界奇迹,一年扩大灌溉面积四亿八千万亩,现有灌溉总面积占世界三分之一》,《人民日报》,1958 年 10 月 14 日。

亿九千万亩;而今年一年的成就,就超过解放前的几千年和解放后的前八年。近二十年间全世界扩大灌溉面积共四亿多亩,可是我们一年的水利建设成就就超过了它。这个亘古未有的奇迹,只有在中国共产党领导下的六亿人民才能创造。"社论中提出的口号是:水利化寸土不让,抢时间分秒必争,高举总路线的红旗,在今冬明春的水利高潮中,来一个更大的跃进。①

1957 年至 1958 年群众兴修农田水利运动,与 1956 年至 1957 年的兴修水利高潮相比,有三个明显特点:

(1)规模大,干劲足。全国每天出工人数,1957 年 10 月是 2 000 多万人,11 月上升为 6 000 多万人,12 月超过了 8 000 万人,1958 年 1 月发展到 1 亿人左右。水利部部长傅作义描述道:从深山到浅山,到丘陵,到平原,到洼地,到海边,从天山南北,到珠江两岸,到处红旗招展,与旱涝灾害进行着斗争,在最寒冷的黑龙江和内蒙地区,群众仍冒着零下 30 度的严寒坚持施工。群众形容工地的景色是"白天一片红,晚上一片明","一片红"是红旗飘扬,"一片明"是万盏灯火。"山高高不过决心,天冷冻不了热心",是群众的英雄气概和他们提出的豪迈口号。

(2)速度快。1957 年 8 月全国农田水利会议上提出 1958 年扩大灌溉面积的指标是 4 408 万亩;10 月,中央农村工作部召开的第四次农村工作会议修改为 6 184 万亩;12 月,国家经委召开的国家计划会议又修改为 9 221 万亩。但据截至 1958 年 1 月 31 日的统计,全国实际完成的数字已经达到 1. 179 8 亿亩,120 天的时间超额完成了全年计划。其中,河北省完成 2 542 万亩,河南省完成 2 252 万亩,山东省完成 1 333 万亩,安徽省完成土石方 17.4 亿方。这就是说,全国平均每天可以增加灌溉面积约 100 万亩,各地原订的计划指标都在不断地进行调整。与此同时,各地在水土保持、洼地治理和改善现有灌溉面积方面也都进行了大量的工作。截至 1 月 31 日,水土保持初步控制面积已完成 45 269 平方公里,洼地治理面积已完成 7 452 万亩,改善灌溉面积已完成 5 278 万亩。

(3)发挥了群众的积极性和创造性,创造了许多治水经验。甘肃省武山县、湖北省襄阳专区、云南省玉溪县、贵州省修文县首先树立了引水上山长藤结瓜的旗帜。很多地区发展了它们的经验,盘山开渠、节节拦河、渠库相连、引蓄结合,形成了山区完整的自流灌溉系统,解决了山区和丘陵区实

---

① 《掀起更大的农田水利高潮》,《人民日报》,1958 年 10 月 14 日。

现水利化的问题。河北省天津专区的洼地改造等经验,为广大平原易涝地区和沿海低洼荒碱地区的根本治理指出了方向。在水土保持工作中,各地推广和发展了山西省大泉山、甘肃省邓家堡、河南省禹县等地经验,采取挖鱼鳞坑、水平沟,修建谷坊、水库群、封山育林、植树种草、耕地梯田化等办法,工程措施与生物措施相结合,由点的治理发展到大面积的治理,充分利用水土资源,根本改造山区面貌。河南省蟒河和沙颍河、河北省海河和广东省兴宁县按宁江水为中心的治理,从上到下、全面控制、综合开发,确立了大、中、小型工程相结合的流域治理方向。在灌溉管理工作中,为适应新的农业增产措施,河北省安国县的灌溉耕作园田化和徐水县渠灌井灌双保险、甘肃省武山县山地灌溉、河南省偃师县地下渠道、湖南省衡阳专区的自流灌溉、新疆维吾尔自治区改造盐碱地,以及福建省改串灌为轮灌和改造烂泥田、冷水田等经验,为灌溉事业的技术革新开辟了道路。① 吉林省在群众性的兴修水利运动中创造了改革工具运动等许多好经验,"仅磐石县群众革新工具就达 67 种,提高工率 1 至 3 倍,弥补了人畜力不足。群众性的工具改革运动,具有极其伟大的革命意义,它将引向农业技术的大革命,引向农村实现机械化和电气化"。②

1958 年 4 月,时任农业部农田水利局局长屈健对全国正在开展的水利建设高潮情况作了概括,他指出:"全国水利也是高潮,规模很大,发展很迅速,群众觉悟高,质量好,创造发明很多,这是水利建设大跃进的特点。"③

此后,农业部对 1958 年度兴修农田水利运动的特点作了高度概括:"动手早,行动快;领导强,干劲足;规模大,持续久;创造多,质量好;大协作,效率高;投资少,收效宏。"④

---

① 《四个月的成就等于四千年的一半,水利部部长傅作义畅谈农村中兴修水利的高潮》,《人民日报》,1958 年 2 月 7 日。
② 吉林省水利局:《鼓起革命干劲,力争三年实现水利化》,吉林省档案馆:52 - 10 - 4 卷。
③ 《农业部农田水利局屈健局长在吉林省水利会议上的讲话》,吉林省档案馆:52 - 10 - 4 卷。
④ 《水利建设创世界奇迹,一年扩大灌溉面积四亿八千万亩,现有灌溉总面积占世界三分之一》,《人民日报》,1958 年 10 月 14 日。

第四节 群众性治水运动新高潮的掀起

1957 年至 1958 年度全国农田水利建设取得了辉煌战果。1958 年 6 月 23 日,李葆华在《人民日报》上发表《水利运动的新形势》一文,对 1957 年至 1958 年度水利建设高潮进行总结,同时明确提出了水利建设"需要更大的跃进"的口号。他指出,第二个五年计划中水利建设应当有一个更大的跃进,全国江河治理与开发、电力建设、灌溉等方面应当这样安排:对于松花江、辽河、海河、黄河、淮河、长江、珠江的治理与开发,采取干支流、上中下游、大中小型结合,点线面结合,防洪、发电、灌溉、航运综合开发的办法进行规划与治理,争取在第二个五年计划期间基本上消灭普通洪水的灾害,更多地发展灌溉与水电。在发展灌溉方面,主要依靠群众性水利运动,结合必要的大中型工程,扩大灌溉面积 7 亿亩,这样到 1962 年将有 12 亿亩的水田和水浇地,约占耕地面积的 70% 以上,基本实现水利化。[1]

1958 年 8 月 18 日,《人民日报》发表题为《大干一冬春,基本实现水利化》的社论,在总结 1957 年至 1958 年农田水利建设成就的基础上,号召全国各地早做准备,在 1958 年至 1959 年水利年度掀起更大规模的建设高潮。社论指出,经过 1957 年及 1958 年春的苦战,水利建设已经获得了巨大成就,"为了保证今后农业生产的更大跃进,应该继续大干下去。从第四季度起,再大干一冬一春,争取全国绝大多数地区基本实现水利化。这就是我们的任务"。北方有一半以上的耕地还没有得到灌溉;3/4 的水土流失严重的地区还没有得到治理;已修的工程标准一般偏低,遇到大的水旱灾害,还不完全保险。南方的水利条件虽好,但是除了少数几个省外,水利建设的成绩一般不如北方大,所以不能自满自足。鼓励各地"乘胜前进,继续大干,首先初步实现水利化,进而彻底实现水利化"。社论指出,为了进一步发展水利建设,加快实现水利化,必须继续贯彻"蓄水为主、小型为主、社办为主"的"三主"方针,以小型为基础,中型为骨干,辅以必要的大型,大中小互相结合,才能多快好省地进行水利建设,这是领导亿万人民进行

---

[1] 李葆华:《水利运动的新形势》,《人民日报》,1958 年 6 月 23 日。

水利建设的正确路线。社论预计,1958 年冬 1959 年春的水利建设规模将比 1957 年冬 1958 年春大得多。据 1957 年 10 月到 1958 年 7 月底的统计,全国完成土石方总共 560 亿方。在下一个年度中,仅北方地区计划完成的土石方量就有 860 多亿方,南方地区也计划完成 300 亿方。为此,各省区对于 1958 年冬 1959 年春的水利建设要有比较充分的思想准备和工作准备。农业部分别召开了南方和北方农田水利工作现场会议,总结了水利建设的经验并讨论和拟出了下一年度的任务,实际已经开始了新的水利年度的水利建设准备工作。社论号召各个地区应当本着“今年抓明年、上季抓下季”的精神,抓紧制订规划、训练干部、筹措资金和建设物资,为 1958 年冬的水利建设做好一切准备。①

　　1958 年 8 月 29 日,中共中央政治局北戴河会议通过的《中共中央关于水利工作的指示》,对 1958 年的水利建设作了总结,提出了 1958 年至 1959 年水利建设的目标,具体部署了水利建设工作。指示指出,1957 年冬以来的农田水利建设在 1958 年防汛抗旱斗争中发挥了巨大作用,缩小了成灾面积,减轻了灾害程度,减少了粮食损失约 300 亿～400 亿斤,创造了农业生产能够基本上避免一般水旱灾害的可能,使农业生产能够比较稳定的发展。这些事实充分证明:加强党的领导,坚持政治挂帅,统一规划,全面治理,贯彻“三主”方针,坚决依靠群众,是做好农田水利建设工作的基本关键。1957 年冬以来全国已扩大灌溉面积 4.5 亿亩,加上原有灌溉面积,共达 9.7 亿亩,占当时耕地的 57%,占全世界灌溉面积 1/3 以上。再苦战两冬两春,全国耕地基本上完成水利化是完全可能的。指示指出,1959 年农田水利建设的任务和具体规划已由农业部在 5、6 月份分别召开的襄阳会议(南方 12 省区)、郑州会议(北方各省区)作了部署,拟定 1959 年扩大灌溉面积 4.9 亿亩、治涝面积 7 281 万亩,初步拟做土石方 961 亿方,增加水土保持初步控制面积 50 万～70 万平方公里,使初步控制水土流失总面积达到 10 万～120 万平方公里,占水土流失面积 66% 至 80%。在已经初步水利化的地区则应继续提高、巩固,实现十化:“坡地梯田化,平原河网化,沟壑川台水库化,河道阶梯化,工程系统化,耕地园田化,提水机械化,水力电气化,水产多样化,荒山荒坡四旁绿化。”这两个会议之后,各省、市、区都开始了行动,时间比 1957 年提早很多,各地所作出的规划也一般都高

----

① 《大干一冬春,基本实现水利化》,《人民日报》,1958 年 8 月 18 日。

于两个会议的规划,土石方工程超过了 1 000 亿方,可以预计 1958 年冬1959 年春的水利建设将远远超过 1957 年冬 1958 年春的成绩。

为更好地完成兴修农田水利工程的规划,中共中央特提出如下意见:(1) 方针问题。在贯彻执行"蓄水为主、小型为主、社办为主"的"三主"方针时,应该注意到在以小型工程为基础的前提下,适当发展中型工程和必要的可能的某些大型工程,并使大、中、小工程相互结合,有计划地逐渐形成比较完整的水利工程系统。在兴修水利工程时,不论是小型工程、中型工程或一般的大型工程,必须依靠群众力量为主、国家援助为辅,并且应当实行以蓄为主,达到充分综合利用水利资源的目的。力求农田灌溉、水利发电、船运尽可能互相结合,对于农村小型水力发电,应有计划地发展。(2) 规划问题。除了各地区进行的规划工作外,全国范围较长远的水利规划,首先是以南水(主要是长江水系)北调为主要目的的即将江、淮、河、汉、海河各流域联系为统一的水利系统的规划,和将松、辽各流域联系为统一的水利系统的规划,应即加速制订。(3) 解决不同地区水利问题的办法。平原和低洼易涝地区,应像安徽省淮北地区那样实行河网化,或参考运用河北省天津专区那样洼地改造的经验;山区、半山区和丘陵高原地区,应像甘肃省武山、湖北省襄阳、河南省蟒河那样实行山上蓄水、水土保持,山区、平原、洼地全面治理,引水上山、上塬,开盘山渠道以及像引洮工程那样,开辟山上运河,解决山区水利;渗漏严重地区,如甘肃省河西接近沙漠地区,主要是大量修筑水库、衬砌渠道、消除渗漏,并要充分拦蓄和利用雪水,保证灌溉;水土流失地区,必须实行工程措施和生物措施相结合的办法,积极推广山西大泉山和河南禹县的经验,挖鱼鳞坑、水平沟,修建谷坊、山塘、水库,以及种树种草、封山育林、耕地梯田化等,通过这些措施达到蓄水保土;在兴修农田水利的同时,应积极进行平整土地,达到兴修与利用结合。(4) 加强工具改革。将所有的运输工具都装上滚珠轴承,这是克服劳力不足、提高工效、提前和超额完成任务的一个关键。在开挖土石方工程中,应注意提高操作技术,如松动爆破法、定向爆破法等。只要抓紧了工具改良和提高操作技术这两个关键,兴修水利工程的巨大任务就有可能提前和超额完成。①

1958 年 9 月 13 日,《人民日报》发表题为《为明年农业更大的跃进而

---

① 《中共中央关于水利工作的指示》,《人民日报》,1958 年 9 月 11 日。

奋斗》的社论,号召各地坚决执行《中共中央关于水利工作的指示》,再次掀起农田水利建设的新高潮。社论指出:1957 年冬以来的农田水利建设,已经在 1958 年发挥了巨大作用,一半以上的耕地已经能够基本上避免一般水旱灾害。中央指示要求再苦战两冬两春,实现全国水利化,这将使我国农业生产进入完全有保障有把握的新时代。这是我国人民过去几千年梦寐以求而不可得的。我们必须按照中央所指示的加强党的领导,坚持政治挂帅,统一规划、全面治理,贯彻"三主"方针,坚决依靠群众,以期胜利完成农田水利建设的任务。①

《中共中央关于水利工作的指示》发布后,全国各地开始贯彻执行,大规模农田水利兴修高潮的序幕逐渐揭开。广西、湖南、河北、贵州等省区开始大修水利工程,河南、安徽、辽宁、山东、四川等省的部分工程也陆续动工。据 1958 年 9 月 19 日《人民日报》报道,广西壮族自治区在结束了春修水利运动后立即着手进行一系列兴修准备工作,8 月份完成了勘测设计工作后立即调动大批劳力投入兴修水利工程,仅用 10 多天时间,计划开工的大、中型工程就全部开工了,一场千军万马热火朝天的兴修水利运动开始了。到 9 月中旬,广西有近 300 处大中型骨干水利工程开工,总受益面积达 1 100 多万亩,几乎占了下一年度水利兴修计划的一半。湖南省已有2 000多座水库开工,其中有 100 多座已经完工。贵州省抽出 20% 的劳力兴修水利,159 处骨干工程动工兴建。为在 1958 年冬 1959 年春彻底实现水利化的要求,许多地区提出了宏伟的水利计划。山东省委要求全省人民苦战一冬一春完成 200 亿土石方的任务,其中仅省、专区、县、乡、社负责的六级河道工程就达 30 万公里。全省计划训练 200 万名群众性的水利技术队员,目前已有 100 多万名开始训练,所有大、中型工程的施工机构已经建立起来,技术队伍大部分都到达了新工地。②

人民公社的建立使这次水利兴修运动中的劳动力大大加强了。广西玉林县灌溉 2 万多亩地的龙江水库工程,山心人民公社成立后很快就组织了 1 000 名劳动力动工兴建了。湖南省道县西湖、庙后两个农业社早就想开条大渠,但因人力、物力限制一直开不成,并社成立人民公社后,公社马上抽调劳力,两条渠道同时动工。江苏省淮阴县红旗人民公社建社前想修

---

① 《为明年农业更大的跃进而奋斗》,《人民日报》,1958 年 9 月 13 日。
② 《提早揭开冬修水利的序幕,让广大农田喝足水多产粮》,《人民日报》,1958 年 9 月 16 日。

一条排水沟都很困难,成立公社后修订了计划,不仅要开270多条水沟,同时还要修一条总干渠和三条分干渠。为了迅速、全面地开展兴修水利运动,许多省区一面着手施工,一面继续进行紧张的制订规划、培训技术力量等准备工作。特别是为了提高劳动效率,许多地区积极进行工具改革和推广先进的施工经验。据河南、山西、陕西、广西、贵州、云南、湖南等8个省区的不完全统计,已经制造各种改良的运土、挖土等施工工具1 800多万件。山东、江苏、浙江、福建、江西、四川等省正在发动群众献计、献料、献劳力,同时还计划推广改良水利工具2 100多万件,并争取工程一开工就全部使用上改良工具。①

　　1958年10月14日,《人民日报》发表1958年农田水利成就公报的同时,还专门发表了题为《掀起更大的农田水利高潮》的社论。社论指出,中共中央发布的《关于水利工作的指示》对1958年的水利建设作了科学的分析和总结,并且提出了此后的方针和任务,号召全民再苦战两冬两春,使全国现有耕地基本上实现水利化,从而保证农业生产获得更大跃进。社论指出,过去几年来,农田水利建设的巨大发展是在农业合作化的基础上进行的。现在情况又有了新的变化,全国农村基本上实现了人民公社化。农业合作化比起个体农业经济来已经优越得多了,而人民公社则比农业合作社更加优越。过去农业合作社能修几百亩、几千亩较小的水利工程,现在人民公社能修几万亩、几十万亩较大的水利工程;过去农业合作社有力量抗御较小的水旱灾害,现在人民公社有力量抗御更大的水旱灾害;过去农业合作社把水利建设的重点放在防旱治涝上,现在人民公社就有可能全面规划,进行灌溉、治涝、发电、航运、水产以及工业、畜牧、供水等建设,综合开发,充分利用水利资源。农业集体化的程度越高,规模越大,对农业基本建设的要求越迫切,范围越广,力量也越雄厚。1958年冬1959年春的农田水利建设高潮,将要在这个新的基础上开展起来。

　　社论还指出,1958年冬1959年春农田水利土石方任务将在1 200亿方以上,比1957年冬1958年春所完成的580亿方超过一倍还多;同时,由于工农业的更大跃进,需要的劳力也比1957年多。在劳力更加紧张的情况下,能不能完成这样巨大的工程任务呢?社论的回答是肯定的。社论指出:"关键在于坚持政治挂帅,书记动手;同时要大闹技术革命,不断改善劳

---

① 《提早揭开冬修水利的序幕,让广大农田喝足水多产粮》,《人民日报》,1958年9月16日。

动组织。劳力紧张的情况,在我们看来是一件大好事,它一方面表明我们工农业生产的全面跃进,另一方面也逼得我们必须搞技术革命。因此,在今冬明春水利运动中,各地应在统一安排和调配劳力的原则下,抓紧工具改革和提高操作技术这两个关键,并适应新工具、新技术的变化,改善劳动组织,实行组织军事化、行动战斗化、生活集体化的大兵团作战方法,不断提高劳动生产率。这是唯一正确的办法。"社论提出了这样的口号:"水利化寸土不让,抢时间分秒必争,高举总路线的红旗,在今冬明春的水利高潮中,来一个更大的跃进。"①

1958年冬春更大规模水利高潮的序幕已经取得辉煌成绩。据农业部10月底统计,在全国河网化、防洪治涝、水土保持等水利工地的近千万民工已经完成1959年农田水利年度(从1958年10月1日开始)水利工程土石方11亿多方。各省区水利工程开工之早、规模之大、进度之快都大大超过了往年。重点工程的开工时间一般都比1957年提前了一个月。江苏、陕西、江西等7省大、中型工程已开工的就达2 000多处。山东省有22个县市已经完成了机井化。湖南省开工的1万多座塘坝工程已完工1/6,近400座较大水库将在近期先后建成。河南省开工的河网化中型重点工程40处。②

1958年冬兴修水利有三个明显特点:一是在小型工程已经普及的地区,在贯彻小型为主的方针下大修中型工程,大搞河网化,以大、中型为骨干,建成灌溉系统;二是按照水利资源综合利用的规划,使灌溉、发电、航运、水产等紧密结合;三是各地不仅大量利用"天上水"、"地下水"、"外来水"(入境河流),而且还特别注意开发地下自流水。③

1958年12月12日,农业部召开电话会议,要求各地在兴修水利工作中大搞技术革新,开展高工效运动;同时,还要抓紧冬灌工作,特别是对麦田的冬灌,以便为明年大丰收打下基础。电话会议首先听取了山东、湖南、云南等省关于水利施工实行大爆破、改良施工工具、工地办工厂和冬灌等方面的经验介绍。接着,农业部副部长何基沣发言:当前水利兴修运动正在向高潮发展。12月上旬,全国兴修水利的出工人数比11月底增加将近

① 《掀起更大的农田水利高潮》,《人民日报》,1958年10月14日。
② 《大修中型工程,综合利用水源,开发地下自流水,水利高潮前哨战旗开得胜》,《人民日报》,1958年11月11日。
③ 同②。

一倍,估计中、下旬参加施工的人数还会大量增加。但是要想完成1959年度的水利兴修任务,还必须坚持政治挂帅、合理安排劳力,特别是要把大闹技术革新、开展高工效运动,作为当前领导水利施工的一个重要环节。何基沣指出,在水利兴修运动的前哨战中,有些地区由于大搞技术革新,施工工效已比1958年冬1959年春有了显著提高,但是由于不少地区的工具改革工作还停留在创造研究和试点阶段,没有迅速地推广使用,因而从总的情况看,平均工效还不高,有些省区甚至还停留在1958年冬1959年春的水平。他认为,这种情况必须迅速改变。当前各地应当赶快掀起群众性的技术革新运动,这个中心环节抓好了,不仅工效能显著提高,劳力紧张的情况也能从根本上改变。他认为,有了先进工具,还必须有先进的操作技术和劳动组织相适应,这样才能发挥更大的作用。因此,各地还应当组织各种专业队,分工分业,集中领导,进行协同作战。①

"水中倒土"筑坝法是苏联的施工经验,山西省沁县月岭山水库是中国第一个试验成功使用这一方法的工程单位,在水利电力部的技术指导下,修建人员在实践过程中提高和丰富了这一经验。这一方法是在坝面上划出许多小地畦,先灌上一定深度的水,然后把黄土分层倒入水中、铺平。这是利用土壤浸水后发生下沉现象和浸水后稍加荷重即可压实的性质,在施工时利用上层填土的重量及运土工具、人踏等作用,使土密实达到设计要求。在1958年9月全国水利水电工程经验交流会议上这一经验得以交流,水利电力部组织全国各省(区)水利水电部门参观、学习、推广月岭山水库"水中倒土"筑坝的经验。

11月中旬到12月中旬,已有辽宁、吉林、安徽、甘肃、江苏、广东、福建、四川和内蒙古等19个省(区)的参观团到山西进行了现场参观。经过具体参观学习,总结出"水中倒土"筑坝法的五大优点:第一,各地兴建大、中型水利工程中,碾压机械、抽水机械供不应求,这一方法不需要碾压机械,有条件使水自流的坝址也不需要抽水机械,大大减少了施工机具不足的困难。第二,坝体塑性较大、密度均匀、湿度较大,能适应地基或坝体的沉陷和变形,不至于发生裂缝现象。第三,土坝与黄土岸和基地容易紧密衔接。在施工灌水时,容易发现地基中的穴洞、坟墓等隐患,保证坝的安

---

① 《革新技术开展水利高工效运动,适时冬灌为明年丰收打下基础,农业部召开水利电话会议》,《人民日报》,1958年12月15日。

全。第四,这种施工方法受季节影响较小,下雨天能施工,全国很多地方可以全年应用。第五,工作面较大,不受施工条件限制,可以加速施工速度,能大量地节省资金和劳力,降低工程成本,操作技术简单,容易为群众掌握。这一方法使用范围很广,如上坝、河堤、渠堤等都能应用,有一定水源的地方就能推广。因此,各省(区)参观团人员具体参观之后就制订了具体试验和推广的计划。山西许多大中型水利工程推广了这一经验。①

在农田水利建设运动中,各地按照中央的指示大搞技术革命、大搞工具改革,掀起高工效运动,以解决劳动力不足的问题。到 1959 年初,山西省各地已动工的大中型水利工程 93 项。这些工程除一些重点大工程由水利部门直接领导、国家投资、调动公社劳力施工外,绝大部分工程由公社或公社联合兴建。工程规模都很大,一般的坝高 25 米、蓄水量 1 000 万方以上,有的工程坝甚至高 60 米,蓄水量多达数亿方。修建这些工程虽然农民渴望已久,但是过去分散、小型的农业社无论在劳力上、资金上和技术力量方面,都难以胜任。1958 年 9 月间山西全省实现了人民公社化,为统一规划山河流域,进行集中、综合治理创造了优越条件。② 截至 1959 年 1 月 11日,全国各省、市、区水利冬修工程已完成的土石方达 50 亿方。③

1958 年至 1959 年水利建设的特点是"更有计划,更有步骤,强调工具改革,提高工效,准备工作也较充分"。各地根据上年度冬修水利的经验和当年农业更大跃进的需要,早就提出了冬修的规划,并且做了必要的安排。由于人民公社的普遍建立,各地在进一步贯彻"蓄水为主、小型为主、社办为主"的方针时,适当地举办了少量较大的骨干工程,实行大、中、小工程相结合;在发展灌溉的同时,注意对水力、发电、航运、水产等方面的综合利用。江苏、河南、山东、河北和北京等省、市的易涝易旱平原地区,吸收安徽省上年度淮北治水先进经验,部分地开始了河网化工程。河南省在 1958年 10 月动工的河网化工程就有 48 处。江苏省一些主要的干河,如镇江市到奔牛镇的大运河、太湖流域的太浦运河等,都相继开工。安徽省淮北地

---

① 杨义:《水利建设中又一新事,"水中倒土"筑坝法将在全国推广》,《人民日报》,1958 年12 月 18 日。

② 《公社办水利,人多力量大,山西动手修建九十多处大中型水利》,《人民日报》,1959 年 1月 11 日。

③ 《使用较少的劳力,利用较短的时间,把冬春水利工程完成得更好》,《人民日报》,1959 年1 月 15 日。

区1958年的一批河网化试点工程,如宿县紫芦湖、怀远县烟袋湖、临泉县单桥乡等地工程已先后完工。除较大的河网化工程外,各地正在施工的大工程还有甘肃省的引洮工程、广西壮族自治区的龙江工程、河北省的根治海河工程、山西省的漳河工程、新疆维吾尔自治区改建旧灌区工程等。东北、山东省、河北省等地还充分利用地下水大打机井。南方丘陵地区更强调灌溉自流化,大搞塘坝水库群和引水渠道。①

　　1958年冬春的水利运动是在各地各项工作更大跃进的形势下展开的,各条战线都需要相当的人力,因此投入水利冬修的劳动力比上年度有所减少。为此,各地开展了工具改革、施工方法改革的高工效运动。广东省有些地区抓住土方工程中工作量最大的"挖、装、运、卸、压"5个环节,对工具和操作方法进行了全面改革,工效比原来提高了几倍甚至几十倍。开展技术革新较早的徐闻县,由于大规模改革了工具,1958年11月底完成的土方工程比前年同期增加了11倍多,平均工效比开工初期提高了10多倍。然而,到1958年底,全国水利冬修平均工效虽然比上年度冬春提高了50%左右,但是不同地区之间的工效却相差很大。为此,农业部在广东省湛江和湖南省长沙召开了南方14省、区水利施工现场观摩会议,要求各地推广先进经验,进一步开展高工效、保证质量和安全施工的运动,力争用较少劳力在较短时间内把1958年的水利工程完成得更好。

　　1959年1月2日至13日,农业部召开全国农业工作会议,参加会议的有全国各省、市、自治区的党或政府负责农业生产的领导干部。会议就中共八届六中全会所提出的1959年的粮、棉生产指标和全国农业先进单位代表会议所提出了十大倡议,并1959年的农业生产作了全面讨论和初步的计划安排。中共中央书记处书记谭震林在会议结束时讲话指出:1958年我们确立了水、肥、土、种、密、保、工、管这一整套增产经验,我们相信,只要认真地全面地执行这八条增产措施,加上人民公社经营管理水平的提高,在1959年内取得比1958年更大的丰收,是完全可以预期的。他指出:必须继续宣传人定胜天的信念,继续兴修农田水利工程,但计划不要过大,以免影响质量和挤掉其他任务。无论施工和灌溉都须大力改善工具和操作方法,提高工效节约劳力。②

---

　　① 《使用较少的劳力,利用较短的时间,把冬春水利工程完成得更好》,《人民日报》,1959年1月15日。

　　② 《干劲足信心高措施好,力争农业更大胜利》,《人民日报》,1959年1月19日。

云南省委根据中央"蓄水为主、小型为主、社办为主"的水利建设方针,并根据几年来的治水经验,特别是 1958 年的水利建设经验,提出了云南高原地区治水六大结合的原则:以全面规划、综合利用与逐步施工相结合;大中小型相结合,以中型为主;永久性、半永久性与临时性相结合,以永久性为主;自流灌溉与提水灌溉相结合,以自流灌溉为主;地表水与地下水相结合,以地表水为主;大春灌溉与小春灌溉相结合,以大春灌溉为主。为了完成任务,通过回忆对比、算细账、发动群众,普遍地掀起了一个群众性的比进度、比质量的高工效友谊竞赛运动。民工们这样歌唱:"喜鹊枝头叫喳喳,多挂水库不挂家,齐心合力加油干,戴上红花才回家。"截至 1959 年 3 月初,云南全省完成大中型工程 28 项、小型工程 2 万项,土石方 2 亿多方,占全年土石方计划的 2/5。除少数常年施工的工程外,3 月底便能胜利完成全年的水利建设任务。①

江苏省各地在兴修水利运动中,根据"兴修与管理并重,发展与巩固并重"的方针,普遍加强对已建和新建工程的管理,做到修好一处、管好一处、用好一处,使现有工程设施在春播和夏播作物中充分发挥效益。为了使已建和新建各类工程在 1959 年进一步发挥对农业生产更大丰收的保障作用,江苏省对 1959 年工程灌溉管理工作提出了更大跃进的规划要求。要求全省已有灌溉面积 4 500 余万亩和 1958 年新发展的灌溉面积 700 万亩都充分发挥效益,进一步挖掘工程潜力,使新老机电灌区每马力灌排水稻面积达到 120 亩以上,自流水库灌区每个流量灌排水稻面积达到 1.2 万亩以上,塘坝水井灌区抗旱能力在现有基础上提高 50% 以上。在用水管理上,实施计划用水的面积要求达到 3 100 万亩以上,灌溉耕作园田化面积达到 1 500 万亩以上,同时改进灌溉技术,普遍推广浅水勤灌和沟灌畦灌的灌溉方法。特别抓紧麦田灌排和水稻灌溉准备工作,做到要灌有水、涝来排尽。江苏省各地对上述工程灌溉管理工作的各项任务指标,切实地采取各种有效措施加以贯彻。在机电灌区,普遍推行 1958 年行之有效的一机拖多泵、铁管改木管等办法,以进一步提高机械的提水能力。在渠道自流灌区,江苏省一方面充分运用大河、大湖拦蓄灌溉水源;另一方面大力进行渠道整修改建,逐步做到渠系工程化,减少输水损失,以充分发挥水的

---

① 张冲:《云南水利建设的新高潮》,《人民日报》,1959 年 3 月 15 日。

作用。①

为了进行合理灌溉,更好地发挥增产效益,辽宁省各地在春灌工作中创造了许多先进的灌溉经验,阜新县在春灌中比较普遍地推行了"六边作业法"和"三并重"的经验。"六边"是:边修工程、边修渠、边整地、边耙压、边作畦、边灌溉;"三并重"是:渠浇和井浇并重,土洋并重,数量质量并重。由于推行了科学的灌溉方法,全县已灌溉的1.5万多亩地绝大部分合乎质量要求。各县还开展了提水工具改革运动。康平、铁岭等县继黑山、彰武改制深井水车成功以后,创造出一种用绳索牵引机带动水泵的土洋结合的抽水机。这种抽水机每小时可提水30吨,和3~5马力动力机的效能相等,两县大力赶制、推广。到3月中旬止,全省冬春灌面积已达180多万亩。新疆维吾尔自治区各族人民为了确保1958年农牧业生产大丰收,掀起了以公社内部渠系改建为中心的春季水利运动。截至1959年3月下旬,新疆维吾尔自治区在冬春季共完成土石方工程5 832万公方,改建的旧灌区面积达598万亩,扩大的灌溉面积达176万亩。②

在全国各地兴修水利建设高潮中,山东省沂蒙山区治山治水经验得到了中央的肯定和推广,成为先进典型。1958年春,中共山东省委在沂蒙山区召开了山区建设会议,各级党组织明确了中央和省委提出的在依靠群众的基础上,以"蓄水为主、小型为主、社办为主"的"三主"方针,并派人去河南省学习治理蟒河和禹县治山的经验,聘请32名治山专家来传授技术。业务部门也组织10多个工作组分赴各县,帮助制订从山头到山脚、先上游后下游、先治荒山秃岭后治平原涝洼、先治山坡后治山沟等全面、系统的治山、治水的规划。在整个治山进程中,还采取常年专业队与突击治理相结合和小忙大干、大忙小干等灵活的方法。各级党委在治山工作中,都逐片、逐流域地成立了水土保持委员会或水利建设指挥部,不少党委书记亲临前线,和群众同吃同住同劳动,促进了工程的加速进行。沂蒙山区的670多万人民经过一年的苦战,水土保持工作取得辉煌成就,基本上达到了"泥沙不下坡,浑水不出沟"。③

1958年11月,湖南省委发出了"移山千座,开河万里"、"兴水利、夺丰

---

① 《管理灌溉,计划用水,增加水源,力争一个工程顶两个工程用,江苏安徽辽宁新疆等省区千方百计提高水的利用率》,《人民日报》,1959年4月14日。
② 同①。
③ 《治山治水精益求精 沂蒙山区水土保持向高标准迈进》,《人民日报》,1959年4月20日。

收、美化河山"的号召,全省 35 万干部、600 万劳动大军立即投入冬春水利建设运动。经过两个多月的奋战,全省建成大、中型水利工程 304 座,灌溉千亩以上、万亩以下的小型水利工程 5 000 多座,初步控制了水土流失面积 4 000 多平方公里,开挖渠道 10 万公里,使 90% 以上的农田有了水利设施。许多公社和一部分县已经形成了库塘相接、沟渠相通、大中小型工程相结合的水利灌溉系统。① 到 1959 年 2 月底,湖南全省共完成土石方 11 亿方,相当于过去 10 年完成土石方总和的 46%;新建水库 3 万座,比过去 10 年新建的 1.8 万座还多 66%,其中坝高 15 ~ 25 米的有 1 014 座。②

1959 年湖北省的水利建设,是根据 1958 年 4 月全省水利会议所提出的由局部开发转向流域治理,由单一利用转向综合利用,由低保证率转向高保证率的方针进行的。汉江的丹江口水利枢纽,陆水的蒲圻、桂家畈枢纽,南河的胡家渡枢纽,沮漳河的观音寺、鸡公尖枢纽,富水的阳辛镇枢纽,浠水的白莲河枢纽,均是各河流域治本的第一期工程。府河治本的六大水库,除黑屋湾水库已经在 1958 年春完成之外,环潭、封江口、先觉庙、徐家河、宴店 5 个水库都开了工。其他较小河流,如滚河、雾渡河、涢水、倒水、举水、圻水等,都在流域规划中选择了一个治本工程开了工。这样的水库共有 28 处,都是防洪、灌溉、发电、航运、水产综合利用工程。丹江口枢纽是汉江流域规划中近期开发的主要工程,也是全国正在建设的大型工程之一。在张体学省长亲自主持下,该枢纽第一期围堰和大坝清基工作已全部完成。第一期工程基本上是用"土"办法进行的,创造了大型枢纽采用土法施工的先例。该工程在"土法上马,先土后洋,土洋结合"的方针指导下,在二至三年内基本建成。陆水的蒲圻枢纽是一个试验枢纽,是为了解决三峡枢纽设计、施工和电站运行中的一系列技术问题经中央批准兴建的。该枢纽装机容量达 4 万千瓦,灌溉农田约 100 万亩,坝高 47 米,是世界上最大的试验工程,1960 年可全部建成。全省已开工的中小型水利工程,共有 19.4 万多处。③

湖北省 1959 年计划增加引蓄水量 120 亿方,增加灌溉面积 1 000 万亩。已有的灌溉耕地有些正在进行渠系"五加"工作。所谓"五加",即渠

① 张宇晴:《领导水利建设大跃进的体会》,《人民日报》,1960 年 2 月 2 日。
② 《深入作业组与群众同生活共呼吸,谭余保代表谈湖南省各级干部如何密切联系群众》,《人民日报》,1960 年 4 月 8 日。
③ 《向高标准水利化前进,陈离代表的发言》,《人民日报》,1959 年 5 月 8 日。

道加长、加宽、加深、加固、加沿渠蓄水库和塘堰。其目的在于增加引水和蓄水量,扩大灌溉面积,提高灌溉保证率。渠系增加蓄水库,并与原有塘堰联系起来,对扩大、提高效益作用非常显著。湖北省的长藤结瓜式渠系是由长渠首创的,1958 年襄阳专区光化县赵岗乡用这种渠系解决了杜槽河 0.06 个流量灌溉 1 万多亩水田的问题。正在施工的漳河水库灌溉 400 万亩的大渠系就是按照这个型式设计的。这种新型渠系不仅尽量利用了灌区 4 000 平方公里的径流,使 8 亿公方有效水量的水库能够保证 400 万亩水田的充分用水外,还安装发电机 12 000 多千瓦,保证了 250 公里渠道长年通航,扩大了养鱼面积,同时渠系土石方工程还有大量节省。这是灌溉渠系设计技术上的一个重要成就。①

据新华社 1959 年 4 月 13 日报道,在 1958 年至 1959 年水利冬修运动中,全国各地继续贯彻执行"蓄水为主、小型为主、社办为主"的"三主"方针,但在小型工程已经普遍的地区,较大的骨干工程则加多了。为了用较少的人力干更多的活儿,各地普遍开展了高工效运动,推广了高工效施工经验。上一个冬季水利建设成绩突出的河南、山东、安徽、江苏、甘肃等省份,在这个水利年度兴修了很多新的工程。其中,中型关键性的骨干工程较多。特别是平原地区,河网化工程有了发展。这些新修工程把一些分散的、孤立的小工程联系起来,建成了较完整的排灌系统,大大发挥了水利工程的灌溉作用。如江苏省修的淮沭新河、通榆运河、通扬运河、太浦河、芜沪运河和大运河等六大重点工程。河南全省新完成了属于河网的各级河道 1 000 公里以上,部分地区开始形成河连库、库连渠的长藤结瓜式的排灌系统,开封专区低洼易涝地区也基本实现河网化。安徽省淮北地区河网化以及河北、山东省平原地区的机井化都有进一步的发展。②

1959 年 7 月 20 日至 8 月 2 日,农业部在山东烟台召开全国农田水利和水土保持会议,对 1959 年度的农田水利工作进行了总结。会议由农业部副部长何基沣主持,参加者有各省、市、自治区水利厅局长和业务干部及中央有关部门约 270 人。会议指出:1959 年度的水利建设在 1958 年的基础上,在"三主"方针指导下,全国完成了 113 多亿方的土石方工作量,远远超过了除 1958 年以外的以往任何一年,1959 年度全国新增灌溉面积 7 100

---

① 《向高标准水利化前进,陈离代表的发言》,《人民日报》,1959 年 5 月 8 日。

② 《我国灌溉面积不断扩大,冬修水利工效提高,大部工程已经蓄水》,《人民日报》,1959 年 4 月 14 日。

多万亩,增加控制水土流失面积 7 万平方公里,除涝防渍的标准也有一定
程度的提高,灌溉技术也有很大改进。同时,发展农村水电约 3 万千瓦,排
灌机械 180 多万马力。这样,就使全国 2/3 的耕地有了灌溉设施,1/2 的易
涝地区和 1/3 以上的水土流失地区得到初步治理。这些对农业的稳定增
产和提高单位面积产量起到了重要的作用。

当然,1959 年度水利建设也存在着不足。对此,会议指出:能够正常
进行灌溉的面积还不到全国耕地面积的 1/3,相当一部分工程由于 1958 年
对工程成套、及时发挥效益抓得不紧,建设高潮后期部分工程质量较差,以
致没有及时发挥效益,或虽已进行灌溉,但抗旱能力偏低,特别是西北、东
北等广大地区,还缺少灌溉设施。全国大面积的水土流失地区需要控制,
特别是黄河中上游制止水土流失的任务更为迫切。易涝地区的洼改治涝
工作也都要求迅速进行。这种情况表明,旱涝灾害仍然严重威胁着我国的
农业生产,水利建设距离保证农业稳产的要求还很远,以及在统计数字上
还有重复、虚夸。因此,任何自满情绪都是没有根据的。①

1960 年 11 月,时任国务院副总理兼国家计划委员会主任的李富春在
中共中央华北局第一次会议上的讲话中,也指出了 1959 年度水利建设中
存在的不足。他指出:"去年(1959 年)大办水利,心是好的,想把事情搞得
更快更好,但是超过了力所及的限度。这种积极性不仅是干部,也包括群
众在内,9 000 万人搞水利是件大事情,扩了 100 多天。从总的方面看,这
是一种片面性。"②

第五节　新一轮群众性的农田水利建设高潮

1959 年至 1960 年度的农田水利建设运动,是在党的八届八中全会之
后,在反右倾、鼓干劲的思想基础上开展起来的,因此领导主动、群众干劲
足、准备工作踏实。早在 10 月上中旬,全国大部省区都已开过水利会议,
确定了任务,安排了劳力,并进行了勘测设计、培训干部等工作。

---

① 何基沣:《农田水利工作当前情况和今后意见》,江苏省档案馆:3224 - 长期 - 559。
② 《1958—1965 年中华人民共和国经济档案资料选编·综合卷》,中国财政经济出版社,
2011 年,第 345 页。

尽管在水利建设上获得了空前的成就,但由于我国幅员辽阔、自然情况复杂,每年仍然有几千万亩甚至几亿亩的广大土地遭受着程度不同的水旱灾害,影响着农业增产的稳定性,威胁着整个国民经济的发展和人民的生命安全。要保证农业生产和整个国民经济的继续跃进,就必须大兴水利,使农业生产迅速摆脱水旱灾害的威胁。因此,中共中央和国务院于1959年10月24日发出的《关于今冬明春继续开展大规模兴修水利和积肥运动的指示》明确指出:"水利仍是目前发展农业生产的根本问题。在今后几个冬春,再搞几次水利建设高潮,力争在较短时间内实现水利化。这是全党全民建设社会主义的一项重大任务。"具体来说,就是号召全党全民继续奋战,再组织几次大规模的水利建设高潮,力求在全国范围内基本控制一般地区的水旱灾害,提前实现农业发展纲要中对水利的要求。

首先,人民公社是水利运动的新基础,给水利运动带来很多新的特点:便于举办较大的骨干工程,使大中小型水利工程结合起来;便于把过去分散的孤立的工程联结起来,形成一个比较完整的灌溉排水系统;便于结合大江大河的治理,进行中小河流全流域的规划和综合开发;便于在互助互利和等价交换的原则下,统一调配劳力,组织大协作和大兵团作战;便于统一调配水源,推行计划用水,加强灌溉管理,实现园田化;等等。因此,必须充分利用和发挥人民公社的优越条件,开展1959年冬1960年春的水利运动,并且根据上述新的特点,规划和组织今后的水利建设,在现有基础上提高一步。

其次,群众性的兴修水利运动要继续贯彻执行"蓄水为主、社办为主、小型为主"和大中小型工程相结合的方针,全面规划,综合利用。各地都应当有一个比较全面的水利规划,注意多蓄水、多引水,因地制宜地兴建多种多样的蓄水工程,提高抗旱防涝的能力。在小型工程遍地开花的基础上,积极兴修大、中型骨干工程。只有中小型水利工程,没有大型水利工程,仍然不能抵御特大的洪水和旱灾。必须使大、中、小工程结合起来,逐步形成完整的水利系统,并且充分开发水利资源。1959年冬1960年春必须一面抓紧改善和提高已有的工程设施,并且整修好渠道、平整好土地,使已有的工程充分发挥效益;一面抓紧修建一批新工程,力争扩大灌溉面积,尽力做好新修工程相应的渠道和整地工作。有些地方灌溉面积占农田的比例较小,抗旱能力较低,更要抓紧1959年冬的时机,大力开展水利运动。

再次,要做好劳动力安排。兴修水利季节性很强,全年80%的任务要集中在冬春完成,应该适当地安排较多的劳动力投入水利建设,并且加强劳动组织,提高劳动效率。在调配和使用劳动力的时候,必须坚持按劳分配和等价交换的原则,不能无偿地大调工。在施工中要加强技术指导,重视工程质量,建立必要的工程检查验收制度。主要还是依靠群众力量,经费的主要来源是公社各级的公共积累,器材也主要采取就地取材和土洋并举的办法来解决。中小型水利工程占用的土地,一般由县、社自行调剂解决。

指示最后强调,开展群众水利运动的关键首先是认真贯彻党的八届八中全会决议,坚决反对右倾、鼓足干劲,坚持政治挂帅,坚持群众路线,同时认真地总结1958年"大跃进"以来水利建设方面的经验,把一切行之有效的成功的经验认真地加以推广,并且在实践中加以发扬。①

这一指示下达以后,广大群众大搞水利、改造自然的信心和勇气十分高涨。各地普遍修订了1959年冬1960年春兴修水利的计划,成立了专门组织,由党委书记亲自挂帅,加强对水利建设的领导。成千上万的由各地人民公社社队自办的小水库、塘坝、机井和平整耕地等工程已经开工;一部分由许多县、许多人民公社协作兴办的大中型骨干工程,包括大中型水库、河网化工程、大规模的引水工程也已经开工;一部分过去未完成的大工程,如北京市的密云水库等大水库工程、山东省的位山水利枢纽工程、江西省的赣抚平原灌溉工程等也相继复工。

据1959年10月28日农业部召开的全国电话会议上27个省、市、自治区的汇报,全国上工人数已2 000万左右,加上冬灌和平整耕地的,总计达3 000多万人。同1958年冬修比较起来,开工较早,规模也大得多。预计到11月中旬,各地三秋工作次第结束,冬修运动就将出现一个比1958年气势更加磅礴的高潮。各地上工人数猛烈地增加,河北、河南两省上工人数都已达300万以上,山东、甘肃、湖北等省都已达100多万,广东省已达80万。各地专县和许多人民公社都建立了冬修指挥部,以水土保持为重点的地区还成立了水土保持工作指挥部,由书记挂帅、领导兴修。群众干劲冲天,浙江省浦江县一个公社2 000人的水利大军,仅仅4天就完成了一座蓄水70万立方米的水库。

---

① 《中共中央、国务院关于今冬明春继续开展大规模兴修农田水利和积肥运动的指示》,见中国社会科学院、中央档案馆编《1958—1965 中华人民共和国经济档案资料选编·农业卷》,中国财政经济出版社,2011 年,第389—391 页。

全国各地继续贯彻执行"蓄水为主、社办为主、小型为主"和大中小型工程相结合的方针。贵州省已开工的 1 105 处工程中,社队举办的小型工程为 870 处,大中型骨干工程为 235 处;安徽省修建小型水库达 10 多万处;其他如吉林、辽宁、内蒙古、宁夏、陕西、四川、广东、广西、福建等省区1959 年都发动人民公社大修小型蓄水工程,过去小型工程较多的地区也要继续大修。1959 年各地大中型骨干工程有了显著增加,这些大中型工程在解决投资、器材和技术方面多数强调了自力更生、自力解决为主,并且充分发扬了人民公社大协作的积极性。①

11 月 1 日,《人民日报》发表题为《擂起大兴水利的战鼓》的社论,号召各地响应中央号召,迅速掀起了全国性的群众性的水利建设高潮。社论指出,水利建设要继续坚持"以蓄水为主,以小型为主,以群众自办为主"的"三主"方针,但在有条件的地方可以搞大中型水利工程。用以蓄水为主的精神来治水,不仅可以免除水旱灾害,而且可以综合开发和利用水利资源,变水害为水利,满足各个时期农作物对水的需要,同时还可以发展发电、航运和水产等事业。小型工程是花钱少、收效快的工程,是培养水源和保护大、中型工程的基础。但是,有了小型还必须要有必要的大、中型工程,才能控制大、中河流的洪水。大、中、小型相结合,才能构成地表水和地下水互相为用的完整水利工程系统,才能最有效和最大限度地发挥水利工程的效益,也才有可能抵抗较大的旱涝灾害,保证农业生产稳定增产。兴修水利除了以小型为主、以蓄水为主以外,还必须以群众自办为主。因为水利建设的范围广、数量大,必须充分发动群众、依靠群众,才能解决人力、物力、经费、技术等问题。

社论说,人民公社在水利建设中发挥了巨大的威力,它不但可以大量兴建小型工程,而且可以在群众自办为主、国家支援为辅的方针下兴办中型甚至大型工程。以中型工程来说,公社化以前的 9 年期间,全国一共修建了 717 座,蓄水 103 亿立方米;公社化后一年间,就修建了 1 078 座,蓄水208 亿立方米,蓄水量为公社化前的两倍。

以群众自办为主修建大型工程,过去简直不敢想象,但公社化后成为现实。山东省临沂专区一年来修建了 6 个蓄水 2 亿立方米以上的大型水库,就是一个最突出的例子。临沂专区的许家崖、日照、唐村和会宝岭等 6

---

① 《成千上万水利工程纷纷开工》,《人民日报》,1959 年 11 月 1 日。

个大水库,是 1958 年秋天在突击秋收、秋种和大办钢铁的同时开始动工修建的。经过不到一年的艰苦奋战,有 5 处已经胜利竣工,另一处也即将完成。①

对人民公社办水利的优势,水利电力部部长傅作义作了解释:人民公社运动是我国水利水电建设迅速发展的力量的源泉。水利和水电建设需要对水的蓄泄作统一安排,需要上下游、左右岸各个地区人民的充分协作,需要有少数服从多数、局部服从整体、暂时利益服从长远利益的共产主义精神,才能实现水利和水电建设的合理规划。人民公社的成立正是我国农民在经济建设上要求扩大协作范围的结果,在它成立以后,又成为大规模进行建设的靠山。我国人民公社运动,是在河南省的信阳、新乡和河北省徐水等地首先发展起来的,而这些地区正是水利建设极为发展的地区。当地人民在兴办水利的高潮中,深深感到规模比较狭小的合作社不能充分满足经济建设协作的要求;再加上在整风"反右"以后,人民的共产主义觉悟提高,一大二公的人民公社就应运而生。比如要修一个水库,就必须淹没很多土地,水库区有很多人民必须迁移;要修一个渠道或一道堤防,也必须挖压很多农田。这在任何资本主义国家,都不是一个容易解决的问题,可是在我国实现合作化和人民公社化以后,彻底消灭了土地私有制度,这个困难的问题就变得轻而易举,水库区的人民不是像资本主义国家一样含着眼泪离开自己的土地,而是锣鼓喧天,欢迎欢送,一家迁安,万家幸福。水利建设是农业的基本建设,需要资金,需要劳力。在成立合作社和人民公社的条件下,劳动力统一安排,就可以富余出巨大的劳力以从事水利建设,土地统一安排,就可以根据宜农、宜林、宜牧的条件,在农业生产以外,治山治水,植树造林,增值眼前的财富,累积长远的财富。②

甘肃省在"三秋"结束的时候,迅速投入了 1960 年度的兴修水利和水土保持。甘肃省水利和水土保持运动的特点是:指标先进,规模宏伟,领导有力,组织健全,准备充分,措施具体和群众的雄心壮志空前高涨。甘肃省委提出了 1960 年度全省水建设全面的跃进计划:1959 年全省增加灌溉面积 350 万亩,1960 年增加实际灌溉面积 700 万亩;1959 年实际完成蓄水工程 2 亿多立方米,1960 年新修和续修蓄水工程 7 亿多立方米;1959 年完成

---

① 《擂起大兴水利的战鼓》,《人民日报》,1959 年 11 月 1 日。
② 傅作义:《水利和电力建设的大跃进》,《人民日报》,1959 年 10 月 11 日。

土石方工程 4.2 亿立方米,1960 年需要完成 8.8 亿立方米。许多指标和 1959 年度比较起来都是成倍翻番。9 月底举行的甘肃省委第十一次全体会议向全省人民发出号召:在秋收基本结束后,立即展开一个大办水利运动,动员占全省农村劳动力 30%~40%,即 150 万~200 万劳动力突击完成 1960 年能够发挥效益的水利工程。接着,甘肃省政府召开全省水利和水土保持誓师动员大会,要求大战一百天,完成 1960 年度水利任务的 80% 以上,为早日实现全省的库塘渠网化和水土保持高标准化而奋斗。在这之后,各专区、各县和各人民公社纷纷成立水利和水土保持运动指挥部,各级党委书记亲自挂帅,亲自上阵。在领导方法上,各级党委坚持大走群众路线和大搞群众运动。全省的水利工地展开了轰轰烈烈的超任务、超定额、超先进和比干劲、比措施、比进度、比实效的"三超四比"运动,竞赛热潮漫卷到各个角落。在作战方法上一开始就采取集中人力、组织大兵团、定期突击、大面积治理等。在按劳计酬、等价交换的条件下,组织专区与专区、县与县、公社与公社之间的大协作。1958 年由通渭、会宁、定西和静宁 4 个县大协作而获得水土保持高标准红旗的华家岭,1959 年冬 1960 年春仍然由这几个县继续协作,继续提高标准和扩大战果。为了提高工效、加速工程进度和节省劳动力,各地大闹工具改革。各种半机械化和土机械化工具在各个水利工地上纷纷应运而生。9 月底擂响大办水利的战鼓,到 10 月 15 日,投入水利战线的劳动大军达 123 万。仅 10 月 16 日这一天,就激增了 40 多万人。据《人民日报》报道:"从融冰化雪灌良田的河西走廊到水土流失重点区的董志塬,从中部干旱万阳沟壑区到水草丰美的甘南草原,已有蓄水一百万立方米以上的大中型水库六十多座、灌溉万亩以上的方型水渠六十多条和数以千万计的小型水利工程同时开展。真是花开遍地,万紫千红。"初步统计,甘肃全省半个月已经整修了水地 64 万亩和新修了水地 2.4 万亩,已控制水土流失 1 700 多平方公里。①

　　宁夏回族自治区冬修水利建设开始以后,群众发明创造越来越多,劳动效率越来越高。许多单位的平均日工效都超过了 5 立方米。从 10 月 1 日到 12 月 1 日,短短两个月的时间,已完成土石方 1 650 万立方米,增加灌溉面积 14.5 万亩,新修和整修大小沟渠 25 950 条。在开展以技术革新为

---

　　① 柳梆:《甘肃大兴农田水利增产粮食,一百多万水利大军挥戈跃马,鸣炮开山,牵龙上岭》,《人民日报》,1959 年 10 月 24 日。

中心的高工效运动中,各工地充分发挥了群众的创造性。南部山区水库主坝和渠道工地大量采用了架子车和手推车,西干渠工地有 50% 以上的民工实行了挑担,有些地区还推广了爆破松土和高线运输,提高了劳动效率。①

河南省边建设边利用的水利建设新高潮,创造出了辉煌的成就。在大忙的"三秋"里,始终保持着 300 多万人的水利建设大军。从 9 月 1 日到 10 月 11 日,完成大小渠道 60 多万条,打各种井 56 万多眼,共做土石方 1.969 8 亿立方米,为 9 月、10 月两个月水利工程计划的 109%,共扩大和改善灌溉面积 2 100 多万亩。②

内蒙古自治区哲里木盟、乌兰察布盟、昭乌达盟和伊克昭盟分别由盟党委第一书记挂帅,成立水利运动指挥部,抽调 30% 到 45% 的劳动力加强水利战线,力争完成 1960 年全年水利建设任务的 70% 到 80%。奋战在水利战线上的 30 万大军,在内蒙古党委号召的鼓舞下,从改革工具、革新技术入手,大搞高工效运动,加快工程进度。凉城县各人民公社充分利用旧材料,并发动社员搜集零星材料,使石门口水库工地实现了车子化,提高工效三倍。和林县石嘴子水库由 18 个民工集体创造的"一次揭冻皮、连环作业快速挖土"方法,平均提高挖土工效 1.2 倍。全区许多旗县和公社在集中力量修建大中型工程的同时,还发动更多的劳动力,突击兴建更多的小型工程,大抓 1960 年春受益的工程。莫力达瓦达斡尔族自治旗在山区以小型蓄水工程、掏泉除涝为主,在水源多的地区以引水自流灌溉为主,做到了因地制宜。从 11 月 20 日开始,1 500 余人投入兴修农田水利运动,已修成渠道 11 条、拦蓄工程 3 处,在修水库 2 座,完成土石砂方 6 万多立方米。③

黑龙江省从 1958 年"大跃进"以来兴建了许多水利工程,其中包括引用嫩江水灌溉的运河、蓄水量达 5 亿立方米以上的中型水库等中型骨干工程 70 多项、小型水库 6 000 多个、渠道 1 万多条,以及许多机井、水土保持工程等,能灌溉水旱地 1 500 多万亩。为了进一步发挥这些水利工程的灌

① 《规模大,效率高,劳力省,云南宁夏各族人民大力治水》,《人民日报》,1959 年 12 月 13 日。

② 《大战今冬明春,争取明年更大丰收,鲁豫皖湘苏桂水利战线一片活跃》,《人民日报》,1959 年 10 月 28 日。

③ 《广东、内蒙古全面兴修水利工程,贯彻"三主"方针根除洪涝旱三害,小型为主,大中小结合》,《人民日报》,1959 年 12 月 9 日。

溉潜力,1959 年冬季各地集中大批人马,在已经建立中型骨干工程的地区扩建渠系和平整土地,尽可能扩大灌溉面积。依安县出动 7 000 民工在 5 个中型水库周围修建田间支渠和平整土地,5 天就扩大灌溉面积 15 万亩。五常县改修老灌区渠道,增加灌溉面积 4.5 万多亩。汤原县将香芝灌区的拦河坝提高了 0.5 米,增加灌溉面积 2 万亩。1959 年冬新建的 70 多个中型骨干工程,都建在和小型工程脉搏相通的松花江的支流上,便于控制较大水旱灾害。对 1960 年不能发挥全部效益的新建中型水利工程,各地采取了分段、分期成套施工的办法,使其在 1960 年能灌溉一部分农田和起防洪作用。①

1960 年度黑龙江全省共动工修建大中型水库 35 座、小型水库 259 座,打机井 500 余眼,改造土井千余眼,新修与正修堤防 1 100 公里,共完成土方量 2.2 亿立方米,使用劳力 8 200 万个工日,增加排灌动力 6 万马力,相当于既有排灌动力的 62%。由于新建工程的投入生产,全省灌溉工程面积已达 1 500 万亩。这些工程不仅有效地抗击了洪涝灾害,而且在 1960 年这样严重自然灾害情况下,基本保证了农业生产的丰收。如龙凤山水库在哈尔滨处在洪峰水位时期拦蓄了牤牛河 1 200 立方米每秒左右的洪峰流量,不仅保卫了拉林河沿岸的广大村屯人民生命财产的安全与大面积农田免被淹没,而且也大大减轻了洪水对哈尔滨市的威胁。②

从 1957 年秋冬到 1960 年春,吉林省农田水利建设取得了较大发展。据统计,全省兴建了大量的农田水利工程,其中较大工程 12 项,包括海龙水库、石头口门水库、星星哨水库、二龙山水库、永舒榆灌区、左家水库、卡伦河水库、太平池水库等工程。其中南山水库、察尔森水库已下马,已完成太平池水库、卡伦河水库,其余 7 项有的已基本完工并部分受益,部分正在继续施工。同时,完成了主要河流包括洮儿河、挥发河、饮马河、东辽河、第二松花江丰满下游等流域规划。三年完成的基本建设投资总额 8 051 万元,占 1949 年至 1957 年 9 年完成投资总额的 146.4%(9 年完成投资5 536 万元),比"大跃进"前 9 年完成的基本建设投资多完成了 3 515 万元,超过46.4%;三年共完成土石方量 92 105 204 立方米,比前 9 年完成的

---

① 《规模超过往年,人力增加三倍,完工两万多处,浙江高速度治山治水,黑龙江积极兴建新工程扩大旧渠系》,《人民日报》,1959 年 12 月 12 日。

② 《1960 年水利工作总结和 1961 年水利建设任务的安排意见(草稿)》,黑龙江省档案馆:171 - 1 - 151。

土石方总量增加38.7倍;三年新修和正修江河堤防3 000多公里,十几条主要河流提高了抗御能力。全省已有57万公顷易涝耕地的得到初步治理,提高了防洪标准,减少了涝灾面积。全省工程灌溉效益面积达98万多公顷(水田42万公顷),占全省耕地面积4 809 967公顷的20.4%。[①]

本书根据档案材料对"大跃进"时期吉林省农田水利建设的具体情况作了简要总结,见表4:

表4 "大跃进"时期吉林省农田水利建设情况

项 目			完成总量	第一水利年度	第二水利年度
	土石方量		92 105 204 立方米	4 885 立方米	3 700 立方米
防洪治涝	主要河流小流域	江河堤防	3 000 公里		2 100 公里
		水库 大型	27 座		
		水库 中型	4 座	10 023 座	1 216 处蓄洪区新增 900 座
		水库 小型	1 589 座		
		塘坝	5 058 座	13 310 座	4 700 座
农田灌溉	打井		13 万眼;大井 2 652 眼	549 516 眼	水井 3.7 万眼 机井 1 200 眼
	增加机械排灌		14 万马力	68 005 马力	44 500 马力
	挖泉		1 万余处	22 48 处	10 000 眼
	截潜流				23 250 处
水电机械化	水电站		254 处(小型 193 处)		238 处
	装机容量		6 062 千瓦		5 642 千瓦
	水动力站		3 149 处,25 000 多马力		694 处

资料来源:吉林省水利局;《1959年全省水利会议报告》,吉林省档案馆,52－11－4卷;《鼓起革命干劲力争三年实现水利化》,吉林省档案馆,52－10－4卷;《吉林省1958年水利电力建设基本总结(初稿)1959年》,吉林省档案馆,52－11－10卷;《全省水利会议文件大跃进以来水利建设基本总结和1961年水利建设任务的安排意见》,吉林省档案馆,52－12－15卷;《大跃进三年来财务总结》,吉林省档案馆,52－13－13卷。

---

① 《大跃进三年来财务总结和1961年财务工作任务》(1961年),吉林省档案馆:52－13－13卷。

从表 4 可以看出,吉林省在第一个水利年度重视农田水利工程的农田灌溉工效,集中主要力量在修建水库和农田灌溉工程上,但没有注意到防洪治涝和实现发电;而在第二个水利年度期间,既注意到了防洪治涝,修建了江河堤坝 2 100 公里,占完成总量的 70%,修建蓄洪区 1 216 处(这与 1958 年夏季的洪涝灾害的发生有一定关系),也修建了占完成总量 90% 的水电站。"一五"期间的农田灌溉面积仅为 366 602 公顷,只占全省耕地面积的 7.6%。① 据初步统计,截至 1960 年 9 月底,吉林全省水利工程灌溉面积达 98 万公顷(水田 42 万公顷),占全省耕地面积 4 809 967 公顷的 20.4%。②

河北省 1959 年水利冬修工程规模巨大。唐河、滹沱河、漳河、滏阳河、滦河、永定河等河流上中游兴修了大型水库。各地山区已经兴修了大量的水平沟和鱼鳞坑等水土保持工程,仅新修的梯田就有 200 多万亩。在施工中,各地党组织深入发动群众,开展心红手巧、人人创造、百事革新的竞赛运动。王快水库的民工巧妙地运用卷扬机带土车,在大坝高 30 多米的情况下,达到每部卷扬机一分钟可运土 5 立方米。新乐县口头水库爆破能手张福,经过苦心钻研,创造成功了"五股钻心卧洞"爆破法,一次崩石头 1.03 万立方米。怀安县洋河大渠的民工创造了"连珠爆破冻土"法,一次崩冻土 1 200 多立方米。许多水利工地实现了运土车子化、车子滚珠轴承化、道路轨道化、装卸土自动化,加快了施工进度。河北省 1959 年冬兴修的农田水利工程,主要是依靠人民公社自力更生兴办,国家投资很少。许多人民公社在工地自办工厂,没有工具自己造,没有石灰自己烧,没有炸药自己做。③

浙江省各地参加水利施工的劳动力达到 1958 年同期的 4 倍,全省已经完工的各种水利工程有 24 811 处。1959 年冬浙江省水利建设的规模超过了以往任何一年,动工的时间也比往年提早一个多月。在冬修中,各地结合当地具体情况,贯彻了蓄泄兼顾、以蓄为主,治山治水相结合、以治山为主,大中小型结合、以小型为主,灌溉发电航运相结合、以灌溉为主,群众自办和国家必要的扶助相结合、以群众自办为主,新建与维修相结合、以新

---

① 吉林省水利局:《1957 年全省水利会议总结》,吉林省档案馆:52 - 9 - 3 卷。
② 吉林省水利局:《全省水利会议文件大跃进以来水利建设基本总结和 1961 年水利建设任务的安排意见》,吉林省档案馆:52 - 12 - 15 卷。
③ 《河北广东安徽水利战线革新技术,心红手巧工效高》,《人民日报》,1959 年 12 月 17 日。

建为主等一系列两条腿走路的方针。在山区、半山区大搞蓄水引水工程，向逐步建成完整的灌溉网、实现灌溉自流化进军。在平原地区，大力开展打坝并圩，整理、开辟河网，降低地下水位，发展机械排灌，实现排灌机械化，并积极发展电力灌溉。位于杭嘉湖大平原的吴兴县抽调 8 万多人，经过 10 天苦干巧干，完成了打坝并圩任务，并进行了渠道定线、测量放样；全长 4 700 公里的干、支、毛三级渠道的开挖任务已经落实到生产小队，并已开挖渠道 110 公里。滨海沿江的舟山、温州等地区，大修海塘和江堤，提高防台抗洪能力。瑞安县 3 万多民工，在东海之滨修建了一条长 60 公里、底宽 30 米的海堤。①

为了加快施工进度，各水利工地都发动群众大搞工具改革，开展高工效竞赛。据不完全统计，浙江全省已推广各种新式治水工具 28.2 万多件，使工效成倍地提高。金华专区开展工具改革运动后，有 220 处较大的水库工地实现了车子化。兰溪县推广各种新式工具 43 种共 7 万多件，有 33 处水利工地实现了运输车子化、夯土滚筒化、取土爆破化，大大加快了工程进度。义乌县岩口水库随着土坝越做越高，民工们创造了"神仙"滑轮、绳索绞盘、土卷扬机等上坝工具，工效迅速提高。② 到 1960 年春节前，全省有 18.2 万多处中小型水利工程完工并开始蓄水。据统计，到 1960 年 1 月 21 日止，全省原定的水利冬修土石方任务超额完成，已经完成的土石方超过 1959 年同期 1 倍多。③ 江苏省冬修水利运动开始后，先后有 20 多处大中型水利工程开工，结合秋播进行的平整土地、打圩筑畦等小型农田水利工程普遍开始，投入治水运动的有 65 万人。江苏省大兴水利运动是在克服了右倾思想以后掀起的，各专区、县、公社层层制订了大搞水利的计划。春节后动员投入水利建设的劳力超过占全部劳力 25% 的规定。④

安徽省各地人民公社在大抓"三秋"工作的同时，抽出 50 多万劳动力投入水利兴修运动，提早揭开了 1959 年冬 1960 年春大兴水利的序幕。由于人民公社能更合理地调配劳动力，因此，1959 年全省兴修水利的准备工

① 《规模超过往年，人力增加三倍，完工两万多处，浙江高速度治山治水，黑龙江积极兴建新工程扩大旧渠系》，《人民日报》，1959 年 12 月 12 日。

② 同①。

③ 《保证春耕用水，赶上春汛防洪，广东浙江安徽湖南等省冬春水利工程超额完成计划》，《人民日报》，1960 年 2 月 3 日。

④ 《大战今冬明春，争取明年更大丰收，鲁豫皖湘苏桂水利战线一片活跃》，《人民日报》，1959 年 10 月 28 日。

作比往年做得充分,动手比往年早。如阜阳专区已训练农民水利技术员3.3万多人,完成测量放样的河道长度达1.077万多公里,各种先进的治水工具准备了27万多件,并准备了石料12万多立方米、黄沙3万多立方米、砖头1 460万块、水泥500吨。①

安徽省在冬修水利运动中,充分利用机械动力治水,全省兴修水利的日平均工效由1959年11月上旬冬修开始时的2立方米增加到12月初的7立方米以上。全省各人民公社的水利工地上,挖、装、运、卸和夯实、排水等各个工中,都有机械动力代替人力操作如在挖土方面,用拖拉机松土;在运土方面,宿县张友道和著名的农民发明家龚培芝用3.5马力煤气机带动滑车运土器,一人开机器操纵、6人配合挖装土,在运距25米的情况下,日工效达300~350立方米,平均每人40~50立方米。这些地方利用机械动力代替人力操作以后,工效普遍提高1~10倍以上,劳动力则节省了一半。② 到1960年春节前夕,安徽省已经修成河道1 213条(共长4 660公里),建成水库1 674座,完成塘坝、沟渠、涵闸等工程17.3万多处,超额完成了原计划这一冬春水利建设的土石方任务。③

1959年连续战胜夏旱和秋旱、取得粮食大丰收的湖南农民,也开始了规模巨大的冬修农田水利运动。到1960年春节前夕,湖南省各地计划冬修的86万多处小型水利工程已经全部完工,其中新建的3万多座小型水库,已有2.3万多座修了渠道和溢洪道,达到了工程成套。各地兴建的大中型水利工程也有50多项基本完工,其中有25项做到了工程成套。全省兴修这些工程所做的土石方,比前一个冬春完成的土石方多60%。全省新旧水利工程已有70%以上开始蓄水。在水利冬修运动开始的时候,湖南省委就提出了早准备、早开工、早完工、早受益和保质量、保节约、保安全等口号,各地在贯彻执行这一方针和要求中,采取了分段突击的办法。第一阶段在抓紧大中型工程的同时,集中主要力量突击小型工程;第二阶段在抓紧小型工程扫尾、配套的同时,集中主要力量修建大中型工程。④ 湖

南全省有 600 多万劳动大军、30 多万干部走上水利工地,以"移山千座,开河万里"的英雄气概,开山劈岭,拦河筑坝,环山开渠,引水上山。一个冬春新建水库 3 万多座,其中坝高 15 米以上的水库 1 000 多座;共完成 11 亿土石方,相当于过去 10 年治水土石方总和的一半。常德县根治枉水,宁乡县综合治理沩水,衡阳县综合利用水源,涟源县全面治理涟水的干支流,这些工程都收到综合利用之效,是全面开发、综合治理的典型。①

云南全省到 1959 年底,10 万多处小型和 500 多件大中型骨干水利工程已全面开工,120 多万民工紧张地修筑堤坝、开挖渠道。云南省总结了 1958 年的经验,除根据云南高原的具体情况,在确定以中小型为主、永久性为主、自流灌溉为主等方针之外,同时抓紧了当前受益的工程,采取边修边用的办法,使大部分工程 1960 年都能蓄水、灌溉。玉溪县 1959 年把分布在平坝四周山谷里的 29 个大中型水库和 80 多个坝塘联结起来,组成一个比较完整的自流灌溉网,可灌溉农田 14 万亩。晋宁县的大河水库已完成 73%,蓄水 200 多万立方米。云南省在兴修水利中大搞群众运动,吸取 1958 年大搞工具改革保证高工效的经验,做到了省劳力、工效高。据红河哈尼族彝族自治州等 8 个专区(州)的统计,在上阵前就改良赶制出了牛、马车、手推车、飞兜、铁轨等各种水利施工工具 16.8 万多件和大量的爆破器材,一般筑坝工效都比 1958 年提高一倍以上。晋宁县大河干渠实现车子化、牛犁化、拉耙化以后,原计划 162 天完工的计划提前 98 天完成。②

广西壮族自治区有 25 万劳动大军奔赴水利工地。他们的口号是:大搞水利一冬春,力争明年基本消灭旱灾。广西壮族自治区 1959 年冬 1960 年春兴修水利的特点,是在过去大量兴修小型水利的基础上,再举办一批大中型的骨干工程。这批工程完工之后,就可与原有的 20 多万处小型水利联结起来,互相调剂,以大养小,形成一个长藤结瓜水利网。同时,大修农毛渠,整理排灌系统,建立大批抽水机站,以便充分发挥所有已建工程的效用。广西壮族自治区初步规划 1959 年冬 1960 年春的水利工程有 900 多项,灌溉面积 974 万亩,蓄水量等于历年兴修水利工程总量的一倍半。走在全区工程最前列的百色市澄碧河水库 3.7 万人、临桂县青狮潭水库 1.6 万人、来宾县 2.5 万人,开展了劳动竞赛运动,青狮潭水库在工地开展

---

① 胡继宗:《治水治山治土 改造自然》,《人民日报》,1960 年 5 月 3 日。
② 《规模大,效率高,劳力省,云南宁夏各族人民大力治水》,《人民日报》,1959 年 12 月 13 日。

了打擂台比武运动,使工效显著提高。[①]

广东各地在贯彻了八届八中全会精神后,广大群众改造自然的信心和勇气十分高涨,决定大搞水利。从广东省委到公社党委甚至生产大队总支部都成立了专门机构,均由党委亲自挂帅,加强对水利建设的领导,并充分依靠和发挥人民公社的优越性,打破历史常规,在 1959 年秋就开展了声势浩大的水利运动。这次水利运动高潮的特点是:准备早,动手早;大中小并举,规模大,高坝多;工具巧,工效高,进展神速;工程质量好;重视工程成套建设;各部门全力支援协作。截至 1960 年 2 月 10 日广东省水利现场会议召开时,水利运动已取得了巨大成绩。全省从 1959 年 10 月 1 日至 2 月 10 日,参加水利的劳动力累计有 32 607 万工日,平均每天达到 250 万人,共完成土石方 121 451 万立方米,超过全年任务的 73.5%,等于 1950 年至 1957 年 8 年完成土方总和的 3.5 倍。共完成万亩以下小型工程 205 203 宗,正在施工中的有 29 573 宗;完成万亩以上重点工程 206 宗,正在施工中的万亩工程 309 宗,合计 515 宗,比原计划增加 115 宗。完成受益面积 1 578 万亩,占全年计划的 79%,等于 1959 年全年完成受益面积 1 倍多;完成水土保持 1 508 平方公里,占全年计划的 75%;完成堤防岁修土方 8 297 万立方米,超额全年任务的 18.5%;农村水电站土建工程完成计划 75%,已有 229 站,完成装机发电 5 662.6 千瓦,占全年任务的 47%;渠系改建 741.23 万亩,也取得了很大成绩。工效直线上升,全省从 1959 年 10 月 1 日到 1960 年 2 月 10 日,累计平均工效已达 3.7 方,超过了省委 2.5 方的要求,比 1959 年提高 85%;运动以来平均(以 130 天计算)日进土量 934 万立方米,比 1953 年完成土方总数 577 万立方米还多 357 万立方米,最高日进土量 2 600 万立方米,等于 1955 年全年完成的总土方数。[②] 在全省开工的 5.06 万宗水利工程中,小型工程 4 万多宗,受益万亩以上大、中型骨干工程 445 宗。全部工程除大型工程和部分中型骨干工程由省、专区和县举办之外,绝大部分中小型水利工程由人民公社举办。各地在以蓄为主的方针指导下,除了新建大批引蓄水工程外,还千方百计提高现有引蓄水工程的引蓄水能力,如加高原有水库大坝、扩大原有引水口、延长原有引水渠道等。各

① 《大战今冬明春,争取明年更大丰收,鲁豫皖湘苏桂水利战线一片活跃》,《人民日报》,1959 年 10 月 28 日。

② 《抓紧时机,抓紧关键,把水利运动进行到底——刘副总指挥兆伦同志在省水利现场会上的总结》,广东省档案馆:266 - 1 - 74 卷。

地在以蓄水为主的基础上,还特别注意以河流为对象进行全面规划,综合治理、开发和利用。饶平县汤溪水库工程,就是以黄岗河为对象,根治河流水害和灌溉、发电的综合性工程。各地在小型工程遍地开花的基础上,积极兴办大中型骨干工程,并且注意使大中小型工程结合起来,逐步形成一个比较完整的水利工程体系。如东江流域上、中游地区的新丰江水电站和白盆珠水库等大型工程,黄田水库等中型工程和其他许多小型工程,以及下游地区的堤防工程、水土保持工程结合起来后,逐步形成了一个比较完整的水利体系,可以初步控制河流,使这些地区可以免除洪水威胁和消灭旱灾。各地在贯彻以社办为主的方针中,不仅依靠人民公社大办小型水利工程,而且依靠人民公社举办中型骨干工程,充分发挥人民公社的优越性。兴宁县兴办的33项骨干工程中,除了开凿运河和加高合水水库工程由县主办之外,其余一律由公社主办。[①]

山东省是1960年全国水利建设高潮的典型。山东各地在秋种中大搞畦田化、园田化、渠道系统化之后,一个规模壮阔、声势浩大的水利建设运动的序幕已经揭开。从1959年10月以来,全省有900万人参加水利建设运动。到1960年1月25日止,已经提前完成大中型工程44项,小型水库、塘坝、蓄水池数万处,引河、引泉8 132处,打井11 767眼(包括机井2 329眼),改造良井2万多眼,新挖和整修各级灌溉渠道36.759 4万条,长达44万多里,修建各种建筑物20 245万座,共计完成土石方工程30亿立方米,占全年任务的75%。这些工程可扩大灌溉面积1 523万亩,改善灌溉面积951万亩,加上原有的灌溉面积,已达到8 691万亩,全省5 000万农业人口平均每人已占有水浇地1.73亩。控制山区水土流失面积已达3.6万多平方公里(新增5 000多平方公里),占全省总水土流失面积的72%以上。已治理和改善的涝洼地占全省涝洼面积的86%。在大办水利运动中,山东省各人民公社都坚持了自力更生、就地取材、土法上马、土洋结合的原则,做到了多、快、好、省。曹县各人民公社已经建成的356座大小建筑物和正在施工的14座水电站,所需物料全部由自己解决。全省1959年冬1960年春开工的255项大中型工程,其中有193项是以公社为

---

① 《广东内蒙古全面兴修水利工程,贯彻三主方针根除洪涝旱三害,小型为主,大中小结合》,《人民日报》,1959年12月9日。

主兴办的。①

在治山治水方面,山东全省都有很大发展,特别是临沂地区,在全区范围内掀起了规模巨大的、以灌溉兴利为目的、以千库万塘为中心、大中小相结合的水利建设新高潮,并结合灌溉渠系的修整,开展了耕地园田化运动,采取了一统(统一规划)四化(水利化、耕地园田化、大地园林化、道路规格化)八结合(蓄、灌、排、林、圈、池、场、路相结合)的高标准治理方法。1959年冬1960年春完成了726万亩麦田和春田的园田化,使全区面貌发生了根本变化。在进行大中型工程的同时,临沂地区以水为纲,大搞小型的千库万塘运动,并结合整修灌溉系统,突出地抓住深翻整平土地,大搞耕地园田化和大地园林化。

对平原涝洼盐碱地的改造,山东省初步摸索到一些经验。渤海海滨的无棣县在大改盐碱地后,摘掉了苦海沿边碱场涝洼的低产帽子,提前8年实现了全国农业发展纲要规定的粮食指标,昔日盐碱地,今日米粮川。饱受风沙海浪荒碱之苦的日照县涛雒人民公社,结合封滩造林,对盐碱滩洼采取了筑坝建闸、挖方筑堤的办法,既防止了海浪的侵袭,保护了盐田、农田,又利用了原来碱荒不毛之地进行栽蒲种稻和大量的海产养殖,成为"林带望不断,蒲汪片连片,水稻大丰收,渔盐齐发展"的鱼米之乡。在滨湖涝洼地区,有金乡县的以蓄水与调水、河网与机械排灌相结合的河网化经验。在平原洼地,采取河网化的办法是治水的根本方向。曹县八化一体的河网工程是平原洼涝盐碱地区彻底解决旱、涝、盐碱三害的根本措施,是改变自然面貌最彻底的方法。②

据新华社1960年2月20日的报道,全国各地的水利大军,不畏风雪严寒,挖开硬土坚石,大干、苦干、巧干一冬天,已经修成了各种水库、塘坝、河渠、涵闸、机井等水利工程310多万处,可扩大和改善灌溉面积2亿亩左右。全国已经有河南、陕西、安徽、甘肃、湖南、江西、浙江、广东、青海等9省提前完成或超额完成了计划,全国完成的土石工程在200亿立方米以上。全国水土保持工程的计划大部分也已经完成,进度比1959年同期快一倍。由于自然条件不同,南方各地的小型工程完工比北方早。广东、广西、湖南等省区1959年年底就已经修成了大量的小型工程。江淮流域的

① 《依靠公社强大威力,水利建设多快好省,山东千山万水面貌一新》,《人民日报》,1960年2月16日。

② 《英雄人民改造山河,李澄之代表谈山东水利建设成就》,《人民日报》,1960年4月10日。

小型工程到春节前也大都完工。北方的小型工程春节前完成 80%，有些到春节后还在继续施工。全国水利工作大检查的材料证明，全国已修成的工程 90% 以上都合乎质量要求，需要修补的一般只占 4% 到 5%。各地在冬修中，对续修和新修的工程都注意了工程配套的问题。已完工的水库、坝塘等工程有不少同时修好了渠道，平整了土地，做到了库成渠通、水到地平。不少蓄水工程已经蓄上了水，有的已开始浇灌春地。安徽省已完成的各项新旧蓄水工程都开始蓄了水，到 2 月 15 日，蓄水量达 70 亿立方米，能够保证春耕作物用水和小麦春灌的需要。湖南省新建的 3 万多座小型水库，有 2 万多座修了渠道和溢洪道，达到工程成套，已完工的 50 多项大中型工程也有一半做到了工程成套。①

总之，在 1960 年，国家对农业、林业、水利、气象部门的预算内投资达到 36.8 亿元，比上年增长了 53.3%，加上国家在财政信贷方面给予农民的支援共达 49 亿元，同时适当减轻了农业税负担。可以说，"三年来，依靠人民公社的伟大力量和国家的支援，进行了很大的农田水利建设，从而一定程度上减轻了严重自然灾害所造成的损失"。②

当然，1960 年度的水利建设在人民公社发展生产和农村工作安排，以及干部领导作风上也有许多不够恰当的地方。如甘肃省在 1960 年度的水利建设上就有此类问题。1960 年 1 月，"甘肃省委布置修建容量百万立方米以上的水库 209 座，本年度完成 191 座，蓄水库容 28 亿立方米。到 1960 年 9 月底，实际完成 21 座，占原计划的 1/10；蓄水库容 3.96 亿立方米，占原计划的 1/9。动员劳力最多的时候，达到 270 万人，除专区以上专业队 7.5 万人由国家发给工资以外，其余都是义务工，吃用由公社负担"。各级领导干部对农业估产偏高，"误认为粮食相当多，安排水利和农田基建任务过大"，"对农业生产盲目乐观，增加城市人口，从农村抽调劳力，数目都过多"，"粮食安排不落实，一方面，口粮指标高，穷日子当富日子过，吃粮前松后紧。另一方面征购任务积水利建设用粮挤了口粮、饲料，这是今年一

① 《祖国大地遍布水库塘坝河渠涵闸机井的繁星，全国冬修水利工程三百万处》，《人民日报》，1960 年 2 月 21 日。

② 国家统计局：《1960 年国民经济计划执行情况》，见中国社会科学院、中央档案馆编《1958—1965 中华人民共和国经济档案资料选编·固定资产投资与建筑业卷》，中国财政经济出版社，2011 年，第 256 页。

部分县、社发生事故的重要原因"。① 这不但增加了人民公社的负担,而且占用了大量农业劳动力,人为地加剧了当时自然灾害造成的困难,使甘肃省非正常死亡人数增加。

第六节 "大跃进"时期大办水利的利弊得失

大办水利促进了"大跃进"的高潮,也成为农业"大跃进"运动的重要标志性成果。"大跃进"过程中农田水利建设取得了哪些成绩,这是当时及后来人们关注的问题。"大跃进"时期的水利建设取得了空前成就,是人们较为普遍的看法,大量历史事实可以证明。

1959 年 4 月,傅作义指出:1958 年全国共完成土石方 580 亿立方米,扩大灌溉面积 4.8 亿亩,初步治理洼涝面积 2.1 亿亩,初步控制水土流失面积 32 万平方公里,"我国水利建设事业这样的发展速度、建设规模,都创造了世界水利建设史上的奇迹"。② 1960 年 4 月,他又对 1959 年农田水利建设成绩作了总结:全国共建成蓄水 1 亿立方米以上的大型水库 31 座,共可蓄水 100 多亿立方米,建成中型水库 1 000 多座,万亩以上的灌区 1 200 多个,另外,还有大量的小型工程。共计完成土石方 130 亿立方米,扩大灌溉面积 7 000 万亩,初步实施水土保持措施面积 8 万平方公里,初步治理洼涝面积 6 300 万亩,发展机械排灌 140 万马力。③ 他指出,在 1959 年冬至 1960 年春的水利运动中,全国水利工地上的工人数最多时曾经达到 7 700万人,全国扩大和改善的灌溉面积已经超额完成了 2.6 亿亩的计划;完成治涝面积 4 000 万亩,完成土石方 270 多亿立方米,超额完成了原定 250 亿立方米的计划任务。④ 李葆华也指出:"水利建设的成就和发展速度是我国历史上所从来不曾有过的。"10 年间共增加灌溉面积 7.6 亿亩,其中仅

---

① 《中共中央批发甘肃省委〈关于贯彻中央紧急指示信的第四次报告〉的重要批示》,见《建国以来重要文献选编》第 13 册,中央文献出版社,1996 年,第 735 - 739 页。

② 傅作义:《印度扩张主义者在西藏叛乱中扮演了很不光彩的角色》,《人民日报》,1959 年 4月 24 日。

③ 傅作义:《再进一步征服山河》,《人民日报》,1960 年 4 月 10 日。

④ 同③。

1958年就增加了4.8亿亩,为新中国成立前几千年所累积完成的灌溉面积的两倍。①

结合当时的档案材料,可以充分证明,"大跃进"时期水利建设取得了空前成就,为农业生产的发展创造了有利条件,也为此后的水利建设打好了基础。时任广东省水利厅厅长刘兆伦在1961年广东省水利会议上的报告中指出,水利建设运动经历三年的"大跃进"和一年的巩固提高以后,已初步改变了广东省的自然面貌,初步形成了以大、中型为骨干的水利系统,为实现水利化奠下了稳固的基础。水利建设的伟大成就成为农业"大跃进"的主要标志。广东省的成绩主要体现为:(1) 全省用12亿多个劳动工日,共完成土方11.2亿立方米、石方2 656万立方米、混凝土方229万立方米,相当于新中国成立后8年完成土方总和的三倍多。兴建大型水库25座、中型水库172座,连"大跃进"前兴建的中型水库18座,共有215座。其中已基本完成配套的30座、库区已完灌区未完的22座、灌区已完库区未完的21座、库区灌区均未完成的120座,下马22座,小型水库则近千座。这就大大改变了"大跃进"前存在的零散不系统、骨干少、标准低的缺点,并改变了水利工程的分布状况,使许多水利很落后的地区改变了面貌,赶上先进地区。(2) 在灌溉方面,全省共有可供灌溉的蓄水工程蓄水库容133.3亿方,引水工程引水流量约1 600立方米每秒;蓄引水工程连同机械、电动排灌工程、井灌工程等,合计共有水量230亿立方米,比"大跃进"前的130亿立方米增加77%。(3) 在机电排灌方面,1958年以来,全省排灌机械由3.9万匹马力增至16.3万匹,出现了"大办水利大增产,小办水利小增产"的局面。②

1960年6月,河南省将"大跃进"以来水利建设成就与新中国成立后8年的成就作了对比后指出,"大跃进"的1958年和继续跃进的1959年水利建设的成绩是惊人的,共计完成中小型水库18 000多座,为新中国成立后8年的8倍多;开挖渠道104 000多条,为新中国成立后8年的110%,其中灌溉万亩以上的渠道200多条、塘堰坝83万多处,为新中国成立后8年的246%;打井60万眼,为新中国成立后8年的72%;添置水车33万部,为新中国成立后8年的79%;添置动力排灌机械33万多马力,为新中国成立后

---

① 李葆华:《高举红旗,大搞水利运动》,《人民日报》,1959年9月28日。

② 《继续贯彻"八字"方针,积极办好水利建设——刘兆伦厅长在1961年全省水利会议上的报告》,广东省档案馆:266-1-82卷。

8 年的 7 倍多。特别是完成了 4 处大型引黄灌溉工程,开工了 3 座大型水库,修建了大量的水电站和水力站。两年内增加灌溉面积达 2 784 万亩,为新中国成立前原有灌溉面积的 446%,为国民经济恢复时期的 5 倍多,为第一个五年计划时期的 5 倍多,为第二个五年计划时期的近 1 倍。①

1962 年 11 月,湖南省委对"大跃进"以来湖南省水利建设取得的成就进行了总结:全省大小水利工程 263 万处,比 1957 年增加 11%,其中水库有 39 075 座,为 1957 年的 12 倍;新建大型水库 10 座、中型 72 座。蓄引水量全省达 208 亿立方米,其中有效水量 173 亿立方米,较 1957 年增加 60%。保证灌溉的田地面积达 1 956 万亩,较 1957 年增加 15%。其他水利设施也都具备了一定规模。由于水利工程的迅速建设和灌溉面积的不断扩大,抗御自然灾害的能力有了显著增强。②

1961 年 1 月 9 日,国家统计局在给有关部门的报告中对近三年来的水利建设成绩给予了肯定。报告指出,1958 年至 1960 年,我国共建成大型水库 99 座,为前 8 年(1949 年至 1957 年)的 5 倍;建成中型水库 1 100 多座,为前 8 年的 14 倍;建成小型水利工程 10.8 万多处,为前 8 年的 1.4 倍;三年中共完成土石方 1 000 亿立方米,为前 8 年的 11 倍。1960 年全国灌溉工程控制面积③已达 9.5 亿亩,占耕地面积的 59%,比 1957 年增加 4.3 亿亩;水土保持的初步控制面积已达 48.7 万平方公里,占水土流失总面积的 32%,这对战胜严重的水旱灾害、保证农业增产都起了重大作用。④

1961 年 11 月 25 日,水利电力部党组在给中共中央《关于当前水利工作的报告》中认为,全党全民经过三年"大跃进"的奋斗,确实在水利方面取得了伟大成就。该报告指出:(1)全国灌溉面积:1949 年可灌面积为 2.4 亿亩,1957 年为 4.5 亿亩,1960 年曾统计为 10 亿亩以上,经各省初步核实有效灌溉面积为 6.7 亿亩。1957 年的保证灌溉面积为 3 亿亩,1960 年曾统计为 5 亿亩,经各省初步核实为 4.5 亿亩。(2)机电排灌设备:1949 年为 9 万马力,1957 年为 56 万马力,1961 年为 600 万马力。其中电力排灌 1949 年基本没有,1957 年为 5 万千瓦,1961 年底达 100 万千瓦。

---

① 《河南省解放以来水利建设的基本情况和今后意见》,河南省档案馆:J123-8-729 卷。

② 《中共湖南省委关于进一步做好水库移民工作的指示》,湖南省档案馆:141-1-2099 卷。

③ 灌溉工程控制面积是指水利工程在建成后(包括配套工程)设计规定能灌溉的面积。

④ 国家统计局:《近三年来的水利建设情况与问题》,见中国社会科学院、中央档案馆编《1953—1957 中华人民共和国经济档案资料选编·农业卷》,中国物价出版社,1998 年,第 459 页。

（3）大型水库（包括水电站及其他部门主办的）：1949 年 5 座，1957 年 21 座，1960 年动工兴建与续建的曾达 300 座。在这 300 座中，截至 1961 年已建成与基本建成的 87 座，已拦洪尚未建成的 84 座，共 171 座。连同 1960 年以前建成与基本建成的水库，共计 139 座，已拦洪尚未建成的 87 座，两项合计 226 座。①

总之，在第二个五年计划时期，农、林、水利建设发展迅速，农业抗御自然灾害的能力有所加强。据统计，国家对农、林、水利、气象建设共完成投资 136 亿元，比第一个五年增长两倍多，占全国投资总额的 11.4%。在农、林、水利、气象建设投资中，水利投资 95 亿元，占 69.6%。水利建设扩大了灌溉面积，整治了易涝洼地，加强了防洪能力。1958 年至 1962 年，全国受灾的耕地面积累计达到 35.3 亿亩，依靠人民公社的集体力量和水利建设成就，得以使灾害的程度减轻，使成灾面积减为 13.6 亿亩，只占受灾面积的 38.5%，而第一个五年时期占到 48.6%。②

在新中国成立 50 周年之际，水利部农村水利司编著出版的《新中国农田水利史略》对"大跃进"时期水利建设的成绩给予了充分肯定，指出"大跃进"运动中的农田水利建设，在连续两年的冬春修中，都出动了上亿的劳动力，从开工处数之多和完成土石方数量之巨，都是空前未有的，全国很多大型水库和大型灌区都是在这一时期开工兴建的，至于中小型工程更是遍地开花，数不胜数。这些工程除其中一小部分由于质量太差或缺乏水源等原因被废弃外，大部分经过以后几年的整修加固、续建配套，还是可以陆续发挥作用的。像横跨安徽灌区和河南两省的淠史杭、内蒙古自治区的三盛公、北京的密云水库等大型枢纽工程都是这一时期建成的，这些工程为这些地区灌溉事业的发展提供了基本条件。据 1962 年经过核实后的数字，1962 年比 1957 年实际增加灌溉面积 5 538 万亩。同时，这次全民性的水利运动对进一步摸清水土资源，掌握治水规律和培养、锻炼水利队伍都起到很大作用。③《水利辉煌 50 年》一书也认为：此时期水利工作提出了以

① 《中共中央批转水电部党组〈关于当前水利工作的报告〉》，见《建国以来重要文献选编》第 14 册，中央文献出版社，1997 年，第 859 页。

② 国家统计局：《第二个五年计划时期我国基本建设的主要情况》，见中国社会科学院、中央档案馆编《1953—1957 中华人民共和国经济档案资料选编·农业卷》，中国物价出版社，1998 年，第 464 页。

③ 水利部农村水利司编著：《新中国农田水利史略》，中国水利水电出版社，1999 年，第 13 页。

小型工程为主、以蓄水为主、以社队自办为主的"三主"方针,兴起了大规模的兴修水利群众运动,在许多地方取得了相当成绩,建设了大量工程。根据 1961 年的统计,"大跃进"期间修建了 900 多座大中型水库,主要集中在淮河、海河和辽河流域。灌溉面积从 4 亿亩增加到 5 亿亩,对当时的防洪、抗旱、排涝起到了很大作用。

此外,部分省份的水利官员及个人对各省"大跃进"时期的水利成就也给予了高度评价。如时任山东省水利厅厅长的王玉柱对山东省水利建设成就给予高度肯定:"人们不会忘记那如火如荼的 50 年代,水利工程的建设者们在极其困难的条件下,所开创的治水奇迹:为沂沭河流域的洪水出路而开山劈岭;在百万余亩荒碱地上,建立起科学的引黄灌溉、排水系统;在全省各主要河道上,百余座大中型水库群,同时以惊人的速度拔地而起;多种多样的群众性小型工程,也如雨后春笋蓬蓬勃勃地建立起来。人们不会忘记,由干部、技术人员和千百万民工组成的治水大军,为这一伟大事业,夜以继日忘我劳动,常年战斗在工地上,以热血和汗水、青春甚至生命,在勾绘的这幅蓝图上,实现了他们人生的自我价值。这是艰苦的年代,是无私奉献的年代,也是为山东水利事业奠定基础的年代。"①

2006 年,山西水利发展研究中心的渠性英对山西省在"大跃进"中掀起的水利建设运动作了这样的阐述:高潮期间,水利工地上劳动力多达 400 万人。平原、丘陵、高山上到处有开渠筑坝、挖泉打井、修水库、截潜流、排涝改碱、引水上山等多种多样的改造山河的战斗。汾河水库、漳泽水库、册田水库、关河水库、后湾水库以及夹马口、小樊等大型电灌站都是在这个时候动工兴建的。这三年全省建设了一大批水利骨干工程,为山西省以后的水利事业奠定了基础。②

"大跃进"时期的水利建设取得了空前的成绩,这是应该给予充分肯定的,但是否也存在着一些失误和缺点?如何正确估计和看待这些失误和缺点?这一问题在"大跃进"时期便有较大争议,目前学术界对"大跃进"时期农田水利建设得失的认识分歧,也主要集中在这里。

关于"大跃进"时期兴修水利的得失问题,主要有两种观点:

(一)水利化运动有得有失,得大于失,成绩是主要的,但也有不少失

① 王玉柱:《壮丽的画卷——山东省水利建设五十年》,《山东水利》,1999 年第 10 期。

② 渠性英:《三晋水利建设"三步曲"——建国以来山西水利建设的实践与回顾》,《党史文汇》,2006 年第 7 期。

误和值得汲取的教训。

这种观点是学术界的主流意见。水利部农村水利司编著的《新中国农田水利史略》指出:这次全国性规模空前的群众性治山治水运动,虽然取得了多方面的成果,但由于社会主义建设经验不足,对经济发展规律和中国经济基本情况认识不足,在农田水利建设中提出了不少不切合实际,甚至违背科学常识的口号,如要求"在两三年内基本消灭普通水旱灾害";在华北平原提出"一块地对一块天"大搞平原蓄水工程;在群众性农田水利运动中,片面提倡"共产主义协作"、"大兵团作战"等口号,使得瞎指挥、浮夸风和一平二调的"共产风"在水利运动中愈演愈烈,严重挫伤了群众兴修水利的积极性,造成了人力物力上的大量浪费,并给以后的水利工作遗留下了很多难以解决的问题和大量的维修、配套、加固、保安工作量。由于不少工程不按基建程序办事,缺乏前期工作,仓促上马,违反自然规律和人力物力的可能条件,因而造成很大损失。例如在黄河下游修建的花园口等大型拦河引黄枢纽,在缺乏排水设施的情况下发展引黄灌溉,大引大灌,引起了大面积的土地盐碱化,结果是"一年增产,二年平产,三年减产,四年绝产",最后不得不毁闸平渠,被迫停灌,造成大面积的农业减产。又如甘肃省"引洮上山"的跨流域引水工程,不顾当时物力、财力和技术可能条件,在缺乏认真调查研究、勘测设计和论证的情况下,仓促上马,搞"人海"战术,终因力不从心被迫下马,造成人力、物力的很大浪费,严重挫伤了群众兴修水利发展生产的积极性。①

《水利辉煌50年》一书也指出,此时期农田水利建设也存在着严重的片面性:片面强调小型工程、蓄水工程和群众自办的作用,忽视甚至否定小型与大型、蓄水与排水、群众自办与国家指导的辩证统一关系,在水利建设中规模过大,留下了许多半拉子工程,许多工程质量很差,留下许多后遗症。例如"大跃进"期间由于兴建水利工程而搬迁的大约300万移民,大多数没有得到很好地安置,遗留问题严重;再如由于盲目建设蓄水和灌溉工程而忽视了排水工程,一度在黄淮海平原造成严重的涝碱灾害和排水纠纷等。②

王玉柱在阐述"大跃进"时期山东水利建设的不足时说:"实践使人们

---

① 水利部农村水利司编著:《新中国农田水利史略》,中国水利水电出版社,1999年,第13页。

② 《水利辉煌50年》编纂委员会:《水利辉煌50年》,中国水利水电出版社,1999年,第7页。

认识到,50 年代建成的大批水库和引黄涵闸,虽然具备了灌溉增产,还需要大量的排灌渠系配套和完善管理。否则,只能大水漫灌。在易涝易碱的黄泛平原,大水漫灌不仅不能增产,还造成了大面积土地盐碱化并加重洪涝灾害。已经建成的大批水库,没有灌溉工程配套,同样不能增产。例如,东平湖水库曾经蓄水 20 余亿立方米,由于灌区没有开发,只得把水白白放掉,还因泥沙淤积减少数千立方米的库容。""50 年代'有了水就有粮'的愿望是积极的。但以愿望代替计划作为指导生产的依据,就必然出现偏差,造成人力、财力、物力的重大损失。"[①]

经济报社的武力主编的《中华人民共和国经济史》一书在论述到"大跃进"在经济建设方面的成就时也指出:"从 1958 年初开始,广大农村掀起了兴修水利的高潮。虽然由于不量力而行,半拉子工程很多,当时的经济效果很差,有的工程事前对水文地质勘测不够,草率上马,遗留问题很多,但这些工程的大部分经过修改续建,在后来也确实发挥了作用。特别是这几年对黄河的治理应该说是有成效的。"[②]

山西省水利厅的张荷对山西省"大跃进"时期的水利建设成就作了评述:"从 1958 年起,4 年内全省先后兴建水库 1 752 座,设计总库容 37 亿立方米。库容在 100 万立方米以上的 190 座水库,原设计灌溉面积为 46 万立方米/小时,到 1962 年实际配套受益仅有 13 万立方米/小时,只占设计面积的 27%;因标准低、质量差而不能安全渡汛的水库有 121 座,占水库总数的 60%;因规划设计不合理或根本没有设计而草率上马以及不需建而建、应迟建而早建、需小建而建大了的就有 51 座,占 26%。但从另一方面客观地分析,三年'大跃进'中依靠人民群众建成的水利骨干工程却为山西水利奠定了基础。"[③]

(二)"大跃进"时期的水利建设有得有失,失误太多,得不偿失;在肯定成绩的同时,强调水利建设运动中的重大失误和严重不足。

"大跃进"期间担任国务院副总理兼国家计委副主任的薄一波在《若干重大决策与事件的回顾》中指出:发动"大跃进",是党在 50 年代后期工作中的一个重大失误;连续三年的"大跃进",使我国经济发展遭遇到严重的挫折,教训非常深刻。1957 年 9 月空前规模的农田水利建设运动的掀

① 王玉柱:《壮丽的画卷——山东省水利建设五十年》,《山东水利》,1999 年第 10 期。
② 武力主编:《中华人民共和国经济史》上册,中国经济出版社,1999 年,第 457 页。
③ 张荷:《山西水利建设 50 年回眸》,《山西水利》,1999 年第 5 期。

起,实际上吹起了农业"大跃进"的号角。他在评价"大跃进"的得失时,首先肯定了水利建设所取得的成绩,但认为这些成绩的取得也付出了极大的代价,而且有些成绩实际上也没有完全拿到手,第一个回合①的"大跃进""是得不偿失的"。他说:"由于盲目施工等原因,农田水利基本建设的后遗症也不小。时任华东局第一书记、曾经大力倡导农田水利建设搞群众运动的柯庆施,1962年6月2日在华东局扩大会议上,在谈到华东地区水利建设的教训时,也承认1958年以来,国家投资22.8亿元,修大型水库20多座、中型水库300多座、小型水库2 000多座,占用耕地2 600万亩,移民近2 400万人,已迁237万人,但不少工程不配套,现在还不能发挥效益。有些工程打乱了原来的排水体系,加重了内涝和盐碱化。我们花的钱和器材不少,而事情却没有办好,有些甚至办坏了,许多钱被浪费了。"②

时任电力工业部水电总局局长李锐在《"大跃进"亲历记》一书中,专门设"水利化运动及其灾难"一节来阐述"大跃进"时期水利建设的重大失误问题。他在该节题目中用"灾难"二字来概括"大跃进"时期的水利建设,可以看出他对当时水利化得失的明确态度。在该节中,他用"'三主方针'淮河流域的危害"、"引黄灌溉的失败"、"半途而废的引洮工程"三个事件作标题分别加以论述,最后对"大跃进"时期水利化运动作了这样的总评价:关于"大跃进"时期"水利化运动"中出现的问题,这里只谈了以上影响较大的三个事,其他种种就从略了。从1960年结束"大跃进"的30年之后,1991年淮河流域发生严重洪涝灾害。可是并非"百年一遇"的大洪水,而是10年至20年一遇的洪水,各水文站水文却普遍高于1954年特大洪水。洪水虽被大堤锁住,但干流水位高居不下,向支流倒灌,于是形成空前"关门淹",涝灾面积竟占整个受灾面积的80%,达五六千万亩。这就不免使人想起,这几十年水利工作尤其是治淮到底存在什么问题呢? 他引用了全国政协副主席、前水利部部长钱正英在讨论治淮的会上说的话,"回头看,对于怎样根治淮河,我们还没毕业"来表明了自己对"大跃进"水利化运动的否定看法。他尖锐地认为:"我要提的问题却是:既然近半个世纪的治淮主管人自称还没有毕业,那么,你所付出的学费究竟有多少呢? 为什

---

① 薄一波认为连续三年的"大跃进"大体可分为两个回合:1958年的"大跃进"为第一个回合;1960年的继续"大跃进"为第二个回合。薄一波:《若干重大决策与事件的回顾》下卷,中共中央党校出版社,1993年,第709页。

② 薄一波:《若干重大决策与事件的回顾》下卷,中共中央党校出版社,1993年,第711-712页。

么不一一数来呢?"①从事党史研究工作的吴其乐在考察了福建省"大跃进"后也认为:"闽北的'大跃进'运动,应该说是有得有失,但是,失大大地超过得,最终是得不偿失。"②

本书认为,"大跃进"时期的农田水利建设取得了空前成就是无法抹杀的历史事实;同时由于水利化运动是在"大跃进"特殊的背景和政治环境中展开的,由于"左"倾思潮泛滥及水利建设上缺乏经验,因而此时期水利建设过程中难免出现一些失误,办了一些错事,犯了一些错误,这也是不能否认的。究竟"大跃进"时期水利建设上出现了哪些失误?这是需要认真总结的。实际上,当"大跃进"水利建设高潮结束,人们冷静下来之后,已经认识到其中的失误和偏颇,从中央到地方都进行了总结和反思。

1960年10月3日,陈云致信毛泽东说:"去年水利大军多了些,吃粮多了些,工程项目多了,这是今后应该注意的。但是,如无去年(包括'大跃进'以来)的大搞水库,今年鲁冀两省淹掉的土地不是现在的各一千多万亩,而必然是各三千多万亩。免灾所得的粮食比水利大军吃掉还多些。所以去年水利搞多了,应作为教训,但看来不宜深责。"③陈云对"大跃进"时期兴修水利得失的看法,显然是比较客观公允的。

1961年11月25日,水利电力部党组在给中共中央《关于当前水利工作的报告》中,也检讨了三年"大跃进"水利建设的偏差和问题。该报告明确承认:水利的发展是不平衡的。有的地方,规划对头,工程做得很有成效,基本解决了水利问题。也有个别地方,规划不对头,工程全无成效,甚至破坏了原有的水利设施。总体来说,这两种情况都属少数。大多数的情况是,既取得了伟大成就,也发生了不少问题。问题主要是:尾工配套任务大;移民未安置好;冀鲁豫部分地区发生碱化和水利纠纷;老工程失修,破坏严重;管理工作跟不上。该报告还指出:在上述问题中,当前的中心问题是管理工作跟不上。在三年大发展中,很多地方集中力量搞新工程的建设而忽视了管理工作,以致建设与管理严重脱节。不少地方水利效益逐年降低,甚至工程遭到严重破坏。河南省白沙水库灌区是国家举办的大型工程,1955年建成,1958年扩建,由省设专管机构管理,灌溉效益逐年扩大,1959年实灌面积达到47万亩。但是近两三年来,由于管理权限下放,一个

① 李锐:《"大跃进"亲历记》(下),南方出版社,1999年,第256页。
② 吴其乐:《闽北"大跃进"之反思》,《福建党史月刊》,1998年7期。
③ 《陈云文集》第3卷,中央文献出版社,2005年,第271-272页。

统一的灌区变成由受益县、社分割管理,结果灌溉秩序紊乱,工程失修损坏,1960 年只灌了 8 万多亩,1961 年实灌只有 4 万多亩。据估计为修复被破坏的工程,需完成土方 17 万多立方米。湖北省襄阳专区调查了 5 个县 11 个公社的 2 254 处塘堰,失修损坏的占 51% ,现有蓄水能力占原有蓄水能力的 46% ,灌溉面积下降 35% 。①

　　1961 年 9 月,广东省水利厅召开全省水利会议,对"大跃进"以来的成绩和经验教训进行全面总结,人们对 4 年来水利建设取得的成就给予了充分肯定,但也有人提出不同意见,对成绩是不是主要的表示怀疑。时任广东省水利厅厅长刘兆伦承认,水利运动发展规律是不平衡的,在伟大成绩中存在局部地区的失败,办错了一些水利,或者没有办什么水利,这是不奇怪的,不能因此而产生对整个成绩有怀疑。他认为,在大办水利中确实存在着抓得不准、抓得不狠,大工程没办成、小工程又没有办,"西瓜没有捡到,芝麻又丢掉"的现象,并承认这是"局部的失败"。② 至于广东省在"大跃进"兴修水利高潮中出现了哪些失误,刘兆伦认为成绩与缺点错误是九个指头与一个指头的问题。而这一个指头的错误,主要体现在三个方面:(1) 战线过长,项目过多,要求过急,速度过快。他指出:"由于我们头脑过热,缺乏实事求是的精神,把消灭水旱灾害看得过于容易、过于简单,没有认识到这是非常艰巨、复杂和长期的斗争。把国家可能投于水利建设的资金器材,以及人民公社对水利建设的优越条件,又作了过高的估计。因此犯下了战线过长,项目过多,要求过急,速度过快的错误。由于要求太多、太急、太快,就带来了一系列的问题。"(2) 勘测不详,设计不周,准备不足,工期过短。边勘测、边设计、边施工的"三边"做法带来了不良后果:由于资料不足,勘测未周即草草设计,设计未完,图纸未备,未经准备,又即仓促施工,方案未经详细比较,计划一再变更,本工程所需工款器材和劳力多少,领导心中无数,工作难免陷于被动。(3) 不讲政策,不务实际,强迫命令,刮"共产风"。片面强调共产主义风格,无偿地义务支援,违反了"等价交换、按劳分配"现阶段社会主义的根本政策和"多受益多负担,少受益少负担,不受益不负担"的合理负担政策,严重滋长着"左"的思想倾向,普遍

---

　　① 《中共中央批转水电部党组〈关于当前水利工作的报告〉》,见中共中央文献研究室《建国以来重要文献选编》第 14 册,中央文献出版社,1997 年,第 859 页。
　　② 《刘兆伦厅长在 1961 年全省水利会议上的总结报告》,广东省档案馆:266 - 1 - 82 卷。

刮了"共产风"。[①]

1962年8月,河南省在总结1958年以来水利建设情况时,认为"大跃进"以来河南省水利建设成绩很大,但也存在着缺点错误,主要表现为:(1)在平原地区不正确地执行"蓄水为主"的方针,盲目发展引黄灌溉,打乱排水系统,以及由于其他各种原因,扩大了盐碱化面积。(2)在整个部署上,急于求成,贪多图快,特别是大中型工程摊子大、战线长,过多地占用劳力、物力、资金和工地,影响了农业生产。(3)不尊重自然规律,不尊重科学,不尊重历史传统习惯,不能因地制宜,搞了一些质量不好、标准不够,甚至是错误的工程,浪费了不少劳力,也留下很大的处理任务。(4)形式主义,不讲究实际效果,很多有利的工程不能一气呵成,见效很少;更突出的是,偏重于兴建新的工程,而忽视对原有工程的管理维修养护工作,水井、水库、渠道、塘堰以及河道堤防等遭受严重破坏,全省灌溉能力和排水能力大为降低。(5)没有坚持执行谁受益谁负担、等价交换和多劳多得等社会主义原则以及各项具体政策,所有权不固定,挫伤了群众修、管、用水利的积极性,甚至占用群众房屋土地,没有进行合理补偿,对水库淹没区群众没有全部妥善安置,造成这些地区群众生产生活上很大困难。[②]

上述材料充分说明,"大跃进"时期水利建设的确存在一些失误和缺点,甚至是比较严重的失误,这是必须充分认识的。本书认为,一味否定"大跃进"时期水利建设的巨大成就从而过分强调失误,是不符合历史事实的;而一味肯定"大跃进"时期水利建设成就从而不承认或否定出现过的失误,同样也不是实事求是的态度,不符合历史事实。从总体上看,"大跃进"时期水利建设取得了空前成就,也出现了一些失误,有得有失;在利弊得失的估计上,应该说得大于失,成绩是主要的,失误是次要的;七分成绩,三分失误;成绩巨大,教训深刻。

---

① 《继续贯彻"八字"方针,积极办好水利建设——刘兆伦厅长在1961年全省水利会议上的报告》,广东省档案馆:266-1-82卷。
② 《河南省1958年以来基本情况资料(草稿)》,河南省档案馆:J123-8-108卷。

第三章

国民经济调整时期的农田水利建设

第一节　水利建设方针的调整

在"大跃进"运动高潮中,党和政府确立了"蓄水为主、小型为主、社办为主"的"三主"治水方针。"三主"方针对指导各地水利建设起了重要作用,但"蓄水为主"在当时引起较大争论,并在实施过程中带来了严重的次生盐碱化危害。为此,党和政府在进行大量调查研究的基础上,对"三主"治水方针进行了部分调整,果断地将"蓄水为主"改为"配套为主",形成了新的"三主"方针,即小型为主、配套为主、社办为主。

"三主"方针基本上是正确的,但各地在落实时带有机械照搬的偏向。尤其是"蓄水为主"方针,在山区是可行的,但将其机械地搬到平原地区后,带来了相当严重的危害。1958年至1959年两年的水利建设高潮中,黄淮平原地区从坑塘化发展到水网化,由横看是一串串坑塘,竖看也是一串串坑塘,发展到沿水平线挖横河,抬高路基,切断自然流势,不许涝水外流,群众称为"一块地对一块天"。与此同时,在河流上掀起了与水争地的高潮,圈占河滩围垦湖泊,省、地、县各级行政区划之间普遍设置阻水障碍,名曰"客水厅"、"洪水招待所",使河道患上了严重的"肠梗阻"。[①]

北方平原地区由于灌溉和耕作措施不够合理,造成了地下水位不同程度的上升,结果发生部分土壤次生盐碱化的现象。有人对"蓄水为主"带来的盐碱化提出批评意见,认为"土壤盐碱化是兴修水利的结果",是"水利变成了水害",要求改变"蓄水为主"的方针。[②] 水利部注意到这种偏向,并力谋解决。1959年10月,李葆华在全国水利会议上作的《反右倾、鼓干劲,掀起更大的水利高潮,为在较短时间内实现水利化而斗争》报告中指出:在水利"大跃进"中,我们曾发生过个别的缺点,在易涝地区搞成河网化,出现了盐碱化,故提出了"要大力开展群众性防涝抗碱斗争,以制止盐碱化的继续发展,改善土壤"。这里已经包含着配套为主的思路,对蓄水为主带来的次盐碱问题开始注意。

---

① 陈惺:《"大跃进"时期河南的水利建设追忆》,《中共党史资料》,2008年第4期。
② 水利水电科学研究院灌溉研究所:《防止灌区土壤盐碱化》,《人民日报》,1960年1月8日。

但这次水利会议是在庐山会议后召开的，基调是反右倾、鼓干劲、掀起更大的水利高潮，故在对水利"大跃进"的基本经验进行总结时，将"以群众路线作为开展水利工作的根本思想，贯彻'三主'方针大搞水利运动"作为首要的经验加以总结和推广，要求全国各地继续贯彻"三主"方针。不仅如此，李葆华从无产阶级与资产阶级两条路线斗争的"高度"来看待"三主"方针，将对其有异议者视为资产阶级路线，指出：为了全面彻底地解决水旱灾害，综合开发水土资源，就必须发动亿万人民，在自己所在的土地上，广泛地治山治水，从山顶治到山冈，从河源治到河尾。在雨水降到地面后，就节节拦，节节控，节节利用，使水害变成水利。根据这样的要求，治水方针必须是"蓄水为主、小型为主、群众自办为主"的"三主"方针。他强调："敢不敢依靠群众，同样也是水利工作中无产阶级和资产阶级思想的根本分界线。而'三主'方针正是党的群众路线在水利工作中的具体体现。"① 这样，尽管"蓄水为主"在水利"大跃进"中出现了偏差，但仍然没有对其进行纠正。

1959 年 10 月 24 日，中共中央和国务院发出的《关于今冬明春继续开展大规模兴修水利和积肥运动的指示》重申，群众性的兴修水利运动要继续贯彻执行以"蓄水为主、小型为主、社办为主"和大中小型工程相结合的方针，全面规划，综合利用。各地都应当有一个比较全面的水利规划，注意多蓄水、多引水，因地制宜地兴建多种多样的蓄水工程，提高抗旱防涝的能力。但面对北方平原地区出现的次生盐碱化，指示提出了要求："近一二年来，北方有些灌区土壤盐碱化面积有所发展，应该高度予以重视，采取切实有效的措施，制止灌区盐碱化面积的继续扩大；已经盐碱化的要争取在二三年内加以改造。"②

北方平原地区出现土壤次生盐碱化问题，显然是"蓄水为主"的做法造成的。1959 年 11 月召开的全国盐碱土防治会议，提出了"以防为主，防治并重，以水为纲，综合治理"的方针，开始调整"三主"方针。水利部专家明确提出："防止土壤次生盐碱化，主要应当抓住灌溉、排水和耕作栽培等三个环节。具体说来，就是要做到工程系统化、灌水合理化、用水计划化、

---

① 李葆华：《反右倾、鼓干劲，掀起更大的水利高潮，为在较短时间内实现水利化而斗争》，见《当代中国的水利事业》编辑部编《历次全国水利会议报告文件（1958—1978）》，第 64 – 65 页。
② 《大搞"水""肥"保证明年农业继续大跃进》，《人民日报》，1959 年 10 月 25 日。

灌区园田化。"①

1961年6月,刘建勋接替吴芝圃担任河南省委第一书记。他先后到豫南、豫北进行调查,了解到"蓄水为主"的治水方针导致黄淮平原盐碱化的严重后果。他在总结了平原地区的治水经验后指出:"现在平原治水的问题那么普遍,那么严重,这不是具体工作问题,而是方针问题。"1961年冬,河南省委经过反复研究后明确提出:平原地区要以除涝治碱为中心,实行"以排为主,排、灌、滞兼施"的方针。刘建勋强调:"在中央对'蓄水为主'的提法未改变之前,以排为主只在省内讲,对外不提。"② 河南省最先开始改变"蓄水为主"的治水方针。

1962年2月14日,水利电力部在北京召开冀、鲁、豫、皖、苏、北京市五省一市平原水利会议。会上对平原地区执行"蓄水为主"带来的问题认识不一致,有人强调"蓄水为主"是正确的,问题是工程没有配套好,只要把工程配套好了,问题就解决了;有人强调首先要搞好排水;由于河南强调排,因此有人说河南吃了大黄,光想大排大泄。刘建勋亲自起草,向正在召开"七千人大会"的毛泽东报告,反映河南平原涝碱问题,立即引起了中共中央的重视。周恩来随即召集省市第一书记座谈会,提出平原治水要因地制宜,该蓄的要蓄,该排的要排,不能只蓄不排。他形象地说,我问过医生,一个人几天不吃饭可以,但如果一天不排尿,就会中毒,土地也是这样,怎能只蓄不排呢?③] 从此,平原地区机械地推行"蓄水为主"的错误开始得到纠正。

1962年3月中旬,国务院副总理谭震林、水利部副部长钱正英视察冀、鲁、豫三省接壤地区的大名县、南乐县、清丰县、濮阳县、范县等水利建设情况,在范县主持召开了有中南局和各省领导同志以及省、地、县水利领导同志参加的新中国治水史上著名的"范县会议"。刘建勋在会上介绍了河南省水利建设的情况,提出三条措施:一是拆除一切阻水工程,恢复水系的自然流势,使涝水可以下泄;二是暂停引黄灌溉三至五年;三是临时滞蓄,即在大雨时利用低洼地滞蓄洪水,牺牲小片,保存大片。④ 这些意见得到了谭震林、钱正英的支持,并在会后付诸实施。5月,周恩来约请邓子

---

① 水利水电科学研究院灌溉研究所:《防止灌区土壤盐碱化》,《人民日报》,1960年1月8日。
② 陈惺:《治水无止境》,中国水利水电出版社,2000年,第37页。
③ 李日旭主编:《当代河南的水利事业(1949—1992年)》,当代中国出版社,1996年,第140页。
④ 同③,第140－141页。

恢、谭震林和有关人员研究农业、林业和水利等问题。周恩来要求在水利问题上必须做好防汛、治碱、水库检查和水土保持等方面工作,确定组成以陈正人为组长,钱正英、王光伟为副组长的治碱小组,抓全国 11 个专区的治碱工作。

同年 11 月,农业部在北京召开了全国农业会议,对"大跃进"时期水利建设的"三主"方针作了调整,提出水利建设新的"三主"方针,即"小型为主、配套为主、群众自办为主"。认为"'先配套,后新建',主要是把现有的水利工程设施逐步措施逐步配套,使之进一步发挥灌溉效益"。① 12 月,水利电力部召开全国水利会议,对 1959 年至 1962 年的水利工作进行基本总结,并提出今后的方针任务。水利部在《水利工作的基本总结与今后的方针任务》的总结报告中,正式对"三主"方针进行了调整。

该报告在总结成绩之后,对"大跃进"过程中出现的偏向作了检讨。其中在治水方针方面的偏向是:蓄水为主、小型为主、群众自办为主的"三主"方针,在不少地区起了积极的作用,但在某些地区却起了不好的作用。在提倡"蓄水为主"的精神下,水电部没有区别山区与平原的不同特点,因而修建了一些不适应地域特点的平原水库。在执行"小型为主,群众自办为主"的同时,片面地提倡"少花钱,多办事",不适当地提倡了公社兴办中型工程和大型工程,搞大协作,造成了水利建设中一平二调的"共产风"。特别是冀、鲁、豫平原地区的水利工作中,由于对该区旱、涝、碱的灾害规律缺乏全面认识,曾经盲目提倡以蓄为主和大量引黄灌溉,因而增加了当地的涝、碱灾害和水利纠纷,使当地人民的生产和生活遭受到很大困难,以后又没有及时发现和坚决改正。②

该报告将"必须管好和用好水利工程,充分发挥工程效益"作为水利工作的主要经验提出来了。这是因为:水利设施是农业增产的工具。兴修工程只是为战胜水旱灾害、保障农业生产创造了条件,而要达到这个目的,还必须管好和用好这些工程。经验证明,有不少工程由于领导重视、群众关心,管理力量强,管理得很好,发挥了巨大效益;但是,也有相当多的水利工程,虽然修建得很好,但是没有管好和用好,结果大大降低了效益,有的

① 《中共中央、国务院批转农业部党组关于全国农业会议的总结》,见《建国以来重要文献选编》第 15 册,中央文献出版社,1997 年,第 748 页。

② 《水利工作的基本总结与今后的方针任务》,见《当代中国的水利事业》编辑部编《历次全国水利会议报告文件(1958—1978)》,第 170 页。

竟连续发生事故。因此,在水利工作中必须确立"修管并重"的思想。在修建水利工程的同时,必须抓紧将管理工作跟上,做到边修建、边巩固、边收效。在力量不能兼顾时,应先管理、后建设,坚决防止只修不管和边建设边破坏的现象。①

在总结"大跃进"水利高潮经验教训的基础上,为了贯彻八届十中全会的决定和国民经济"调整、巩固、充实、提高"的方针,根据当时水利形势和发展要求,该报告提出了新的水利工作方针:"巩固提高,加强管理,积极配套,重点兴建,充分发挥现有水利工程的效益,并为进一步发展创造条件。"果断地决定,在坚持"小型为主、社办为主"的同时,放弃"蓄水为主",代之以"配套为主",重视工程配套设施建设,要对现有工程应当加强管理,并分别进行必要的续建、配套和调整,确保安全,充分发挥工程效益。该报告强调:"依靠社队力量,大力恢复、维修和发展小型农田水利。力争基本完成现有工程的配套以尽快充分发挥效益。"②此后,全国水利建设的方针开始转变,各地一手抓管理,一手抓配套。水利建设工作在积极加强灌溉管理的同时,切实做好水利工程和排灌机械的配套工作,借以充分发挥现有水利设施的作用。

"大跃进"高潮中修建的工程项目,有不少并没有充分发挥效益,原因在于这些水利工程还不配套。据有关部门统计,当时万亩以上的灌区已经发挥效益的面积,只占设计面积的60%,还有40%的工程因不配套或配套不全或土地不平整等原因,没有能够发挥灌溉效益。因此,以"配套为主"代替"蓄水为主"方针,是有针对性的。

1963年11月30日,《人民日报》专门发表题为《积极做好今冬明春的水利建设工作》的社论,号召各地将水利建设的重点转向"配套为主"。社论明确指出:"对现有水利工程进行整修和配套,比起新建水利工程,不但用工少和花钱少,而且收效大和收效快,为广大群众所欢迎。"号召各地要将水利建设的重点放在修好配套工程上,让主体工程更好地发挥作用,强调:"我们的注意力应当主要放在发挥现有工程的效益上面。因为一个灌区,特别是一个较大灌区的兴修,从主体工程建成到各项工程配套齐全,而且把灌区内的土地都平整好,使之充分发挥效益,这需要相当的时间。主

---

① 《水利工作的基本总结与今后的方针任务》,见《当代中国的水利事业》编辑部编《历次全国水利会议报告文件(1958—1978)》,第177-178页。

② 同①,第180-181页。

体工程修好了,而配套工程没有修好,土地没有平整好,整个灌区的修建工作就还没有完成。配套工作是水利建设工作不可分割的重要部分。1958年以来,我们集中力量修建了一大批水利骨干工程,这以后当然应当集中力量,进行土地平整工作,建立和健全灌区的管理制度,等等。"

　　1964年1月11日至2月5日,水利电力部召开全国水利会议。会议在检查总结过去工作的基础上,对"大跃进"以来的水利方针作了检讨,指出:"1958年以来,在许多地方分散兵力,全面出击,摆了很多战场,委屈拿下来的很少……消耗了大量的人力、物力和财力,却不能起到预期的效果,反而背了很多包袱,使工作十分被动。"之所以犯这个错误,"首先是由于轻敌,把解决水利问题看得太简单了,对水旱灾害的全面规律认识不够,因此对敌人估计不透。其次,对每个工程也往往看得太简单了,一般是:重兴建,轻准备;重主体,轻配套;重数量、轻质量;重建设,轻管理。其结果是:不能全歼速决,尾巴拖得很长,有时进退两难,陷于消耗战"。会议对"依靠群众办水利的问题"进行了重点讨论,认为"水利建设是农田基本建设主要内容之一,是五亿农民的切身事业。国家对水利建设的投资,是对农民的支援。因此,依靠群众,自力更生,勤俭办水利,是水利工作的根本路线"。会议认为:"'大跃进'中,我们在依靠群众办水利的问题上,有丰富的经验,也有深刻的教训。主要教训是:没有把群众力量完全用在刀刃上,工程上马过多,还修了一些不应该修的工程;使用群众力量过了头,急了一些,多了些,产生了一平二调的'共产风',妨碍了当年农业生产,挫伤了群众的积极性。在最近两三年中,纠正上述错误以后,在一些地区又发生了单纯依赖国家,束手束脚,不敢放手发动群众的偏向。"[①] 为此,水利电力部强调水利建设必须坚持新的"三主"治水方针,即"小型为主、配套为主、群众自办为主"。

　　为了贯彻新的"三主"方针,水利电力部决定,从1964年起必须集中主要力量,结合农田规划,进行工程配套和土地平整工作;要对1964年洪水冲毁和淤积的工程,进行整修、清淤和加固等工作;在一些容易发生内涝和盐碱化严重的地区,要特别注意开挖排水沟,以防止内涝为害,逐步克服土

---

　　① 《水利电力部关于一九六四年全国水利会议对当前工作和今后任务的讨论》,见中国社会科学院、中央档案馆编《1958—1965中华人民共和国经济档案资料选编·农业卷》,中国财政经济出版社,2011年,第419－420页。

壤盐渍化。①

这样,全国水利建设的方针,就从"大跃进"时期"蓄水为主、小型为主、社办为主"的"三主"方针,正式调整为"小型为主、配套为主、群众自办为主"的新"三主"方针。随着中国经济第三个五年计划的实施,1965 年 9月,全国水利工作会议对"三五"期间的水利工作提出了一些纲领性的意见,着重讨论了水利工作的主要矛盾和"三五"期间的工作方针。经过反复的讨论,确定了"三五"期间水利工作的方针是:大寨精神,小型为主,全面配套,狠抓管理,更好地为农业增产服务。新中国水利建设的方针再次调整,"三主"方针逐渐被吸纳到这条新的治水方针中。这一新的水利方针,"可以充分调动群众的积极性,充分利用国家的支援,充分发挥水利的效益",但"必须在水利部门的全体干部中,进一步树立依靠五亿农民办水利、水利为农业增产服务的思想,进一步克服恩赐观点和重大轻小、重骨干轻配套、重修轻管、重工程轻实效的思想"。② 因此,"大跃进"运动前后治水方针的形成与调整,既体现了党和政府坚持贯彻群众路线的基本立场和工作方法,也体现了党和政府正视现实、勇于创新的进取精神。

第二节　大中型水库配套工程的续建

"大跃进"高潮过后,全国水利建设的重点逐渐转到了配套工程的建设上来。为什么要把水利建设的重点放在工程配套设施建设上? 这是因为,一个水库要有干渠、支渠、毛渠和经过平整的土地,才能实现灌溉。"大跃进"时期修建了许多水利工程,但配套设施往往未来得及修建,严重影响了水利工程的效用。为此,必须抓紧配套,开渠挖沟,平整土地;有些水利工程还要维修渠道、清淤、增加支渠和毛渠,保证水利工程发挥更大的灌溉效能。③

---

① 《积极做好今冬明春的水利建设工作》,《人民日报》,1963 年 11 月 30 日。

② 《水利电力部关于全国水利会议的报告》(1965 年 9 月 14 日),见中国社会科学院、中央档案馆编《1958—1965 中华人民共和国经济档案资料选编·农业卷》,中国财政经济出版社,2011年,第 422 - 423 页。

③ 《"水到渠成"》,《人民日报》,1961 年 2 月 4 日。

为此,1960 年 6 月 12 日中共中央发出的《关于水利建设问题的指示》指出:"今冬明春的水利建设,只搞续建工程和配套工程,不搞新建工程,这个方针,对冀、鲁、豫、皖、苏、鄂六省说来,是完全切合实际的;对于还有较多的未完工程的其他省份,这个方针也是适用的。修水库是水利建设的主体工程,还必须整修渠道、平整土地,只有这些配套工程也跟上去,搞好了,才能真正发挥灌溉效益。今冬明春,应当集中力量,搞续建工程,搞配套工程,解决了这一批以后,再搞新建。从实际效果看,这才是真正的多快好省。不然,同时铺开很多摊子,而库成渠不通,渠通地不平,互不配套,不能真正发挥灌溉效益,就不是多快好省。"指示强调:"今后新建蓄水一亿方以上的大型工程,无论是列入中央项目的,还是作为地方项目的,一律要由省级党委逐项作出决定,报告中央批准。蓄水一亿方以下一千万方以上的中型工程,都由地委逐项讨论决定,报告省委审查批准。蓄水一千万方以下,一百万方以上的小型工程,必须由县委逐项讨论决定,报地委审查批准。人民公社自己办的蓄水一百万方以下的小型水利工程,也必须由县委审查、批准,并且进行安排。所有涉及两省或两省以上的水利工程,必须经过中央批准后,才能动工。"①

7 月 27 日,中共中央将水利电力部党组《关于大型水库工程当前情况和防汛问题的报告》批转发各地,希望各地党委根据这个报告中所提出的4 个问题②,进行认真的检查。批示指出:"全国已经进入汛期,我们仍然还有 28 项大型水利工程处在紧张的抢修中,这是值得吸取的经验教训。入汛以来,已有大型水库 9 座、中型水库 9 座、小型水库 213 座被洪水冲垮。这些工程被冲垮的原因,总括来说,主要是要求太急、太快、太多,因此自然会产生:或者勘探设计不完全,或者施工质量不好,或者施工未赶到拦洪高度,而汛期就到来了。大型工程如此,中、小型工程更是如此。"③ 为了接受这一经验教训,必须把水利工程建设速度放慢一点。

---

① 《中共中央关于水利建设问题的指示》,见中国社会科学院、中央档案馆编《1958—1965中华人民共和国经济档案资料选编·农业卷》,中国财政经济出版社,2011 年,第 394 - 395 页。

② 这 4 个问题是:一是水库防汛仍然是当前防汛工作中最突出的问题,如何保证已修的工程一个不垮,是一个十分艰巨的任务。二是工程质量值得特别重视。三是必须根据水库的具体情况,做好防汛措施。四是对河道堤防应该提起注意。

③ 《中共中央批转水利电力部党组关于大型水库工程当前情况和防汛问题的报告》,见中国社会科学院、中央档案馆编《1958—1965 中华人民共和国经济档案资料选编·农业卷》,中国财政经济出版社,2011 年,第 400 页。

中共中央有关水利建设的方针和政策发布后,全国各地按照中共中央的要求逐渐放慢了水利工程的建设速度,陆续开展了水利配套工程的建设。

1960年冬,山西省各地陆续开展以水利工程配套、灌溉机具配套为中心的冬季水利建设工作,力争现有工程、设备充分发挥灌溉效益。山西省各地都根据工程配套的要求,对当地的水利工程普遍进行了分类排队,根据不同情况提出了不同任务。晋东南专区采取缺啥补啥的办法,开展了配套工作。全省各级党委为了使水利工程、机具配套工作达到用工少,受益大的目的,1960年都特别注意制订好施工计划和节约农村劳动力,保证施工人员劳逸结合。①

江西省以续建配套为主的水利建设活动开始后,各地根据现有人力、物力等条件,对春耕前水利建设进行了全面规划。要求首先要以80%的劳动力加强农业战线,在不影响农业生产的同时抽调一部分劳动力进行水利配套工程,各项工程要分清主次,凡能够早发挥效益的尽先开工,尚不能收益的工程暂缓开工。各地还根据节约人力、物力的原则,发动群众修改施工计划。各地在安排开挖渠道等田间工程时,尽量做到渠道流向哪个小队就由哪个小队负责开挖,保证民工不出队、不出食堂,使全省大部分参加水利建设的民工不脱离本伙食单位,更加便于做到有劳有逸;对于参加协作的劳力,各地严格执行"自愿两利,等价交换"的政策,小队与小队之间组织的劳动力协作,都由受协作单位以工换工或评工记分,按劳付酬。②到1961年3月中旬,江西省完成中小型水利配套和整修工程4 000多项,大中型水利工程的续建配套工作大部分完工。沿江滨湖地区圩堤的培修加固工作完成50%以上。为了力争在汛前做好防汛准备,各地根据省委指示,对水利工程逐个进行检查,分别主次和轻重缓急,做了妥善的安排。赣南地区对汛期前完不成的一部分工程,只组织一定的劳动力进行工程保护和防汛准备工作;对于汛前能完成的工程,则组织人力、物力突击抢修。瑞金县组织5 000多劳动力抢修了5座当年可以全部或大部发挥灌溉效益的工程。余干县组织了1.5万多劳动力突击培修圩堤,完成培修土方计划

---

① 《要闻快报》,《人民日报》,1960年12月20日。

② 《配套成龙充分发挥灌溉效益,江西新疆整修水利工程,改革工具提高工效劳逸结合》,《人民日报》,1961年1月10日。

的 85%。①

以创造兴修水利先进工具扬名全国的江西省丰城县,经过 1958 年和 1959 年两个冬春的水利兴修,全县大部分农田有了水利设施。但其中一些工程未能配套或未全部完成配套任务,工程效益还没有得到充分发挥。因此,丰城县委决定 1960 年冬春水利建设以续建和配套为主,对中小型工程进行整修加固,少数水利死角地区适当修建少数小型水利。为了少用工、多收益,并保证群众有劳有逸,丰城县委发动群众继续大力革新施工工具、施工技术,以全面提高工效。全县水利冬修工程工效比上年提高一倍以上。②

据新华社报道,1960 年入冬以后,新疆维吾尔自治区各地以既有的水利工程配套整修为主,积极开展冬修水利活动。各地在施工中,特别注意针对生产需要、受益先后、工程难易、投资准备等情况,对各项工程作合理安排。喀什专区巴楚县将冬修水利工作划分三个阶段进行:封冻前以灌区内各级渠道的成龙配套和解决开荒用水为主;然后修建斗渠和农田渠;解冻后,开挖农田渠和毛渠,并以蓄水为主,修建水库。玛纳斯县包家店公社采取先修渠道、后修水库的步骤,冬修渠道,春修水库,先修上游渠道,后修下游渠道,保证了工程迅速进行。各地还抓紧了旧灌区的改建工作。昌吉回族自治州各公社,在 1960 年"三秋"工作基本结束后就将旧灌区改建任务层层落实到小队。各小队开展了高工效、高质量竞赛。到 12 月初,该州改建旧灌区和平整土地达 19 万多亩。③

在总结 1959 年兴修水利和蓄水抗旱经验的基础上,河北省在 1960 年冬开展了整修渠道和平整土地工作,各地农村人民公社一面加紧兴修水利配套工程,一面积极开展春灌,抗御春旱。据 1961 年 3 月下旬统计,石家庄、保定、邯郸和张家口 4 个市就整修了各种渠道 1 万多条,其中有一部分渠道已经畅流。保定市房涞涿灌区各公社除了整修 200 多条渠道外,还平整了 25 万多亩土地,并做了一些田间工程。由于土地整得好,4 天就浇地 1 200 多亩。许多地区还加强排灌机具的维修、配套等工作。石家庄、邯郸

① 《江西及早准备防汛》,《人民日报》,1961 年 3 月 14 日。

② 《发动群众总结经验不断革新技术　丰城县水利配套工程进度快　改革工具,用人少,工效高,保证群众有劳有逸》,《人民日报》,1960 年 12 月 10 日。

③ 《配套成龙充分发挥灌溉效益,江西新疆整修水利工程,改革工具提高工效劳逸结合》,《人民日报》,1961 年 1 月 10 日。

两个市新打成的 800 多眼机井,基本上做到了有井有机具,有机具有人。为了充分利用既有水源,扩大春灌面积,许多公社制定了合理用水、节约用水的措施。宁晋县东汪公社丘头生产队为了节约用水多浇地,发动群众总结历年用水经验,决定把 4 条砦沟已蓄好的水划分为 19 段,每段由一个小队管理;在蓄水砦沟外边再加上土埝,防止跑水;用水时按土地墒情,适量地浇,尽量用机器、水车汲浇,防止垅沟大量渗水。采取这些措施后,提高了水的利用率。易县"五一"渠灌区各公社生产队,一开始春灌就建立了每 7 天测一次土壤含水量、按墒情配水的制度,做到了用水适度、浇地快、浇地好。

河北省 1960 年入冬后降雪很少,土壤墒情普遍不足,加上冬灌农田不多,1961 年春抗旱播种任务很艰巨。为了使一些设施不全的水利工程充分发挥灌溉作用,各地党委及早组织干部、群众检查各个渠系、水库,开展整修田间水利配套工程的活动。邢台县采取边修整、边蓄水、边灌溉的办法,入冬以后修好各种渠道 105 条、建筑物 300 座,还利用水库、坑塘、旱井等蓄水 900 多万立方米。衡水县戈村公社南赵常生产队修好小型渠道 100 多条,对砖井、透河井进行了检修,并把水车、抽水机等提水工具运往田间,为春灌做好准备。[①] 据统计,到 1961 年 3 月中旬,河北全省已浇地 180 多万亩。[②]

河北省宁晋县东汪公社利用冬闲有利时机,兴建田间水利工程。该公社共有土地 17.6 万多亩,经过几年来的水利建设,灌溉面积已达到 14.2 万多亩。但是由于一些渠系不完整,土地没有平整好,故这些水利设施不能充分发挥效益。为了夺取 1961 生产的好收成,公社在 1960 年"三秋"工作基本结束以后便进行水利配套工程。各生产队本着劳逸结合的原则,组织了占劳动力总数 4% 左右的人员参加这一工作。在兴修中,凡涉及两个生产队以上共同受益的水利配套工程,在公社的统一领导下联合修建,用工、用料根据各队受益大小合理负担。田间工程基本上是哪个生产队受益就由哪个队修建。需要队与队之间协作的工程,也认真地执行了等价互利的政策。丘头、东曹庄等三个生产队一部分土地靠近干渠,因为缺少支渠不能及时浇灌,三个队通过协商,合理负担工料,出动 270 个劳动力,20 天就

<hr>

① 《大抓田间水利工程的配套准备春灌,发动群众按渠系水库及早检查整修》,《人民日报》,1961 年 2 月 9 日。

② 《河北青海等地发动群众大抓水利配套总结用水经验,充分发挥库渠塘堰春灌效能》,《人民日报》,1961 年 3 月 25 日。

完成了一条支渠。东汪公社两个月新建了支、斗、毛渠 630 多条,新建大小水渠闸门 79 个。同时,对全部排灌机器和 107 部应修整的水车进行检修,基本上达到了渠系完整和水井、机具、机手配套,扩大保证灌溉面积 4.7 万多亩。①

人民公社化以来,北京郊区各公社兴修了许多水库、塘坝等,这些工程在抗旱中起了很大作用。1960 年入冬后,为了充分发挥这些工程的灌溉效益,把没有配套或配套不全的工程都配套成龙,全郊区计划修建小型的闸门、涵门等建筑物 1 万多座。同时,开挖大量的斗渠和毛渠,还要平整土地,以利引水到田。良乡公社组织 2 000 多人一面修建,一面利用现有水源把城关附近的河沟坑塘蓄满了水,准备抗旱。一些旧渠道的整修工程也加紧进行。各地公社还着力开发地下水源。1960 年冬,郊区各公社共打机井 370 多眼,其中有 70 多眼安装好了排灌机械,充分发挥了灌溉效益。②

为了增加已有水利工程的蓄水保水能力,充分利用有效水量,扩大灌溉面积,湖北省襄阳专区抓紧水利工程的整修配套,各县根据每个水库既有的蓄水量全面做出了渠系成龙、塘堰配套的规划。各地在施工中采取了边修补配套、边引水入塘的方法,使工程及时发挥效益。宜城县百里长渠灌区的官垱、璞河两个公社,运用上述办法使全灌区 36 个水库和 2 829 口塘堰及时灌上了水,基本满足了 21 万亩水稻插秧的用水。到 1961 年 3 月下旬,全区修好的渠道塘堰有 54 111 处,30 处大型水库配套成龙并开始放水灌水。为了加强各灌溉渠系配套工程和蓄水保水工作的领导,各人民公社、生产队还从上到下地建立了蓄水保水的领导机构,发动群众民主制定节约用水制度。小型堰塘、渠道都根据距离远近、管理难易实行包干管理,把管理责任定到人。宜城县百里长渠灌区还采取分段包干,按干、支、斗、分渠道,划分四级管理责任制度。该灌区的官垱公社的 36 个生产队,固定 455 个灌溉员负责蓄水保水、查漏补漏、开关闸门、放水灌田等工作。③

江苏省淮阴专区和山东省宁阳县堽城公社,是 1960 年冬全国兴建水利配套工程的典型地区。淮阴专区在兴修水利配套工程中,首先开挖小沟

---

① 《兴修田间水利工程,东汪公社基本做到渠系完整、机具配套》,《人民日报》,1961 年 1 月 26 日。

② 《北京赶修水利配套工程,开发地下水源》,《人民日报》,1961 年 3 月 5 日。

③ 《河北青海等地发动群众大抓水利配套总结用水经验,充分发挥库渠塘堰春灌效能》,《人民日报》,1961 年 3 月 25 日。

小渠,使原来未配套的排灌河流、渠道、水库四通八达,形成灌溉系统。盱眙县 1960 年修好的桂五水库只能蓄水不能灌溉,修筑引水渠道后扩大灌溉面积 34 600 亩,15 600 亩旱地变成水浇地。宿迁县顺河灌区 20 万亩农田,加修小型引水渠道等工程后,全部实现自流灌溉。该专区还尽可能地改善原有的水利工程,一面修理加固渠道、涵闸,一面补添设施。一般的斗渠、农渠都装上闸门,以便调节水量。到 1961 年 1 月 6 日止,全专区的水利配套工程已完成了 730 万土方。全区各抽水机站也调整配套。全区共有抽水机、电动机 4 万多马力,因为过去是临时设站,和动力部分、泵、管等不能有效配合使用,没有充分发挥排灌作用。经过 1960 年冬的配套建设,各地适当整顿集中机电排灌机械,同时大抓机械、泵、管、带、电等的配套,使机器设备与渠道系统条条成龙。这样,排灌效益就能提高 50% 以上。[①]

山东省宁阳县堽城公社地处汶河南岸,几年来先后兴修了 17 座中小水库、长达 100 多里的引汶干渠和 4 500 多眼水井。但由于田间渠道工程没有全部配套成龙,这些水利工程还没有充分发挥作用。1960 年入冬以后,全社除加固加高部分水库堤坝外,还抓紧冬闲时机整修田间渠道,新修了 132 道支渠毛渠、14 座桥梁和 78 个涵洞、闸门,不到一个月就扩大灌溉面积 1.5 万多亩,为 1961 年春灌创造了有利条件。[②]

1961 年 1 月,为了配合各地水利工程的配套工作,《中国农报》评论员发表《做好农田水利工程的配套工作》一文,号召水利工作"必须适应这个新形势的要求,巩固和提高现有工程的作用,以保证农业的稳定增产"。文章指出,1958 年"大跃进"以来,虽然我国的水利建设事业获得了高速度的发展,有力地抗御了几年来严重的水旱灾害,促进了农业生产的持续跃进,但几年来在高速度发展农田水利建设中,工程配套工作还没有来得及完全跟上去,有相当一部分灌区已经修好主体工程和主要渠道,没有把整个渠系健全起来,所以还有很大的工程潜力没有充分发挥出来。因此,根据这种情况,农田水利工作的迫切任务就是要把既有工程切实地巩固提高,充分发挥灌溉效益,突出抓好水利工程配套工作。文章发出号召:"在当地党委的领导下,各级水利、农业部门都要深入基层,依靠群众,加强具体指导,

---

① 《力争"水到渠成"适时春灌,淮阴赶修水利配套工程,堽城公社加修渠道涵闸扩大灌溉面积万多亩》,《人民日报》,1961 年 2 月 4 日。
② 同①。

把农田水利工程的配套工作顺利地开展起来。"①

利用冬春水利建设之际积极进行水利工程的配套工作，是扩大灌溉效益的有效措施，理应成为"大跃进"后水利建设的重点。1961 年 11 月 23 日，《人民日报》发表《抓紧工程配套，扩大灌溉效益》的社论，提醒各地重视水利配套工程建设，做出实事求是的计划和措施，依靠人民群众的积极性和人民公社的组织力量，把现有水利工程的灌溉效益发挥出来。社论指出，几年来建设的水利工程发挥了巨大的效益，这是有目共睹的，是不是所有水利工程的潜力全部发挥出来了呢？还没有。因此，在 1961 年冬 1962 年春的水利建设中，凡是水利工程体系还不完整的地方，都应该大力解决配套问题，这是进一步发挥现有水利工程的灌溉效益的中心环节。社论分析，一宗水利工程，如同一部机器，有主件，有配件，还有零件。水库大坝是水利工程的骨干工程，有了骨干工程就有了兴水利除水害的基础。但如果仅有水库，没有渠道涵闸等一般工程，即使蓄了水也无法引用；有了干、支渠而没有斗、农、毛渠，或者虽有渠道而没有平整土地，即使引了水来也无法进行普遍地灌溉。土方工程做好了，而涵闸等建筑物不全，虽然可能灌溉，但因控制不灵，也不能收到适时适量、合理的用水效果。因此，兴修一宗水利工程，既要把蓄水、引水、提水等一系列水源工程修好，解决水的来源问题，也要把大小渠道开好，把土地平整好，解决水的输送和浇灌问题。只有实现库成渠通、水到地平的要求，才算得建成一个完整灌溉系统。既然水利建设的目的是消除水旱灾害对农业生产的威胁，那么，有了一套灌水系统就必须有一套排水系统。在完整的水利工程体系中，必须具备排水和灌溉两个方面的工程。因此，在兴修自流灌溉工程的时候，必须同时兴修排水工程。排灌分渠，才能做到旱涝保产保收。

如何进行水利工程的配套建设？社论对此作了一般性的原则规定，指出：为了先把最急迫、最能兴利除弊的工程做好，应该充分发动群众，找出工程配套中需要解决的主要问题，区别缓急，分批进行。配套工作一般应当以支渠以下的小型配套工程为重点，尽可能为冬春灌溉服务，争取当年当季受益。配套工作一般比较分散，在组织领导和施工方面，不宜过分集中。除较大工程外，一般支、斗渠及其桥梁涵闸工程，由公社根据谁受益谁

① 《中国农报》评论员：《做好农田水利工程配套工作》，见中国社会科学院、中央档案馆编《1958—1965 中华人民共和国经济档案资料选编·农业卷》，中国财政经济出版社，2011 年，第 424－426 页。

负担的原则,组织力量进行配套。农、毛渠及其附属涵闸工程,可以由大队统一安排,以生产队为单位进行。社论最后指出:水利工程的配套是争取1962年丰收的一项重要的措施,有关部门要像兴建主体工程一样,加强领导,深入群众,在调查研究的基础上,细致安排,扎扎实实地做出实事求是的计划和措施,依靠人民群众的积极性和人民公社的组织力量,把现有水利工程的灌溉效益大大发挥出来。①

《人民日报》社论发表后,全国各地相继开展了冬修水利活动,将重点放在大量整修或兴建小型工程,并对大中型重点工程进行续建和配套。1961年入冬后,甘肃省各地为了管好现有水利工程设施,充分发挥灌溉效益,水利部门干部和公社社员们在戈壁地区的水库上衬砌了防止渗水的土坝,加固了高原地区水库的库床,并且检修了渠首工程和主要干渠的闸门、闸板。各地还采取管、用、护三结合的办法,加强水库的管理。到1962年春,甘肃省各大型、中型水库已蓄水1亿多立方米。河北省各地在1961年冬修水利活动中,以整修配套为主,共修建渠道、水井、闸涵等工程4 000千多项。石津渠灌区的束鹿、衡水、宁晋等8个县建立了18处装配式小型建筑物构件预制场所,使灌区水利工程配套所需的各种小型建筑物能迅速装配完成。浙江省山区和半山区共有12 400多个中小型蓄水库,1961年冬动工兴修的2 000多个中小型水库工程中,大部分是配套整修和扩建工程。各地水库工程经过配套和整修后,一般受益面积能扩大一倍左右。②

1958年水利"大跃进"后,长江流域各省兴建了大批水利工程,对抗御自然灾害起了一定的作用。但是,由于安排工程项目多了一些,资金、材料、劳力跟不上,各省都有部分大中型重点工程没有来得及配套。1961年冬到1962年春,长江流域的江苏、安徽、湖北、湖南、江西、四川6省,除了四川以蓄水保水为中心开展水利冬修活动外,其余各省都根据调整、巩固、充实、提高的精神,对未完工的大中型重点工程进行续建、配套,同时大量整修或兴建小型水利。6省参加兴修水利的民工有360多万人。各省施工的大中型水利工程大都已在过去建立了主体工程的基础,只要对主体工程续建或者再建一些配套工程,就能在1962年发挥效益。湖北省施工的27宗续建、配套的大型工程,大多数大坝已建成,1961年冬春主要是开通

① 《抓紧工程配套 扩大灌溉效益》,《人民日报》,1961年11月23日。

② 《四川甘肃为春插春播备水,河北以配套为主冬修水利,浙江山区兴修二千多个中小型水库工程》,《人民日报》,1962年1月12日。

渠道、增建渠系控制建筑物。安徽省由国家投资的 843 宗工程，只要安装机械和开挖渠道当年就能发挥效益。因此，这些工程所需的人力、物力都比过去少，而灌溉效益则能成倍地增加。如横贯全省的淠史杭大型灌溉工程，虽然灌溉面积已达 160 多万亩，而再修建一些渠道和小型涵斗后则可以使灌溉面积再增加 100 多万亩。江苏省各地对已有的灌溉 2 000 多万亩农田的机电排灌工程进行了调整、配套和机械设备补充。镇江专区 106 个机电抽水站通过调整设备、改善灌溉线路和改建站址，使灌溉面积由 26 万亩扩大到 52 万多亩。各省冬修的小型水利，规模很大，都是以社、队自办为主，以整修为主，同时还根据费工少、效益快的原则兴建了一批能够当年完工、当年受益的小型工程。安徽省各地规划修建的 20 多万处小型水利工程大部分已经动工。湖北省襄阳专区已动工的 1 万多处小型水利工程，到 1961 年 11 月底已有 3 000 多处完工。各地人民公社一般都本着"自修、自建、自用"的原则兴修水利。① 四川省农村展开了以蓄水保水为中心的水利冬修活动，到 1961 年 12 月中旬，共有 2 500 多万亩稻田蓄上了水，占 1961 年冬水田计划面积的 98.6%，比 1960 年扩大 400 万亩。②

　　1962 年 4 月 10 日，《人民日报》发表题为《提高水利效益的中心环节》的社论，进一步指出："管好用好现有水利工程和排灌设备，充分发挥水利设施的潜力，进一步提高水利工作的效益，在一个很长的期间，是农业增产的重要手段。"社论强调："兴建工程只打下了受益的基础，管理工程才是长期受益的保证。兴建和管理都很重要，缺一不可……从某种意义上说，维修管理也就是兴建的继续，很好的管理不仅巩固了兴建的成果，并能弥补兴建中的缺陷，逐步提高工程质量，使工程条件好的更好，差的变好，扩大灌溉效益。"③

　　随后，全国各地在进行水利工程的配套工作中，更加注意了提高水利工程效益。浙江省在 1962 年之前的几年间兴建了大批水库，发展了电力排灌，杭嘉湖和温（州）瑞（安）平原等地区初步形成了电力排灌网，山区也修建了许多水库、水塘，大大减轻了农田的水旱灾害。但是从总体上看，还

　　① 《争取在今年农业生产中充分发挥灌溉效益，长江流域六省冬修水利》，《人民日报》，1962 年 1 月 5 日。
　　② 《四川甘肃为春插春播备水，河北以配套为主冬修水利，浙江山区兴修二千多个中小型水库工程》，《人民日报》，1962 年 1 月 12 日。
　　③ 《提高水利效益的中心环节》，《人民日报》，1962 年 4 月 10 日。

有一部分农田抗旱排涝能力不高,特别是有些地方防涝排涝设施不够。因此,1962 年冬春各地冬修水利,主要根据"旱涝兼治、蓄泄兼顾"的原则,重点解决粮、棉、麻主要产地的旱涝问题。杭嘉湖、宁绍平原等主要产粮区将大力疏浚河港,培修堤圩,整修和扩建原有涵闸,同时重点兴建大中型的排灌站。宁波、嘉兴、台州、金华等专区许多水利工程开始施工,其中规模较小的一部分工程在开工后不久就基本完工。①

广东省徐闻县是有名的水利先进县,"大跃进"运动以后兴修了许多中小型水库。到 1962 年 11 月,全县水利工程蓄水量达 1.1 亿多立方米,计划可灌溉 28 万多亩,但全县水利工程实际能灌溉的耕地面积只有 17 万多亩,仅占原计划的 61%。为什么会出现这样的情况呢?据徐闻县委书记梁甫调查,既有水利工程未能充分发挥灌溉效益主要有三种情况:

一是水库渠道没有挖通,水利工程未能发挥应有的作用。如下桥公社的合溪水库蓄水达 413 万立方米,本来可以灌溉 1 万多亩,但由于渠道长期没有挖好,只能灌溉 2 000 多亩。

二是有些水库的主渠修通了,但支渠、毛渠修得不好,浪费用水,影响了灌溉效益。如全县发挥效益较好的大水桥水库蓄水量达 5 100 万立方米,原计划灌溉 13.5 万多亩,前几年集中力量挖通了主渠和大部分支渠,已灌溉 11 万多亩。但这个水库灌区的支渠、毛渠修得不够好,浪费水的现象很严重,如海安分渠的渠道不合规格,漏洞多,放水 4 天,水还流不到田。

三是前几年堤围、水库、渠道的岁修工作抓得不紧,有些地方已经出现了险段,妨碍了放水灌田。如前山公社的黄竹山塘原计划灌溉 1 100 亩,因涵洞坏了没有修,已有两年没有蓄水。

从徐闻县的情况来看,需要维修配套的水库、山塘、堤围,共有 100 多宗,共计有 250 多万土石方的任务。但全县的人力财力难以同时完成,故县委决定首先维修有危险性的水利工程,其次维修能够为冬种及春耕服务的水利工程,至于其他一时不能发挥效益的工程和新建工程则推迟修建。根据这一原则,徐闻县各公社都进行了水利工作的规划。据统计,全县秋前进行的维修配套工程共 59 宗,土石方 57 万;1962 年冬春进行 69 宗,土石方 103 万;还有 90 万土石方的任务留待 1963 年春耕以后再进行。这样

---

① 《提高抗旱排涝能力,创造明年增产条件,浙江贵州开始冬修水利工程》,《人民日报》,1962 年 11 月 11 日。

规划既可以迅速收到灌溉效益,又不至于影响农业生产。①

1958 年以后,湖北省各地先后兴建了许多水库,其中蓄水 1 亿立方米以上的较大水库有 22 座。这些水库中有的在过去几年的抗旱中已经发挥了一定的作用,但很多还没有完全建成,有的没有渠道,或者只修了简易渠道。1962 年入冬以后,这些工程得以重点续建。如蓄水量达 4 亿多立方米的徐家河水库续建包括渡槽、涵洞、分水闸、节制闸、泄水闸和桥梁等渠道建筑物 200 多处。江汉平原地区的大型排灌工程的配套,以建筑排水闸和疏浚排水沟为主。四湖、汉北、汉南等受益数百万亩的大型排灌工程,则主要进行修建内湖节制闸、排水闸和疏浚沟渠。1962 年 11 月以后,湖北省以粮、棉、油生产基地为重点的水利续建配套工程陆续动工,全省开始整修的大、中、小型水利工程达 2 000 多处。②

早在 1962 年 7、8 月份,河南省水利、电力、地质等部门就抽出大批技术力量,配合专区和县的水利部门组成工作组,分别在平原、山区和丘陵地区共选择 20 多个重点县,对地形、土质、水源、电源和现有水利工程等各方面情况进行了调查研究,制订了全省 1962 年冬 1963 年春水利建设的规划,并根据规划对施工中需要的技术力量、施工器材和施工工具都作了安排。各地水利建设的重点,主要集中于恢复和适当发展井、泉等小型水利工程,兴修除涝工程,并在山区、丘陵区重点恢复和发展梯田、塘、堰、坝等水土保持工程。由省水利部门重点掌握的鸭河口、白龟山、彰武、小南海、昭平台 5 座大型水库的续建工程,有 4 座已在 10 月底或 11 月初先后开工。豫北、豫东部分地区的中小型工程也已开始施工。到 11 月底,施工进度较快的安阳县幸福干渠已完成任务一半以上。③

内蒙古自治区 1962 年冬各地农田水利冬修活动展开后,从西辽河两岸到黄河后套灌区的各个水利工地上,参加施工的数万名各族社员紧张地开渠打堰、培修堤防和开凿机井。各地在冬修水利中,首先集中力量整修配套工程,以便进一步发挥现有工程的灌溉效益和防洪能力。其次大力兴修明年即可发挥效益的中小型农田水利工程和中小型水利配套工程,以及有计划地发展电力灌溉工程。黄河后套灌区除将大小渠道和涵闸全面进

① 梁甫:《维修配套是水利工作的当务之急》,《人民日报》,1962 年 11 月 19 日。

② 《湖北湖南冬修水利工程开始施工》,《人民日报》,1962 年 11 月 19 日。

③ 《因地制宜整修配套扩大灌溉排涝效能,河南内蒙古水利冬修工程陆续开工》,《人民日报》,1962 年 12 月 4 日。

行岁修以外,还准备兴修三项重点工程:改建黄河总干渠的解放闸,以便更加有效地节制黄济渠、杨家河和乌加河三大干渠的进水输水;开挖28公里长的包尔套勒盖干渠,保证新建的农场大面积农田得到灌溉;疏浚原来灌区的各大干渠的天然退水口——乌加河,使排水顺畅,并减轻灌区内部分旗、县的土壤盐碱化。对呼和浩特市郊区的大小黑河进行综合治理,修建分洪用洪、淤地和灌溉工程。①

据国家统计局1963年4月对全国大中型水利灌区的配套和利用情况的统计,全国已有设计灌溉面积在万亩以上的大中型水利灌区3 989处,设计灌溉面积29 141万亩,实际建成配套的灌溉能力为16 581万亩,占56.9%。另据其中896处灌区统计,1962年达到灌溉能力的为3 743万亩,当年实际灌溉耕地2 791万亩,仅占74.6%,尚有25.4%的能力没有充分利用。② 大中型水利灌区的具体情况,详见表5至表7。

表5 1962年我国大中型水利灌区的基本情况

按工程类别	大中型水利灌区合计				其中:待配套的灌区			
	处数	设计灌溉面积(万亩)	有效灌溉面积(万亩)	有效灌溉面积为设计灌溉面积的%	处数	设计灌溉面积(万亩)	有效灌溉面积(万亩)	有效灌溉面积为设计灌溉面积的%
全国总计	3 989	29 140.60	16 581.00	56.9	2 680	22 916.52	10 495.77	45.8
蓄水工程	1 685	9 221.51	3 889.86 (4 222.92)	42.2	1 287	7 722.72	2 571.87	33.3
引水工程	1 548	13 035.27	8 639.96 (11 183.68)	66.3	955	9 931.62	5 499.55	55.4
提水工程	494	1 756.96	1 133.14 (1 174.40)	64.5	261	1 211.28	575.84	47.5

资料来源:中国社会科学院、中央档案馆编:《1958—1965中华人民共和国经济档案资料选编·农业卷》,中国财政经济出版社,2011年,第464页。浙江和新疆两省区缺报设计灌溉面积数字,这两省区的设计灌溉面积数字为估算,包括在总计中;但分列各项工程的各项数字同设计灌溉面积之比,均不包括浙江和新疆两省区的资料。括号内的有效灌溉面积,包括浙江和新疆两省区的数字。

---

① 《因地制宜整修配套扩大灌溉排涝效能,河南内蒙古水利冬修工程陆续开工》,《人民日报》,1962年12月4日。

② 国家统计局:《全国大中型水利灌区的配套和利用情况》,见中国社会科学院、中央档案馆编《1958—1965中华人民共和国经济档案资料选编·农业卷》,中国财政经济出版社,2011年,第462-463页。

表6　1962 年我国大中型水利灌区的基本情况

按灌区规模	大中型水利灌区合计				其中:待配套的灌区			
	处数	设计灌溉面积(万亩)	有效灌溉面积(万亩)	有效灌溉面积为设计灌溉面积的%	处数	设计灌溉面积(万亩)	有效灌溉面积(万亩)	有效灌溉面积为设计灌溉面积的%
全国总计	3 989	29 140.60	16 581.00	56.9	2 680	22 916.52	10 495.77	45.8
1 万 ~ 9.9 万亩	3 224	8 859.77	5 966.47 (6 655.02)	67.3	2 100	6 116.63	3 139.86	51.3
10 万 ~ 49.9 万亩	446	8 385.29	4 702.02 (6 328.51)	56.1	352	6 556.52	3 089.32	47.1
50 万 ~ 99.9 万亩	38	2 385.69	1 053.58 (1 298.58)	44.2	35	2 185.37	853.08	39.0
100 万亩以上	19	4 382.99	1 940.89 (2 298.89)	44.2	16	4 007.10	1 565.00	39.0

资料来源:中国社会科学院、中央档案馆编:《1958—1965 中华人民共和国经济档案资料选编·农业卷》,中国财政经济出版社,2011 年,第464 页。

表7　1962 年我国大中型水利灌区的基本情况

按地区分列	大中型水利灌区合计				其中:待配套的灌区			
	处数	设计灌溉面积(万亩)	有效灌溉面积(万亩)	有效灌溉面积为设计灌溉面积的%	处数	设计灌溉面积(万亩)	有效灌溉面积(万亩)	有效灌溉面积为设计灌溉面积的%
全国总计	3 989	29 140.60	16 581.00	56.9	2 680	22 916.52	10 495.77	45.8
华北区	531	4 682.08	3 124.26	66.7	356	3 798.62	2 244.38	59.1
东北区	264	1 350.83	812.24	60.1	198	1 132.90	594.41	52.5
华东区	936	—	3 694.50					
中南区	1 405	8 069.56	3 546.13	43.9	1 046	6 641.80	2 288.15	34.5
西南区	325	1 607.23	1 241.40	77.2	168	1 115.18	743.80	68.7
西北区	528	—	4 162.47					

资料来源:中国社会科学院、中央档案馆编:《1958—1965 中华人民共和国经济档案资料选编·农业卷》,中国财政经济出版社,2011 年,第465 页。

1963 年农村"三秋"工作基本结束后,许多地方开始了一年一度的水利建设。从许多地方的计划安排来看,1963 年冬和 1964 年春农田水利建设的基本任务是,在积极加强灌溉管理的同时,切实做好水利工程和排灌机械的配套工作,充分发挥现有水利设施的作用,即"一手抓管理,一手抓配套"。为了指导全国各地水利配套工程的顺利开展,1963 年 11 月 30日,《人民日报》发表《积极做好今冬明春的水利建设工作》的社论,对兴修水利工程配套设施的重要性作了解释,并重点说明了为什么要将水利建设的重点放在发挥现有工程的效益上的原因。社论指出,1958 年以来大规模的水利建设虽然取得了伟大成就,但已有的水利工程中仍然有不少并没有充分发挥效益,其重要原因是这些水利工程还不配套。据有关部门统计,现有万亩以上的灌区已经发挥效益的面积只占设计面积的 60%,还有40% 因工程不配套,或者配套不全,或者土地不平整等原因,没有能够发挥灌溉效益。因此,社论指出:"今冬明春必须集中主要力量,结合农田规划,进行工程配套和土地平整工作;要对今年洪水冲毁和淤积的工程进行整修、清淤和加固等工作;在一些容易发生内涝和盐碱化严重的地区,要特别注意开挖排水沟,以防止内涝为害,逐步克服土壤盐渍化。"

为什么水利建设的重点放在发挥现有工程的效益上?社论解释道:因为一个灌区从主体工程建成到各项工程配套齐全,而且把灌区内的土地都平整好,使之充分发挥效益,需要相当的时间。1958 年以来集中力量修建了一大批水利骨干工程,之后应当集中力量修好配套工程,进行土地平整工作,建立和健全灌区的管理制度。这样做将使已有水利设施充分发挥效益。在以工程配套为主的水利建设工作中需要办的事情很多,究竟应该首先办哪些事情?社论明确指出:要根据从当前出发兼顾长远的原则来安排工作,凡是对于实现明年农业增产有较大作用,而又花钱少和用工少的水利工程,要尽先进行整修和配套,并且保证如期完成。凡是被 1963 年洪水冲毁而又需要修复的工程,或者原有工程没有达到防汛要求的,也要根据保证安全的原则尽先安排,争取在汛期到来以前完工。对于所有施工的工程,既要力争加快进度,更要注意保证质量。绝不应当因为是整修或配套,就对工程质量采取马虎态度。否则工程质量不好,将来再返工,不仅会造成人力物力的很大浪费,而且会影响工程使用,使生产遭受损失。社论号召各地党委和政府一定要把现有水利工程的整修和配套作为冬春水利建设的中心任务来抓。同时,还要大力整顿和加强灌区的管理工作,建立和健全必不可少的制度，真正管好用好现有的水利设施，把整修、配套工作和管理工作衔接起来。①

《人民日报》社论发表后，全国各地以工程配套为主的水利建设工作很快开展起来。早在1963年夏收期间，北京市委就组织领导干部及科学技术人员到一些大面积稳定增产的国营农场和人民公社进行调查。这些先进单位连年大幅度增产的一条重要经验，就是建设比较完善的水利排灌工程，特别是有计划地平整土地，使水利工程、肥料和机械耕作能够比较充分地发挥增产作用。北京市专门组织水利、农业机械、城市规划等部门的干部系统地调查研究了郊区的水利资源和灌溉管理情况，对全郊区今后的水利建设作出全面规划。规划确定：地下水源比较丰富的房山、平谷等县，要有重点地集中使用资金，有计划地发展机井灌溉事业；水利工程已经初具规模的县和公社，一般不再新建水利工程，主要是集中力量平整土地，修建田间水利配套工程，进一步健全排灌体系，加强灌溉管理。集中力量平整土地，修建田间水利配套工程，是发挥现有水利设施效益、扩大灌溉面积、保证农业全面稳定增产的关键。1963年初冬的北京市郊农村，每天有20多万社员早出晚归，参加以平整土地、田间水利工程配套为中心的冬修水利活动。有人描述京郊大地修建田间水利配套工程的盛况："从燕山脚下到永定河畔，在郊区广阔的田野上，到处可以看到冬修水利的人群。社员们冒着初冬的寒风挥锹平地，修筑田间渠道。许多农田在拖拉机耕翻之后，紧跟着就打埂筑畦，挖渠道；大道上，运送砖石的马车往来不绝。在满畦翠绿的麦田和大面积秋白地上，整修一新的渠道纵横交错。很多以往起伏不平的旱地，现在已变成有畦有埂、畦平埂直的水浇地。一些较大的灌区，连日都在召开会议，研究加强灌溉管理的新措施。"② 到1964年3月底，北京市郊农村灌溉面积就增加了70多万亩。③

1964年8月5日，《人民日报》发表《水利建设和稳产高产田》社论，对此前水利配套工程建设情况进行总结，号召各地继续抓好水利工程配套设施建设。社论指出，有一部分农田已经有了部分的水利设施，但是还需要继续做好工程配套、土地平整，加强管理工作，才能充分发挥灌溉效益。这

① 《积极做好今冬明春的水利建设工作》，《人民日报》，1963年11月30日。
② 于英士：《平整土地修建田间水利配套工程，京郊力争把水浇地扩大一倍》，《人民日报》，1963年11月25日。
③ 《水利建设和稳产高产田》，《人民日报》，1964年8月5日。

部分已经有了部分水利设施的农田,大多数具备了优先建成稳产高产农田的条件。社论明确指出:"在今后一个时期内,水利建设工作的重点,应当放在这部分农田上面,充分挖掘现有水利设施的潜力。挖掘潜力的办法,一是续建配套,二是加强管理。通过续建配套和加强管理,把现有水利设施的潜力充分发挥出来,这比起建设新的大型、中型水利工程,所花费的投资要少得多,而受益的时间却要快得多。"本着水利建设这样的工作原则,不论是今后新建的水利工程,或者是过去兴建而尚未完成的水利工程,都应当根据当前的力量和实际的需要作出整体的规划。社论强调:"工程的规模宁可小一些,但一定要力求每个工程都是成套的、齐全的。要做到修建一处工程,就配套一处工程。只有这样,才能较快地充分地发挥效益。在一定时期内,人力物力总是有限的,为了集中使用力量,先修好主体工程,是必要的;但是,在主体工程基本修好之后,紧接着就集中力量修好配套工程,同样是十分必要的。"

有了配套齐全的水利工程设施,还不等于完全解决了水的问题。事实证明,管好用好水利设施,和修好水利设施同样重要。中国有许多水利设施办得很好,例如新疆维吾尔自治区的玛纳斯河灌区、陕西省的洛惠渠灌区和湖南省的千金水库等;但也有许多灌区和排灌站办得不好,甚至办得很不好。有些办得好的灌区,一个流量的水,一昼夜可以浇地 1 000 多亩;而有些办得不好的灌区,同样流量的水仅浇地 300 多亩,相差很远。①

这种情况说明,水利管理工作的潜力是很大的,政府将水利建设的重点放在工程配套设施建设上是有针对性的。

第三节　华北地区次生盐碱化的控制

盐碱化的形成,主要取决于一个地区的气候、地形、土壤和水文地质等自然条件。在干旱和半干旱地区的平原、盆地和河谷地带,当排水条件不良、地下径流迟缓、地下水位高于一定限度时,由于地表强烈蒸发,地下水则携带盐分通过毛细管作用源源向上补给,水分蒸发后,盐分即逐渐积累

---

① 《水利建设和稳产高产田》,《人民日报》,1964 年 8 月 5 日。

于表层土壤,从而形成土壤盐碱化。此外,在干旱或半干旱的易于盐碱的耕地中,由于排水条件破坏,灌溉措施不当,或因内涝的加重,过量补给地下水,加之其他农业措施不当、地表覆盖破坏、土壤板结等原因,也会产生次生盐碱化的土壤。

华北平原是中国三大平原之一,自古就是中国重要的农业基地。按1957年统计,冀、鲁、豫三省及北京市的总耕地面积、粮食总播种面积、农业总人口都各约占到全国的24%,棉花的总播种面积则占到全国的46%左右,这里的农业生产在全国占有举足轻重的地位。① 华北平原6个省(区、市)分布着3.6亿亩的盐碱地,其中约有1亿亩分布在耕地上。此外,还有不少的易于盐碱的耕地,在发展灌溉后有次生盐碱化的威胁。②

但土壤的盐分不是固定不变的。土壤盐分的消长和运动,主要借助于水的运动。如果地表水和地下水出流条件改善,地下水位降低而又具备灌溉或天然降雨淋洗条件时,土壤盐分就随水向下运动而形成脱盐过程。因此,在农、林、水、牧综合措施中的水利措施,是防治土壤盐碱化的基础。根据"盐随水来,盐随水去"的规律,控制和调节土壤中水的运动,把地下水控制在临界水位以下,防止因土壤毛细管作用导致盐分向表层积聚,是防治土壤盐碱化的关键。根据不同的自然条件和土壤盐碱化不同的成因,对盐碱地的治理,大致可分为三种类型:

第一类是华北和东北平原的盐碱地。这一地区由于受季风影响,经常春旱秋涝。土壤盐分的聚集有着明显的季节性,很多是由于缺乏排水出路和不合理灌溉所造成的。治理的措施是开辟排水出路,做到排灌配套,井渠结合,合理控制浅层地下水。有条件的地方,还可利用河流泥沙引洪漫地,以降低表层土壤的含盐量。时任水利部北京勘测设计院院长须恺把这一类归为泛滥平原盐渍区。他认为:"这个地区的盐渍化一种是由于自然地形低平排水不畅,一种是由于灌溉的不合理和灌区没有建立排水系统所造成。"③

第二类是西部内陆的盐碱地。这一地区已开发的耕地多在河流出山口的冲积扇上,地势较高,地下水流通畅,地下水位较低。因此,在初期开

---

① 粟宗嵩:《为华北平原发展农业生产"除四害"》,《人民日报》,1962年12月18日。

② 张子林:《水利化和农业生产》,《人民日报》,1963年8月29日。

③ 须恺:《中国的灌溉事业》,见中国社会科学院、中央档案馆编《1953—1958中华人民共和国经济资料选编·农业卷》,中国物价出版社,1998年,第661页。

发时,只修建粗放的灌溉系统,而缺乏排水设施。使用一段时间后,由于渠道渗水和大水漫灌,地下水位逐渐升高,从而造成灌区下游的严重沼泽化和盐碱化,并不断向灌区内部发展。治理措施:首先要加强渠道防渗,进行节水灌溉,减少地下水补给;同时,发展井灌、井渠结合,合理开发利用地下水,以控制地下水位;有的地方,还要修建排水系统,解决排水出路。

第三类是滨海盐碱地。这里土壤含盐量大,加以潮水顶托,排水困难。治理措施首先是筑圩建闸,防止潮水入侵,然后在内部修建灌排系统,引淡排咸,加速土壤脱盐过程。

在 1958 年至 1960 年的三年水利"大跃进"高潮中,由于平原地区推行"蓄水为主"的治水方针,县县乡乡拦蓄雨水,水不出县、水不出乡,盲目修建了河网化、开运河、修平原水库、引黄大水漫灌、河沟打坝建闸、节节拦蓄、大搞坑塘、抬高路基、修筑边界圩等工程,许多平原骨干排水河道作为输水渠道引黄泥沙大量淤塞河沟,使排水能力本来就低的河道,进一步降低了排水能力。雨水、河水引得进排不出,大量渗入地下,地下水位普遍升高,致使内涝灾害加剧,次生盐碱地迅速扩大。在这期间,全国增加次生盐碱地 2 720 万亩(其中河北、山东、河南三省增加 2 100 万亩),连原有盐碱地共 10 400 万亩。[①] 仅河南省豫东地区的涝灾面积就由 1955 年的 500 多万亩发展到 1960 年的 900 多万亩;盐碱地由 1958 年的 480 万亩发展到 1961 年的 1 100 万亩。商丘地区 1961 年、1962 年的粮食总产量只有 1950 年的 60%、1955 年的 44%。[②]

为此,中共河南省委于 1961 年 3 月指派省人委秘书长魏维良、省农委张天一、省水利厅李培林等人,赴豫东考察引黄灌区产生的次生盐碱化问题。在考察报告中,提出了"要按照恢复自然流势,拆除阻水工程,打开排水出路,完善灌排配套、安排灌蓄相结合的原则,重新进行水利规划。当前要成立除涝治碱专门机构、治理危害严重的河流和安排打井灌溉以保证农业增产"的建议。6 月,河南省人委豫北水利盐碱地改良工作组 22 人,在豫北平原进行调查研究,提出了豫北平原灾害情况及治理意见的调查报告,研讨了引黄是否停灌的问题。

---

① 国家计委农村水利局:《1962 年水利建设情况和 1963 年初步设想》,见中国社会科学院、中央档案馆编《1958—1965 中华人民共和国经济档案资料选编·农业卷》,中国财政经济出版社,2011 年,第 460 页。

② 李日旭主编:《当代河南的水利事业(1949—1992 年)》,当代中国出版社,1996 年,第 132 页。

　　1961 年 10 月 28 日至 11 月 10 日,河南省召开了全省水利工作会议。出席会议的有各专区、市、县,各大型水库、灌溉管理局,黄河各修防段(处)和水利施工总队共 527 人。会议提出当时水利建设的总方针是"旱涝兼治,兴利和除害并举",在平原地区应以除涝治碱为中心,排、灌、滞兼施;在山区应继续贯彻"蓄水为主"的方针,切实处理好大、中、小型水库的遗留问题。据此精神,安排了河南省 1961 年冬和 1962 年春季水利建设计划,研讨了《河南省水利工作暂行条例》(草稿),采取废除平原水库、拆除阻水工程、恢复自然流势、打开排水出路、扒除部分危险水库的办法,从1962 年起停止盐碱化发展,在 3～4 年内把涝灾、盐碱化缩小到 1957 年内的程度。这次会议是河南省水利建设大转折的重要会议,从指导方针到措施安排都做了全面布置。从 1962 年以后至 1965 年,大批干部深入现场检查处理各项阻水工程,共拆除 4 万余处,基本上恢复了自然流势,对 39 万水库区移民的生产生活也作了初步安排。从 1964 年度起,冬春水利运动开始回升,全省上工劳动力最多达 320 万人,完成土方 2.5 亿立方米。1965 年度冬春,全省上工劳动力最多达 450 万人,完成土方 5 亿立方米,并集中力量治理惠济河、天然文岩渠、涡河、浍河等主要干道,同时进行了部分面上配套工程,修建台田条田 20 多万亩。除涝治碱工程共完成土方 5.5亿立方米,占全省全部工程量的 2/3 以上。[①]

　　中国在改良盐碱地和防止土壤次生盐碱化方面做了不少工作。在新疆维吾尔自治区和山东省滨海地区开垦利用了 2 000 多万亩盐碱地,取得了成功经验。华北平原地区在防止灌区次生盐碱化方面,1960 年以后也取得了有益的经验:明确了严格控制灌溉用水,统一治理内涝,大力进行排水,保持来去水量平衡,是防止次生盐碱化的关键性措施。有些地区还分别采取了下列几种措施:(1) 冲洗改良,在经过耕翻的白地上,用较大的灌水定额淋洗土壤,使土壤脱盐。(2) 放淤改良,引用含泥量较高的水源进行淤灌,一方面淋洗土壤盐分,一方面于地表淤积一层含有丰富有机质的淤泥层,以改变土壤的理化性质。(3) 种稻改良,通过种植水稻长期泡田的办法来经常淋洗土壤,使其逐步脱盐;同时随着种稻年限的增长,变碱性土为非碱性土。(4) 压盐保苗,在春季返盐强烈季节,适当进行灌水,将根系活动层的盐分稀释和压至下层,以防止作物死苗。无论是改良盐碱地或

---

　　① 李日旭主编:《当代河南的水利事业(1949—1992 年)》,当代中国出版社,1996 年,第 133 页。

是防止盐碱化,不管采用上述这种或那种技术措施,都需要以排水条件为基础,只有这样才能保证水盐运动的正常循环。如果只灌不排,就必然形成压盐—返盐—再压盐—再返盐的恶性循环,或者是中间小片压盐周围大片返盐。①

山东省地处黄河下游,东临渤海、黄海,北部惠民地区是海水退后新形成的陆地,西北部的德州、聊城和西部的济宁、菏泽等地区为黄河泛滥冲积平原。这些地区的土壤和地下水本身含盐,加之气候干旱多风,水分蒸发量大,天然排水情况不良,历来就有大片盐碱地。近几年来,有些水利工程因配套不全或用水不当,造成地下水位升高,有些地方受到返盐威胁。从1957 年起,山东省就设立了专门机构领导预防和改良盐碱土的工作,并组织水利、农业、林业等有关方面的科学技术人员开展调查研究和试验工作。山东省水利科学研究所在滨海和内陆地区设立了 5 个试验站,先后进行了灌溉、排水、冲洗、种稻和洗盐等试验研究工作,观察分析不同时期土壤和地下水、水盐动态的变化情况。农业、林业等方面的科学技术人员,在农村进行调查研究和设点试验时,分别对盐碱土地区农民的耕作制度、作物品种、植树造林等进行综合性的调查和试验研究,总结了一些有价值的经验,对许多问题逐步有了明确的认识。如对于盐碱地的灌溉用水和耕作问题,农民中普遍有"盐从水来,盐随水去"、"修畦如修仓,跑水如跑粮,灌溉不整畦,费水费工又碱地"的说法;关于土壤返盐时间,有"春秋两层皮"、"七月八月地如筛,九月十月返上来"的农谚。这些经验帮助科技人员丰富了改造盐碱地的知识。

1961 年 8 月初,山东省水利厅、农业厅联合举行了防治盐碱土技术座谈会。会议对山东省部分地区盐碱化的发生原因、发展规律进行了讨论,并提出了因地因时制宜地改良和利用盐碱地的措施。会议认为,土壤盐碱化不是灌溉的必然结果,而是由于灌溉不当造成的。在发展灌区之后,部分地区由于灌溉工程尚未配套,采取大水漫灌的方法大量补给地下水,同时由于排水工程不够健全,使地下水位急剧抬高,所以有些土地就盐碱化了。② 如何防治盐碱化? 会议认为,必须把水利、农业、林业等方面的措施紧密结合起来综合治理,而且必须以排碱为基础,建立和健全排水系统,控

---

① 张子林:《水利化和农业生产》,《人民日报》,1963 年 8 月 29 日。
② 《山东省水利厅、农业厅联合举行防治盐碱土技术座谈会》,《人民日报》,1961 年 8 月 8 日。

制地下水位的升高。如何处理好灌溉与防治盐碱化的关系？灌溉是使土壤脱盐的条件,有灌有排,灌排配套,就能防治盐碱。但必须根据作物的需水需肥、土壤盐分运行和作物耐碱等情况确定灌水的次数和时间。在地下水水质好、可以用于灌溉的地区,应大力提倡井灌,以降低地下水位,控制盐分上升。同时,在排水系统有重点地逐步建立过程中,应特别重视灌溉管理工作,推行集中用水,实行轮灌,尽量缩短渠边输水时间,并在渠边上采取挂淤、夯实和黏土衬砌等防渗措施,减少地下水的来源。①

1961年夏季和1962年1月,山东全省有关的科学技术人员和高等院校教师两次举行预防和改良盐碱土的学术讨论会,提出了"山东省防碱改碱技术措施要点",从逐步建立健全排水系统控制地下水位、因地制宜地做好灌溉渠系配套、合理灌溉、加强灌溉管理、合理运用平原水库、适时耕作晒垡养坷垃、因地种植保苗保收、增施有机肥料改善土壤结构、植树造林防风防盐、冲洗淤灌改盐肥田等10个方面提出了一套综合性的措施,由省农业和水利行政部门印发各地参考。②

1962年2月20日至3月2日,中国水利学会在山东济南召开了华北平原地区预防和改良盐碱地学术讨论会。讨论会由中国水利学会理事长张含英主持,出席会议的有山西、河北、山东、河南、安徽、江苏、北京六省一市和中央各有关部门及各地有关高等院校的代表。山东省平原地区专区、县和省级有关部门、高等院校也派人列席了讨论会。华北各省一部分改造盐碱地的劳动模范也应邀参加了讨论会。会上共收到论文和调查报告26篇,其中在大会上作报告的13篇。这些论文和报告,从水利、农业、农垦、土壤、水文地质、地理、林业等方面探讨了预防和改良盐碱地的各项措施。会议着重讨论了4个问题:华北平原土壤次生盐碱化的原因及其与灌溉的关系;预防和改良次生盐碱地的根本措施和当前措施;地下水临界深度的含义及确定方法,预防和改良盐碱地对排水的要求和标准;受盐碱化威胁的地区和已经盐碱化地区的灌溉问题。在讨论华北平原土壤次生盐碱化的原因及其与灌溉的关系时,与会者认为,华北平原土壤发生盐碱化的原因是多方面的。在黄泛平原和滨海地区,地势平缓、土壤含盐、地下水径流滞缓、水位较高、蒸发强烈、旱涝交替、河道淤浅等,这些都是容易发生盐碱

---

① 《山东省水利厅、农业厅联合举行防治盐碱土技术座谈会》,《人民日报》,1961年8月8日。
② 《山东科学技术界研究防治盐碱地》,《人民日报》,1962年3月25日。

化的自然因素,因而在历史上就有不少各种类型的盐碱地。同时,近年来,在大兴水利工程时,由于有些工程还来不及配套,因此也产生了一些次生盐碱地。关于灌溉是不是会引起土壤次生盐碱化的问题,与会者一致认为,只要有健全的灌排渠系,合理用水,结合正确的农业措施,不仅不会招致次生盐碱化,并且可以迅速有效地改良利用老盐碱地。

预防和改良次生盐碱地的根本措施和当前措施何在? 会议认为,根本措施在于有灌有排,控制地下水位;同时,加强农业措施,减少地面蒸发。不同地区应当根据地形、土壤、水文地质等不同情况因地制宜地确定水利措施。总的来说,应该是灌排兼施,渠灌井灌结合,自流扬水并举,自排抽排并举,根据具体条件,因地制宜,不能偏废。关于当前措施,大家认为主要有 4 项:(1)积极进行灌区工程配套;(2)更好地发挥原有河沟的排水能力,改建不合理的工程设施;(3)加强灌溉管理,健全管理组织,建立必要的规章制度;(4)提高耕作技术,因地种植,平地筑埝,增施有机肥料,适时耕作,加强田间管理。①

会议对受盐碱化威胁和已经盐碱化的地区在一般排水不畅、工程配套不全的情况下是否要灌溉问题展开了讨论,形成了两种看法:一种意见认为,在目前灌区排水系统不完整的情况下,如果灌溉,只能大水漫灌,这样会抬高地下水位,加重和扩大盐碱化,因此应当停灌,就是发生大旱,灌不灌也要考虑;另一种意见认为,灌溉排水系统是要逐步完善的,不一定等到工程完全配套以后才灌溉,如果发生旱情,也还需要灌溉,这样可以促进配套工程加快速度,如果停灌,不仅不能配套,相反会造成"破套",渠道被平毁,建筑物被破坏,从而增加工程配套的工作量,因此应当边配套边灌溉。多数人认为,各灌区情况不同,一个灌区内情况也不一样,必须深入调查研究,根据具体情况,分别对待。关于如何灌溉的问题,大家认为,盐碱地灌溉的关键时期是播种前和春季土壤强烈返盐的季节,这时灌溉,能起防旱压盐作用。还有人认为,灌前平整土地,灌后耕翻多锄,便能充分发挥保墒和防止表土返盐的作用。②

1962 年 4 月 6 日,《人民日报》发表社论《适时适量进行春灌》,对盐碱化的原因作了分析,提倡合理的灌溉,反对只灌不排或大水漫灌的不良灌

---

① 《中国水利学会召开学术讨论会,探讨华北平原防治盐碱地问题》,《人民日报》,1962 年 3 月 13 日。

② 同①。

溉习惯。社论指出,近几年来,部分灌区土壤盐碱化有扩大的趋势,这是一个值得注意的问题。土壤发生盐碱化有许多原因:土壤母质的含盐量、地下水的深度和矿化程度,以及气候、地形地貌和耕作方法等,对盐碱化都有相当关系。灌溉措施不当也能引起盐碱化,主要是由于排灌系统不健全,只灌不排,或者大水漫灌,使地下水位提高。显然,这是灌溉方法不对头和灌溉设施不合理的问题,而不是灌溉本身的问题。盐碱化不是灌溉的必然结果,人们只要认真研究并掌握土地返盐规律,针对当地具体情况,采取相应措施,盐碱化是可以防止的。改进灌溉方法,改善灌溉设施,做好开沟排水工作,实行合理灌溉,不仅不会引起盐碱化,对于含盐土壤还有压盐洗盐淡化地下水的作用。春天是土壤返盐较盛时期,实行适当灌溉,不仅可以防旱,还能压盐保苗。

合理的灌溉对农业增产有重大的作用,不合理的灌溉对农业生产会产生坏的影响。社论对灌溉导致盐碱化的恶果给予重视,指出:水分过多或者过少,灌水过早或者过迟,都是不适当的。正确的做法是实事求是,总结当地的灌溉经验,同群众充分研究,当灌的就灌,不当灌的就不灌,灌多灌少也要恰如其分。要使灌区的各个部分都尽可能地得到适时适量的灌溉,就需要由用水单位讨论协商,根据作物种植情况、需水缓急先后和供水能力等,安排好灌水次序,合理分配水量,有条件的灌区尽量实行计划用水。[①]

"大跃进"水利高潮中重蓄轻排,以及因灌溉措施不当而产生的土壤次生盐碱化问题,在华北平原地区比较严重。据河南省新乡专区、山东省惠民专区的典型调查,因盐碱绝产的耕地占10%;拿苗五成左右、七至八成左右及八成以上的各占30%。耕地盐碱化严重地威胁当地的农业生产和人民生活。水利灌溉与土壤盐碱化的矛盾不解决,群众有顾虑,不敢灌溉农田,影响着水利设施的效益。

如何防治灌区土壤次生盐碱化? 各方意见不尽相同。有的认为水利措施是根本措施,主张以水为主,采用深沟排水的方法,把地下水位降低到临界深度以下,杜绝盐分上升,但对综合措施则要求不高。反对者认为一次根治诚然好,但工作量大,非近期所能做到;同时,不问土壤特性和含盐情况等具体条件,一律采用深沟排水,也非所宜。有的对综合措施要求较高,主张深浅排相结合,并采取相应的农业技术措施,促进土壤脱盐和防止

---

① 《适时适量进行春灌》,《人民日报》,1962年4月6日。

返盐,以保证当前农业生产,并逐步提高防治标准。反对者认为,这样不能达到根治目的,土壤脱盐不能巩固,农业生产不易稳定。又有的侧重从区域上来解决问题,有的则着重在田间多下工夫。这些不同的意见,既是治本与标本兼治之争,也是在综合措施中以什么为主之争;而在后一争论中,还包含着"以工程为主"与"以土壤改良为主"之争。①

究竟应该采取怎样的措施治理日益严重的盐碱化问题? 1962 年 5 月 25 日,《人民日报》发表了中国农业科学院农田灌溉研究所粟宗嵩撰写的《防治灌区土壤次生盐碱化要因地制宜》一文,对防治灌区土壤次生盐碱化给予技术指导。该文明确指出,灌区土壤次生盐碱化是由于没有采取相应措施而产生的,不是灌溉的必然结果。土壤含有盐碱,是土壤发生次生盐碱化的根源。使土壤脱盐,是防治土壤次生盐碱化的根本任务。控制土壤中盐分的运动,调节土壤中盐分的分布状况,以保证农作物正常生长,是防治的手段和目的。盐碱化是在多种因素综合作用之下发生的,不能把发生的责任全推给灌溉,也不能把防治的责任全部交给排水;必须采取综合措施,并因地制宜地分别对待,根据生产水平,逐步提高。因此,在防治工作的部署中必须贯彻下列原则:

第一,肯定改良与利用相结合的原则。华北内陆盐碱地土壤剖面盐分分布的特点是:盐分集中于表层,底土盐分不大。防治工作可以调节控制土壤盐分为中心,分几步走。首先,改变盐分或上重下轻或上轻下重或上轻下也不太重的分布状况,以保种保苗,恢复农业生产。其次,在此基础上,进一步促进底土的脱盐,减轻含盐量,为提高产量水平创造条件。然后,加深土层脱盐深度,以适应更高产量的要求。最后,淡化地下水,以巩固土壤脱盐效果,为保持土壤改良状况的良好和农业的高产稳收提供条件。

第二,确定以改良土壤和提高土壤肥力为基础,因地制宜防治盐碱化的根本原则。以华北平原为例,自太行山麓到滨海地带,土壤有地带性分布的规律。自西而东:地形由陡而平,地下水位由深而浅,矿化度由淡而浓,土壤含盐量由低到高,盐碱化由无到有、由轻到重,改良防治也由易到难,防治措施应由以农业措施为主转到以水利措施为主,农作物则由旱作到水旱轮作到水作等。即使在同一地区内,由于地形和土壤等条件的复

---

① 粟宗嵩:《防治灌区土壤次生盐碱化要因地制宜》,《人民日报》,1962 年 5 月 25 日。

杂,又有局部参差变化。必须注意掌握这些特点,统一安排,分片治理,才能收到更好的效果。

第三,在防治技术上田间防治与区域防治相结合。田间防治以调节控制土壤水盐垂直运动及其平衡为依据,采取综合措施,促进土壤不断脱盐;然后,按照盐碱化的不同程度,分别采取灌溉耕种措施或灌溉耕种措施与浅密排相结合的方法,以控制土壤盐分,保产增产。区域防治以调节控制大面积内地下水盐水平运动及其平衡为依据,在土壤改良区划的基础上,合理布置灌排骨干系统工程,以控制调节地面水量与地下水量,降低地下水位。骨干排沟须挖到临界深度以下,农、毛排沟不强求挖到临界深度以下。排水是防治盐碱化的重要措施之一,但不能千篇一律地采用。在洼涝重盐碱地区,必须挖排水沟;但在盐碱较轻的地区(仅表层有盐而底土盐分轻),就不一定要挖排水沟,采取农业措施就可以了。

第四,合理组织灌、排、耕、种综合措施,充分发挥综合措施的集体作用。以"灌"洗盐压盐,以"排"排盐和控制地下水的过量蒸发,以"耕"抑制土壤表土盐分的回升,以及选种适宜作物等措施,达到保证农业生产收益,并兼收改良土壤效果的目的。在合理灌溉上,掌握因盐灌溉的原则。不宜于长流灌溉者,可以采取间歇灌溉,可以井灌者不用渠灌或少用渠灌。在灌水量和灌水方式上,返盐重的地区,防盐重于防旱,宜于深灌加浅灌,以深为主,以浅为辅,加大水量,减少次数,深浅相间。在开始返盐地区,防盐防旱并重,宜于浅灌加深灌,以浅为主,以深为辅,浅深相间;浅灌防旱,深灌压盐,浅灌可以减少对地下水的补给,同时可以给深灌后抬高的地下水位以回落的时间。根据各地土壤返盐规律和作物需水需肥耐盐规律,制定符合当地自然条件的防盐防旱的灌溉制度,并掌握最有利于在较长时期内调节控制土壤盐分的灌水时间,适时进行灌溉。

第五,当前重点防止沿渠两侧和改良盐斑地。灌区次生盐碱化发生发展的规律是:沿渠道两侧首先发生溶碱,接着田间产生盐斑;前者由近及远,后者由小而大,程度均由轻而重;最后盐碱成片,形成盐荒。沿渠溶碱地带,要作为一个地带性土壤来处理。据粗略估计,石家庄石津灌区由于渠边侧渗而盐碱化的土地面积,占到几年来增加的盐碱地面积的21.8%。解决好这个问题,就可以恢复这一部分耕地的生产能力,并可初步制止灌区盐渍化的继续发展。盐斑地在次生盐碱化面积中也占主要地位,改良好这一部分土地,对恢复农业生产和防治盐碱化均有重大现实意义。解决了上述两项任务,就基本上解决了灌区土壤次生盐碱的问题。同时,着手区域性地下水盐平衡的准备工作,为长治久安之计。①

1962年5月30日至6月6日,中国水利学会在新疆维吾尔自治区乌鲁木齐市主持召开了西北地区(包括内蒙古)预防和改良盐碱地学术讨论会。这次学术讨论会共收到上述地区水利、农业、土壤、农垦、林业、水文地质、地理等各组专业科学技术工作者和生产部门提出的论文和调查报告56篇。会议初步探明了西北地区盐碱地的特点和防治盐碱化的基本措施。会议认为,农业措施中的平整土地(包括筑畦、平沟)、加强耕作(灌后松土、耕翻晒垡、早春耙地、适时中耕等)以及轮作倒茬,对于减少地下水的补给、减少地面蒸发、增加土壤团粒结构、提高土壤肥力、减轻盐分对作物危害程度有着很好的效果。有些地区群众采取秋后灌水压碱、加强耙耱措施、防止蒸发和土壤返盐的办法,也可以保墒防盐,不再进行冬灌就可以保证来年春播。内蒙古河套灌区采用"轮歇"的办法,新疆有的地区采用"休闲"的办法恢复地力,在一定条件下也是可行的。②

中国农业科学院农田灌溉研究所粟宗嵩经过较长时期的调查研究,提出了华北平原治理盐碱地的对策。他指出,华北平原地区发展灌溉的最大障碍是地下水盐状况不稳定,土壤易于返盐。暂停引黄灌溉,先把海河水系的地表水和流域内地下水利用起来,发展灌溉,在平原洼涝地带大力除涝,有利于当前农业生产;在区内地下水盐取得初步控制之后,再行引黄,也比较可靠。具体而言就是:在旱、涝、碱统一处理、分片防治的指导原则下,以海河水系每一支流流域为一独立单元,采取三水(雨水、地表水、地下水)并用、井渠并用、灌溉与除涝并举、自流灌溉与扬水灌溉并举一整套两条腿走路的方针;上蓄(上游蓄水)下排(下游除涝排水)中间灌(中游灌溉),渠灌由上(上部地区)而下(下部地区),先小后大(灌区、轮灌区由小到大发展),先近后远(自水源近处向远处发展,自干渠近边向外边发展),除涝排水由下(下游)而上(上游),先干(骨干排河)后支(支河支沟),先通(通畅)后深(拓宽浚深);二坡地在除涝的基础上灌溉,洼涝地在排水(除涝与必要的地下水排水)的基础上先扬水灌溉,后自流灌溉。适宜于

---

① 粟宗嵩:《防治灌区土壤次生盐碱化要因地制宜》,《人民日报》,1962年5月25日。
② 《中国水利学会在乌鲁木齐召开学术会,讨论西北地区盐碱地预防和改良措施》,《人民日报》,1962年6月16日。

井灌的地区不用渠灌。①

以 1962 年河北省滹沱河为例。当时的情况是：京广铁路沿线两侧为粮棉高产区；石津渠灌区自束鹿县（今河北省辛集市）、深县（今河北省深州市以东）发生次生盐碱化，部分灌区停灌；东部衡水一带从来是旱、涝、碱交相为害的低产区，渠灌地区因盐碱化有所加重而完全停灌，停灌地区次生盐碱化程度已有所减轻。从这里的地形、土壤、水文地质条件、气候及当前农业生产的基础等方面综合考虑，除四害的布局应是：水库近边发展一部分自流渠灌和扬水灌，自此向东，依次发展井灌、井渠交叉灌、自流渠灌，以巩固高产。再往东停灌地带，应以农业措施为主恢复次生盐碱化土地的生产，创造条件后逐步发展自流渠灌，以提高生产。东部洼、涝、碱低产地带则先除涝，在除涝基础上，枯水季节可引用部分库水，发展一部分扬水灌溉，稳定生产。在排地下水后，根据条件转向自流渠灌。井渠交叉灌区是地表水与地下水相互补充的水源调节地带，根据逐年水源动态，或渠主井辅，或井主渠辅，东部地区灌溉发展后水源不足，可以引黄补给。

粟宗嵩将自己的观点概括为："总的部署是积极发展井灌，巩固提高渠灌，洼涝地带大力除涝，在除涝和合理灌溉的基础上，结合农业技术措施，防治盐碱。灌溉以各河地上水地下水为主，引黄水为辅。"他提出，为了防治自流渠灌区次生盐碱化，除掌握灌排工程的规格标准外，在灌溉上应着重抓好下列几个环节：第一，加强渠系防渗。土渠渗漏量一般占到总引水量的 20% 至 25% 以上，采取工程衬砌、改善田间渠系、改善用水管理方法以及沿渠植树造林种牧草等措施，控制和减少渠系渗漏对地下水的补给，是防治沿渠次生盐碱化、节约水源、提高灌溉效益、降低工程成本、平衡水土资源的有效办法。第二，平整土地，提高灌水技术。土地不平整，灌水技术不高，会增加田间渠系的设备投资，应普遍推广沟畦灌技术，逐年提高平整土地的标准，以达到省水、防盐的要求。第三，加强灌溉用水管理。要逐步把灌溉用水管理建立在水文气象预报、墒情预测、土壤盐情预测、地下水盐动态预报、作物苗情预测等一整套预测预报工作的基础之上，提高计划用水的水平，严格掌握灌水时期和灌水量。第四，水、肥、劳（劳动力）、保（植物保护）密切配合。在灌溉条件下，需肥多，浇水、平地、筑畦、打埝、勤耕作等需劳动力也多。灌溉不当引起土壤次生盐碱化，给蝼蛄带来了大量

---

① 粟宗嵩：《为华北平原发展农业生产"除四害"》，《人民日报》，1962 年 12 月 18 日。

繁殖的条件。水、肥、劳、保关系如失调,耕作自必粗放,灌溉后地力消耗快,肥分流失多,土壤势必恶化。灌溉增产效果一消失,易碱地区就会加速加重次生盐碱化。[①]

在治理盐碱化过程中,华北各地涌现出很多先进地区和先进人物。全国农业劳动模范、山东省广饶县油郭公社社长、油郭大队党支部书记郭占一就是其中的一位典型。郭占一参加华东和山东省的农业先进集体代表会议时,听了很多单位克服重重困难取得农业丰收的事迹,回来以后立刻向全社的干部传达。接着,支部委员会总结了几年来改造盐碱地的经验,决定1963年下工夫改造盐碱地。春分过后,他带领公社社员挥锨铲土、改良盐碱地。他们把碱化严重的地铲掉一层碱土,然后扫净、搬走,盐碱化轻的地就进行翻晒。不少耕地已从白色变成了褐黄色,治理土地盐碱化成效明显。[②]

华北平原地区地下水矿化度较高,干旱蒸发强烈,盐分积聚地表,危害作物生长,形成了盐碱灾害。"涝碱相随"、"旱碱相伴"是该地区水盐运动的规律。1958年河北平原地区掀起大搞平原蓄水的高潮,兴建平原水库,"长藤结瓜"、"葡萄串"蓄水,结果事与愿违,只灌不排,涝碱成灾。仅河北省黑龙港地区,盐碱地就由1958年的184.6万亩,上升到1962年的279.33万亩;运东的盐碱地也由1958年的111.16万亩,上升到1962年的148.83万亩。[③]

1964年春,为迅速改变洼碱地区的低产面貌,河北省沧州市佟家花园大队率先在一块盐碱地上修筑了40亩台田,抗住了1964年的特大暴雨,小麦获得每亩172公斤的好收成。1965年春天,全村139亩盐碱地都修成了台田,成为全区的样板。沧州地区专署及时召开现场会,在全区推广。1964年冬至1965年春,形成了群众性的大搞"台、排、改"高潮,投入劳力50多万人,一个冬春修成台田25.3万亩。为了把"台、排、改"运动不断引向深入,沧州地区建立了"一垦三改"(垦荒、改水、改土、改种)指挥部,并印发小册子,沟通信息,交流经验。根据有的台面太窄不宜机耕的问题,提出台田建设需贯彻"以排为基础,排、台、改、灌、林综合治理"的方针,并根

---

① 粟宗嵩:《为华北平原发展农业生产"除四害"》,《人民日报》,1962年12月18日。

② 《郭占一下功夫改造盐碱地》,《人民日报》,1963年4月25日。

③ 河北省地方志编纂委员会编:《河北省志》第20卷《水利志》,河北人民出版社,1995年,第205页。

据不同地区提出了不同规格的要求。轻碱地面宽 40～50 米；重碱地沟要密一些，但不得小于 25 米。台田沟的深度，轻碱地 1.2～1.5 米，重碱地1.5～1.8 米。1965 年 2 月 23 日至 26 日，国务院副总理李先念在河北省委书记处书记阎达开和副省长杨一辰陪同下视察了沧州市佟家花园以及盐山县薛沃、东赵庄和沧县大孙庄子的台田建设，并给予了充分肯定。中共河北省委在全省进行推广。从此，台条田建设在沧州，特别是运东洼碱地区成了农田基本建设的重要内容，每年冬春农闲季节群众自觉进行维修和新建。到 1977 年，沧州地区已建成台条田 200 多万亩，运东地区的台条田占田地总面积的 2/3 以上。①

　　华北平原很多地区由于没有掌握引黄灌溉规律，在发展虹吸引黄灌溉时，只注意了灌渠建设，忽视了排水工程，灌溉后的尾水没有出路；加上田间工程不配套，采取大水漫灌、灌渠大量蓄水等办法，结果地下水位抬高，从而引起土壤碱化变重。为了防止盐碱化扩展，很多地方停止使用了虹吸。如何做到既用虹吸工程又不导致土壤碱化？山东省历城县创造了新的经验。山东省历城县在 1958 年以前建成的一些虹吸引黄工程，除有几处短时间未利用外，几乎年年利用它放淤、浇地，取得了很好的效果。他们做到了灌溉与排水结合，田间工程配套，灌溉尾水有排水出路。在改种水稻以后，又在水、旱边缘搞了截碱沟（尽量利用天然河道），因而没有引起土壤碱化变重。在虹吸放淤的洼地上种植小麦，单产可成倍增长。特别是1964 年学习了临沂地区洼地改种水稻的经验，利用虹吸引黄在洼地上种植水稻，结果在大涝之年，1.8 万亩水稻获得平均亩产 300 斤以上的好收成。历城县的经验引起了山东省的重视，后加以推广。1964 年秋后，黄河沿岸各县总结了过去虹吸引黄的经验教训，并且到历城参观学习，认识到：过去土壤碱化不是虹吸本身引起的，而是由于经验不足。从 1965 年起，他们在发展虹吸引黄时，特别注意了排灌结合、平整地面，做到尾水有出路，灌溉用水均匀。发展稻田的地区，还注意成片种植，水田与旱田挖截碱沟隔开，防止溍碱溍水。1965 年在水稻整地、育秧前，山东省人民委员会召开了沿黄河 3 个专区（市）和 17 个县的会议，专门研究了引黄种稻、彻底改造两岸低洼盐碱地的问题。会议期间，大家进一步参观了历城县的一些引

---

① 河北省地方志编纂委员会编：《河北省志》第 20 卷《水利志》，河北人民出版社，1995 年，第 207 页。

黄种稻成功的先进单位,听取了他们的详细介绍。大家一致认为:历城县虹吸引黄种稻成功的经验,给全省沿黄各县树立了引黄改造碱洼地的样板。会后,黄河沿岸各县积极发展虹吸引黄灌溉工程,油漆虹吸管,整修排、灌渠道,修整稻田。到1965年5月,进度较快的历城、齐河等县基本完成了种稻的虹吸配套工程,很多社队开始放水。①

山东省沿黄河各县根据当地黄河的特点修建虹吸管引水灌田的做法,既学会了从"害"中看到"利",又注意了从"利"中防止"害",得到了有关方面的重视和肯定。1965年5月23日,《人民日报》在发表专文介绍历城经验的同时,还发表《害中见利,利中防害》社论,向全国推广历城经验。社论指出,有一个时期,因为有些虹吸引水工程不配套,有灌无排,地面不平,加之实行大水漫灌,曾经一度引起地下水位升高,土壤盐碱化加重。在这种情况下,有人没有对发生这些现象的原因进行具体分析,就对虹吸引水的作用发生了怀疑,在这些地方,虹吸引水工程曾经暂时停止利用。虹吸引黄究竟好不好? 要回答这个问题,必须对事实认真地分析比较。比较分析后可以清楚地看到:一些地方土壤碱化加重,并不是由于虹吸引黄有什么不好,而是由于人们的思想上有片面性,没有正确地处理排与灌、渠道与田间工程、旱田与水田等各方面的关系。历城县(现山东省济南市历城区)做得好的地方,正是一些地区没有做或做得不够的地方。有了这样的比较和分析,事情的本质就清楚地显露出来了。社论还指出,只要善于掌握水、泥沙、土地、作物相互关系的规律,水害就能变成水利,黄河的泥沙也能肥田。那么,在经过比较和分析,懂得了虹吸引黄这件事情的本质和正确的办法以后,是不是就可以一下子把沿黄河的所有低洼易涝地都种上水稻呢? 还是不能这样贸然从事。掌握了一般的、主要的规律,并不等于掌握了每个地方的、全部的规律。一部分领导干部掌握了虹吸引黄种稻的规律,并不等于直接从事生产劳动的广大群众掌握了这方面的规律。普遍改种,需要从思想上、物资上、技术上作充分的准备。还要估计到,普遍改种会引起劳力安排、水的管理、生活习惯等方面的新问题。如果考虑不周,处理不当,好事又会变成坏事。因此,山东省沿黄河各县1965年除历城县以外,都是各改种一两万亩水稻,待取得较大面积的丰产经验后,再分期分批

---

① 傅洪德:《历城巧用黄河之利巧避黄水之害》,《人民日报》,1965年5月23日。

地改。这样做是既积极又可靠的。①

1965 年 12 月,农业部召开改造利用涝洼、盐碱、风沙地现场会议,参加这次会议的有河南、山东、河北、辽宁、江苏和安徽 6 省以及重点专区、县的干部和科学技术人员共 130 余人。这次会议交流了各地治理涝洼盐碱地和风沙灾害的成功经验,并座谈研究了推广这些经验的措施。代表们一致认为,治理涝洼盐碱地和风沙灾害,既要有自力更生、艰苦奋斗的革命精神,又要有尊重客观规律的科学态度。会议很重视山东省阳谷县李堂公社鹅鸭坡大队的经验,认为鹅鸭坡大队的革命精神和一整套综合治理的方法都值得学习。山东省成武县苟村公社大修台田排涝治碱获得高产的经验,河南省虞城县利民公社蒋黄庄大队开沟种麦使麦苗躲过盐害、保苗、保收的巧种经验,以及河南省宁陵县柳河公社后赵大队植树造林变沙荒为良田的经验,也都受到各地代表的重视。

会议认为,同涝洼、盐碱和风沙灾害作斗争都须从根本上下工夫,从水、土两个方面进行基本建设,改造自然,改变生产条件,建设稳产高产农田。从当时情况和已有经验看,修建台田、条田是排涝治碱的有效措施,造林改土是治沙的有效措施。但是洼地也不仅是排水防涝的问题,还要防止干旱,发展灌溉,而且各地具体条件不同、涝碱程度不同,措施也不能千篇一律。因此,要根据排涝治碱和发展生产的需要,进行统一领导,全面规划,合理布局,综合治理,分期分批施工,加强技术指导,保证工程质量,做到搞一片、成一片,工程配套,当年收益。会议指出:治理涝洼、盐碱和风沙等灾害已经有了方向,有了办法,有了经验。不少县和社队治理后效果显著,大力推广这些经验,长期阻碍这些地区农业生产的涝洼、盐碱等问题就可逐步解决。这些地区的农业生产潜力很大,是大有可为的。②

群众性的改造涝洼盐碱地的工作在华北平原地区展开后,《人民日报》特地发表社论《大有潜力,大有可为——论我国北方平原地区改造涝洼盐碱地的斗争》,对北方平原地区防治盐碱地工作予以倡导。社论指出,北方平原地区地处渤海、黄海沿岸,境内河道纵横,形成了大片涝洼盐碱地,历来是一个多灾低产的地区。面对这些不好的自然条件,是"苦熬"还是"苦干"?"苦熬",是一种消极等待的态度。"苦干",是一种坚强的革命

---

① 《害中见利,利中防害》,《人民日报》,1965 年 5 月 23 日。

② 《从根本上下工夫,从水土两方面进行基本建设,涝洼盐碱风沙地区农业生产大有可为》,《人民日报》,1965 年 12 月 26 日。

精神,是促进事物转化的动力。涝洼盐碱地就那么一些,改造一块,就少一块。只要坚持不懈地"苦干"下去,就可以积小胜为大胜,最后,涝洼盐碱地全为我用,我们真正成为大自然的主人。很多地区的事实已经证明:"苦熬"是越"熬"困难越多。只有"苦干",用百折不回的革命精神、坚韧不拔的革命毅力,积极探索自然的规律,寻找改造和治理的办法,涝洼盐碱地最终才会被治理好。因此,抛弃"苦熬"的思想,发扬"苦干"的精神,是涝洼盐碱地区迅速改变多灾低产面貌的一个根本问题。社论指出,改造涝洼盐碱地的任务是艰巨的,情况是复杂的,要统一领导,全面规划,合理布局,综合治理;要因地制宜,讲究实效。①

第四节　松辽平原的洪涝治理

　　内涝是东北三省农业生产的主要灾害之一。特别是盛产粮食、大豆的松辽平原,地势低洼,地下水位较高,加上 7、8 月间雨量集中,很多农田几乎连年受涝。"大跃进"高潮以后,东北各地逐步修建了一批治涝工程,但仍有较大部分的易涝农田尚未达到原定的抗涝标准,需要进一步整修治涝工程。

　　吉林全省"大跃进"三年来修建的大中小型水库塘坝,使全省十几条主要河流提高了抗御能力,其中一些河流已经得到基本控制。第二松花江已能抵御百年一遇的洪水,饮马河、伊通河能抗御 50 年一遇的洪水,东辽河、洮儿河、拉林河能抵御 20 年一遇的洪水,图们江、鸭绿江、浑江的防洪能力也有显著提高。② 全省共有低洼易涝耕地 1 400 万亩,"大跃进"三年来初步治理 800 万亩,初步见效 500 万亩,特别对部分重点治理的低洼涝区进行了连续治理,效果比较显著。③ 据对怀德县大岭、梨树县二道河子、

---

① 《大有潜力,大有可为——论我国北方平原地区改造涝洼盐碱地的斗争》,《人民日报》,1965 年 12 月 26 日。

② 吉林省水利局:《全省水利会议文件大跃进以来水利建设基本总结和 1961 年水利建设任务的安排意见》,吉林省档案馆:52－12－15 卷。

③ 《全省水利工作会议的报告——大跃进以来的水利建设成就和存在的问题》,吉林省档案馆:52－14－5 卷。

德惠县岔路口、长岭县望海等 7 个重点涝区的调查,1956 年受涝面积共 12 万公顷,1960 年这些地区汛期降雨量一般虽比 1956 年为大,但受涝面积仅为 4.5 万公顷,减少了 62%。治涝效果显著的大岭地区,1960 年汛期降雨量比 1956 年同期降雨 486 毫米多了 97 毫米,但 1956 年成灾面积 12 000 公顷,1960 年却只涝了 260 公顷。①

　　1962 年冬,吉林省各地农民抓紧封冻前的时机,加速整修农田治涝工程。进度较快的梨树、怀德、榆树、德惠等县已完成冬季治涝工程计划的 60%。1962 年冬确定治理其中 14 个,主要是整修排水设施。各市县都把人力和物资用于重点涝区和骨干工程上。农安县冬修一开始,就把参加冬修的 80% 的劳动力集中在开安、鲍家两个大片涝区,续建配套工程,提前完成了冬季施工任务。1963 年受益面积可由原来的 7 万亩增加到 18 万亩。怀德、梨树、永吉等县参加治涝的民工不断增加,劳动热情很高。榆树县莲珠涝区的 2 000 多民工开展比出勤、比工效、比质量、比安全的劳动竞赛,平均每人每天挖土方的工效由 2.5 立方米提高到 3 立方米以上。②

　　位于松辽平原③ 中部的吉林省四平专区,从 1958 年起兴修了大量水库和塘坝,治理了 270 万亩,占全区易涝面积 60% 以上。但这些工程中有 60% 没有达到十年一遇的抗洪标准,因田间工程没有配套,治涝设施不能充分发挥作用。鉴于这种情况,四平专区确定 1961 年冬 1962 年春以修建田间配套工程和小型治涝工程为主,同时,维修原有的扬水站、蓄洪区、水库和排水沟等治涝工程。四平专区抓紧冻前时机,开展了以治涝为中心的水利冬修活动。1961 年 10 月下旬以来,有些重点工程和中型治涝工程以及 400 多处小片治涝工程相继动工。这些治涝工程,多是公社各生产大队自办的小片治涝工程。对一个大队力所不及的工程,公社即根据自愿互利等价交换的原则,组织其他大队协作。1961 年全区有 400 多个大队与治涝

---

　　① 吉林省水利局:《全省水利会议文件大跃进以来水利建设基本总结和 1961 年水利建设任务的安排意见》,吉林省档案馆:52 - 12 - 15 卷。
　　② 《为防治内涝这一主要灾害创造更好条件,吉林抓紧整修农田治涝工程》,《人民日报》,1962 年 11 月 19 日。
　　③ 松辽平原有广义和狭义之分。广义的松辽平原是东北平原的别称。狭义的松辽平原指东北中部平原,即长春平原。松辽平原是中国最大的平原,在中国东北部,包括辽宁、吉林、黑龙江三个省和内蒙古的一部分。松辽平原由三部分组成:北部是松嫩平原,南部是辽河平原,东北部是三江平原。本书指的是广义的松辽平原。

工程多、人力少的大队签订了协作合同。① 到 1964 年,四平专区除了挖掘排水沟,让积水顺势自然流出农田外,在一些无法自然排水的地方还修建电力排涝站,治理洪涝灾害取得了一定成效。

辽河流域在辽宁省南北绵延 1 100 余里,流经 13 个县、市,两岸耕地面积约占全省总耕地面积的 40% 以上,粮食产量约占全省粮食总产量的一半以上。辽河中下游素称“九河下梢,十年九涝”的地区,治理洪涝灾害的任务非常严峻。1962 年冬季水利建设开工之前,辽宁省农村各县、社从 1963 年农业生产需要出发,都因地制宜地确定了施工的重点。如辽河中下游的辽中、台安、新民、盘山等县,根据地势低洼、河流汇集的情况,以兴修防洪排涝工程为主,大力培修堤防、疏浚沟渠,并且在积水不泄的三角地带新建 20 多处电力排灌站;辽宁西部山区朝阳、建昌等县,水土流失严重,以修筑水土保持工程为主,着重整修梯田坝堰,加固护岸工程,植树造林;辽宁南部经济作物较多的营口、盖平等县和各大、中城市郊区,着重维修灌溉设备,完成工程配套,扩大水浇地面积;沈阳、抚顺附近的浑沙、沈抚等灌区,1962 冬主要完成灌溉配套工程。在群众性的、小型工程动工的同时,全省由国家投资的 12 处大中型水库的续建、收尾和加固工程也陆续开工。②

为了适应农业机械化发展的需要,辽河流域各公社互相配合,兴建了一系列的防洪治涝工程。在绵亘千里的辽河河岸上,建起了 20 多座大、中型水库,全面整修了堤防,基本上控制了辽河的洪水。在下游右岸的台安、辽中、盘山、新民、黑山等县,1 000 多万亩低洼易涝的农田也得到了不同程度的治理。人民公社成立以后,还建起了电力排灌站,修了许多排水渠道和沟洫工程。黑山县康屯公社有几个村子地势低洼,每年都遭水淹,群众称为“穷八村”。后来,公社经过全面规划和治理,兴修了排水渠道,并且采用了机械耕作。现在,“穷八村”变成了“富八村”,每年都卖给国家许多粮食。辽河下游左岸的辽阳、海城、营口、盖平等县建设了浑沙、沈抚、辽阳、浑南等六大灌区,变害水为利水,发展了水稻和蔬菜生产。辽河流域以机械化、电气化为中心的农田基本建设逐渐向更高的标准发展。中游各县,秋后准备扩大机翻地面积,进一步平整农田;下游易涝区计划再建十几

① 《四平专区以治涝为主兴修水利》,《人民日报》,1961 年 11 月 25 日。
② 《从明年农业生产需要出发,因地制宜确定施工重点,辽宁云南整修水利力求少投资多受益》,《人民日报》,1962 年 12 月 5 日。

个新的电力排灌站,并对一部分灌溉渠道进行清淤疏通工作。辽阳、营口等县,还根据机耕地分布状况,计划建立新的居民点,翻修道路,扩大电力网,以利于更大规模地使用农业机械。①

安东县地处黄海之滨,背靠山区,地势低洼,易受洪涝灾害。全县 136 万亩耕地有半数以上是涝洼地和盐碱地。安东县在新中国成立后最初几年,单纯注意了疏河导洪;从农业合作化到 1960 年,又偏重于蓄水灌溉;1960 年冬季,才认识到治涝的重要性,提出了贮排兼施的方针。农业集体化以来,安东县人民在全县范围内初步建成了 8 个灌田万亩以上的灌区,全县水田面积已由新中国成立前的 9 万亩扩大到 40 万亩左右。1962 年冬,安东县总结经验,明确地提出以治涝工程为主,同时积极进行灌溉工程的配套和维修加固。该县之所以确定以治涝为主,是因为内涝已成为农业生产的严重威胁。1962 年至 1963 年安东县的治涝工作以龙态河为重点,初步治理内涝 8 万亩,力争在日降雨量 150～200 毫米的情况下基本不成灾。除了准备组织群众疏通三条较大河流外,还控制排水;同时结合灌溉工程配套,增加灌区排水渠、涵洞、闸门等排涝设施。许多大队和生产队,按照冬修规划自动调配劳力,提前开工;一些生产队由于使用机械脱谷,节省下许多人力投入水利建设。全县最大灌区——铁甲灌区的干渠渠首枢纽工程由国家投资的改建工程,各个公社都按受益大小分担工作量,每天有几千名社员分工协作,有秩序地劳动。② 到 1964 年 10 月,安东县共投工 2 630 万个,建成了一个比较完整的排灌体系,蓄水可灌溉 60 万亩农田。该县依靠集体力量,把大面积的低洼易涝地和盐碱地改造成为出产优质大米的稻田。全县水稻面积由新中国成立前的 3 万亩增加到 45 万亩,成为辽宁省四大水稻产区之一。③

1963 年冬,辽宁省各地农村开展了以农田基本建设为中心的冬季生产活动。在辽河下游低洼易涝地区,成千上万的人在修水渠,疏通河道,兴建新的电力排灌站,工地上整天夯声不断。连续 4 年遭受水旱灾害的朝阳、凌源、建平等县,把兴修水土保持工程作为建设的重点;几年来治涝和

---

① 《为实行农业机械化创造条件,辽河流域进行大规模农田基本建设》,《人民日报》,1963 年 10 月 12 日。

② 陈泊微:《认真总结经验教训,兴利除害通盘考虑,安东因地制宜整修水利》,《人民日报》,1962 年 12 月 3 日。

③ 《安东县连续十年改造涝洼盐碱地,扩大稻田四十多万亩》,《人民日报》,1964 年 10 月 14 日。

改造涝洼地成绩显著的营口县,1963 年冬季继续修建河网配套工程,并新建和扩建电力排灌站 9 座,力争把 40 万亩盐碱地、涝洼地变成稳产稳收的耕地。①

营口县改造西部涝洼低产地区取得了非常突出的成绩。营口县西部地区在辽河最下游,包括水源、沟沿、石佛、高坎、旗口 5 个公社全部和虎庄公社西部,耕地面积 44.5 万亩,占全县总耕地面积的 52%。这里西靠辽河、南临渤海,是洪、涝、碱、潮多种灾害经常侵袭的地方。1949 年,全区水利工程极少,辽河沿岸没有成形的堤防,涝洼地里没有排涝沟渠,经常遭受洪涝灾害。大雨大灾,小雨小灾,无雨还受碱潮灾,当时可耕的 20 万亩土地平均亩产只有 100 多斤。1950 年春季,营口县动员两万多人,在辽河左岸修成了长达 130 里的大堤,初步防住了外洪和海潮侵袭。到 1954 年春,沿辽河大堤修建了 72 座木闸门。1955 年,随着农业合作化的发展,营口西部地区掀起了一个水利建设高潮,人们提出要彻底根治内涝和盐碱灾害,变害水为利水,发展水稻生产。1955 年和 1956 年,全地区修建小型抽水站 48 座。在修建抽水站的同时,各社、队又先后挖了利民、劳动、黑鱼沟等 8 条总长 140 多里的骨干河渠,引水能力大大增强,使水田面积由 5 万亩发展到 16.8 万亩。1958 年营口西部地区人民公社化实现后,全地区掀起了更大规模的水利建设高潮。各乡、社出动 1 万多名社员,挖开了与辽河相接的最大的引水河——青天河,又挖了八里、跃进、党家等较大的引水河,把沟沿、石佛、高坎、旗口 4 个公社的排灌渠道结成网。1960 年,该地遭受了百年未遇的特大洪水袭击,由于堤防和河网发挥了作用,洪水顺着数以千计的大小排水沟渠迅速下泄,全区 80% 的耕地保住了收成。这次洪灾以后,该地着力修筑各种排水工程,涝洼低产局面得到根本改变。群众歌颂道:"有了沟,有了岔(毛渠),瓢泼大雨也不怕;有了河,有了闸,大洼子长出了好庄稼。"据统计,1949 年至 1964 年间,营口县西部地区共出人工 1 740 多万个,挖土 3 924 万土方;先后新修和整修人工河 22 条,总长 400 多里;干渠 1 100 条,总长 1 200 里;支渠 2 800 条,总长 2 200 里。② 涝洼地改造工程取得了显著成绩。

---

① 《扎实开展以农田基本建设为中心的冬季生产,辽宁治水整地争取稳产稳收》,《人民日报》,1963 年 11 月 30 日。

② 《一个稳产地区的形成——营口县改造西部涝洼低产地区的调查》,《人民日报》,1964 年 3 月 13 日。

　　东北三省是我国高纬度稻作地带,水利资源丰富,适宜栽植水稻的地区很广。东北三省在沿海和内陆有着大片的低洼地和盐碱地,加以改造以后,种植水稻最为有利。甚至在中国最北部的北纬 53 度以北的漠河地区,试种水稻也获得了成功。改涝洼地为水田,是东北三省建设稳产高产田的重要措施。农业合作化以来,全区已经有 700 万亩低洼易涝的耕地被改造成为水田。这些水田栽种水稻,平均单位面积产量比当地其他粮食作物高一到两倍。1964 年,东北三省的水稻种植面积比 1963 年增加 170 多万亩。[①]　这些新增水田,大部分是由原来的涝洼地改造而成的。

第五节　江南机电排灌的发展

　　发展农业的根本出路在于机械化,有计划地逐步地发展农田机电排灌站,是实现农业机械化、水利化的一个重要步骤。因此,发展农业机械排水灌溉事业,是我国南半部以水田为主的农业生产逐步走上机械化和大发展的重要环节,又是引导地方工业为农业服务从而推动工业发展的正确方向,对提高农业劳动生产率有着重要的意义。

　　1949 年,中国农村动力机械只有 9.7 万马力。经过几年的发展,到 1957 年达到 54 万马力。用机械灌溉排水受益的耕地,1956 年有 1 700 万亩,1957 年达到 2 000 万亩。但全国适于发展机械灌溉和排水的地区近 4 亿亩,除已经发展的 2 000 万亩外,利用地表水灌溉或需排水的约 2 亿亩,靠地下水灌溉的约 1.6 亿亩。如按每马力平均负担 50 亩计算,则约需动力机 700 多万马力。[②]　农田机电排灌发展的空间很大。

　　中国的机电排灌事业基本上是随着新中国的诞生而兴起的。1957 年《全国农业发展纲要(修正草案)》发布以后,全国农村出现了一个群众性的生产高潮。许多地方要把旱地变水田,要把种一季改成种两季甚至三季,加上精耕细作,农忙季节就会出现人力畜力不足的现象。因此,农业社

---

　　①　《推广大垄栽培新技术,改造大片低洼易涝地,东北三省力争今年水稻增产》,《人民日报》,1965 年 5 月 24 日。

　　②　田林:《为了实现"四、五、八"——记全国农田排灌机械农业机械化会议》,《人民日报》,1957 年 12 月 19 日。

普遍要求购买机械,特别是需要排涝和灌溉的机械。1957 年 12 月初,全国农田排灌机械及农业机械化会议召开。会议由国家经济委员会、水利部、农业部、第一机械工业部、全国供销合作总社联合召开,出席会议的约 500余人,包括各省市工业、水利、农业、供销部门,以及有关企业的领导干部、工程技术人员和中央各有关部门的人员。会议决定 1958 年全国将供应 50万匹马力的动力排灌机械给农村排涝和灌溉,以提高单位面积产量。这个数字,几乎等于当时全国排水灌溉动力机械的总和。这 50 万匹马力的排灌机械,每套都有动力机和同时使用的水泵或水车。最大的每套 120 马力,最小的每套 3~5 马力,平均每套 10 马力左右。这些机械可以进行灌溉或排水约 2 000 万亩左右的田地,将极大提升农田机电排灌能力。[1]

1958 年水利“大跃进”以后,江苏、上海郊区、湖南、湖北及广东等省、市农业机械增加很多,农田机电排灌发展迅猛。其中江苏机电排灌发展速度最快,走在了全国的前列。

苏南,可以说是全国最肥沃而且风调雨顺的区域了,但是仍有很多田地不能“靠天吃饭”,需要利用各种方法,引水灌田,来保证或增加每年的产量。机械灌溉在这里有一定的基础,因为在人力不能及或是人工比较贵的地区,人们就不能不借重机械,这样,在苏南机械灌溉就生下很深的根。因此,早在 1908 年,江苏有些地方就开始使用抽水机灌溉农田。1934 年,国民政府建设委员会模范灌溉局创办了苏南的电力灌溉系统,当时有电力抽水站 92 处分布在常州、无锡一带,约灌溉 5 万亩地,另有庞山试验场一处,用集中式电力灌溉,约有 1.4 万亩。[2] 但直到 1949 年的 41 年间,只在太湖地区常州、无锡等地发展了机电排灌设备,排灌耕地 227 万多亩,排灌面积只占当时稻田总面积的 8%。

新中国成立后,国家投资新建了一批示范性的机电排灌站。到 1950年,苏南有 3 000 余台电动抽水机设备,每年用电达 100 余万度,灌溉面积约 12 万亩,为国家增产稻谷约 600 余万斤[3]。在农业生产合作社时期,一部分规模较大比较富裕的合作社,在国家的帮助下建设了一批机电排灌

---

① 《农业机械化会议传出振奋人心的好消息,明年将有五十万匹马力的排灌机械下乡》,《人民日报》,1957 年 12 月 19 日。

② 《1950 年华东中南区机械灌溉排水概况》,见中国社会科学院、中央档案馆编《1949—1952中华人民共和国经济档案资料选编·农业卷》;社会科学文献出版社,1991 年,第 519－520 页。

③ 同②,第 520 页。

站。到 1956 年底,江苏全省共有小抽水机 7 000 台、125 000 马力,控制着 580 万亩田的灌溉与排水。其中电动机 16 000 马力,内燃机 109 000 马力。国营的 18 800 匹马力,合作社管理的 52 500 马力,公私合营的 53 700 马力。按使用性质分区灌排结合的约有 8 万马力(主要为流动抽水机船约 5 400 余台,固定的近 50 台),单纯排涝的约 5 000 马力,其余约 4 万马力为单纯灌溉。这些机械灌溉排水的地区均能达到高产稳收。灌溉的农田由于能满足作物需水量,并节省大批劳动力去加强田间管理,一般能增加产量 50~100 斤;部分旱田改水稻,单季稻改双季稻,特别是排涝地区,不仅能使稻子稳收,还能增种一季麦子,效益更为显著,一般每亩可增产 200 斤以上。而且抽水成本(每亩 3~5 元)比起原来的牛车(每亩 5~8 元)、人力车(每亩 6~10 元)还可大大减轻,因而广大农民都要求购办抽水机。1956 年国家分配本省投入生产的只有 317 台 7 401 马力,而各地自行去上海等地购买和修配的旧机却有 1 057 台、22 299 马力。①

从 1949 年至 1957 年,江苏全省机电排灌设备的动力比新中国成立前增加了一倍以上。人民公社化后,机电排灌站得到了迅速发展,同时国家又将部分国营抽水机,在所有制不变的原则下,下放给公社经营管理。这样,江苏全省形成了四种经营管理形式:即国有国营、国有社营、社有社营和队有队营。1958 年以后,江苏省的机电排灌事业有了新的发展。到 1961 年底,江苏省的农田机电排灌设备已经发展到 55.5 万多马力,相当于新中国成立初期的 10 倍左右,比 1957 年前增加 2 倍多。农田机电排灌面积已占江苏全省耕地面积的 1/3 以上。机电排灌站发展较久的苏南平原圩区,基本上实现了农田排灌机电化;原来机电设备很少的徐淮地区,机电排灌站也于 20 世纪 60 年代初逐步兴建;过去完全依靠水库、塘坝灌溉,而水源困难、常年闹旱的丘陵山区,1960 年后的两年间开始试建引水上丘、多级提水的机电灌溉站;以补给水源,从根本上解决丘陵山区的灌溉问题。② 到 1962 年底,江苏已经拥有 75.6 万马力设备,排灌耕地 2 341 万亩,占全省水稻面积的 70% 以上。③

①　江苏省水利厅:《江苏省机械灌溉排水工作中的几点体会》,见中国社会科学院、中央档案馆编《1953—1957 中华人民共和国经济档案资料选编·农业卷》,中国物价出版社,1998 年,第 664 页。
②　方文举:《农田机电排灌工程的几个问题》,《人民日报》,1962 年 1 月 6 日。
③　陆超祺:《要自始至终考虑农村的特点》,《人民日报》,1963 年 1 月 2 日。

农田机电排灌站的迅速发展提高了抗灾能力,促进了农业生产,节省了大量的劳动力,同时也带来了大量的配套、巩固工作。江苏省不少地方在发展机电排灌站的同时注意了配套、巩固工作,因而机械利用率较高。南通县元桥人民公社电力排灌站自 1957 年建站后,紧紧抓住了工程配套工作,逐步建立了渠系,加强了经营管理工作。4 年来这个电力排灌站由每匹马力平均灌溉 42 亩提高到 60 多亩,水稻亩产比 1957 年提高 12.3%,每亩田灌溉成本降低一半以上。可见,这个电力排灌站并没有增加新设备,而只是通过配套、巩固和加强经营管理工作,工程发挥的效益就等于又新增加了 45% 的机电设备。但从江苏省机电排灌工程总体上看,应该全力进行配套、巩固、提高,使既有的工程充分发挥效益,对个别因旱涝而排灌工具特别缺乏的地方,也要因地制宜地有计划地适当发展,以逐步提高这些地区的抗灾能力,逐步提高排灌机械化的程度。①

镇江专区是江苏省机电排灌工作的先进典型。镇江专区背靠长江、面对太湖,水源十分充足,但辖境 11 个县差不多县县有山。山区丘陵起伏,岸高水低,农民为了提水灌田,祖祖辈辈不知伤了多少脑筋。新中国成立前,人力、畜力车水的占 95%,内燃机戽水的占 4%,电力占 1%。农业合作化初期,人力、畜力占 82%,内燃机占 13%,电力上升到 5%。到 1962 年秋,全区拉开了 1 411 公里的高压低压输电线,设置了 1 197 座电灌站,电力灌溉占 52%,内燃机占 43%,人力、畜力车水只占 5%。江南水稻一般要灌 14 次水,灌水耗用的劳动力往往要占一季水稻需用劳动力总数的 1/3,动力状况的变化表明在水稻栽培的主要操作环节上已由现代化的机械代替了繁重的体力劳动。农民自编的顺口溜称赞说:"电动机精明强干,说什么时候要水,只要一拉开关;煤气机哼哼哈哈净偷懒,又重又笨不好搬。"②

到 1963 年春,江苏全省有机电排灌站 7 300 多座,担负着 2 400 多万亩耕地的灌溉排涝任务。机电排灌的发展,对保证江苏各地水稻、棉花增产的作用越来越大,但仍有许多机电排灌设备的使用率和排灌效益较低,水费成本偏高。这不仅影响生产队的收益,而且直接影响机电排灌事业本身的巩固和发展。为了进一步扩大排灌效益,降低水费成本,江苏各级机电排灌管理部门除了对排灌效益高、成本低的机电排灌站的经验进行了认

---

① 方文举:《农田机排灌工程的几个问题》,《人民日报》,1962 年 1 月 6 日。
② 叶剑韵:《电力下乡以后》,《人民日报》,1962 年 10 月 20 日。

真的总结和推广外,还对排灌效益低、成本高的一些机电排灌站的工作进行了调查,针对存在的问题采取措施,改善这些排灌站的经营管理工作。为了扩大排灌面积和改善灌溉条件,江苏各地对渠道、田埂等进行了整修,对一部分机电排灌站进行调整配套的工作。粮食高产的苏州专区,1962年冬以后,在67个易旱易涝的公社调整和充实了146个机电排灌站,新建了16个电力排灌站,使机电排灌面积增加了48万亩,改善排灌条件78万亩,保证了这些社队抗御旱涝灾害和高产稳收的能力。各地机电排灌站还普遍加强了排灌机械的维护、保养工作,进一步挖掘设备潜力,提高设备使用率。①

江苏各地机电排灌站和灌区各人民公社的生产队,都把计划用水、节约用水作为降低水费的一项重要措施。全省计划用水推行最早、水费最低的丹阳县,根据"多用水多负担,少用水少负担"的合理负担政策和量水到渠、核算到生产队的经验,与生产队共同修订用水计划,实行计划供水。全县计划用水的面积由30多万亩扩大到50多万亩,每亩电灌或机灌的水费都进一步降低。据有关部门计算,全省机电排灌受益面积比1962年扩大100多万亩,水费成本比1962年则下降30%左右。②

据《人民日报》1963年10月报道,江苏省在当年新建和扩建了740多座机电排灌站,新架设了600多公里农用高压输电线路。至此,从洪泽湖畔到黄海之滨,从太湖流域到淮河下游,从平原洼地到丘陵山区,机电排灌站星罗棋布,高压输电线路纵横交错,初步形成了机电排灌网。全省机电排灌设备的动力比1957年增加了5倍,70%以上稻田的排水、灌水已能使用机电设备了。③

在农田机电排灌的经营管理方面,江苏省除了按水系、灌区或按行政区建立专业管理组织外,在基层站内,特别由受益社队、机电站职工等代表组成灌溉管理委员会,在灌区里由配水员、引水员、放水员组成灌区用水管理"网"。这是做好机电排灌的经营管理工作的重要措施之一。凡是灌区里灌溉管理上的一些重大问题,都要由灌溉管理委员会进行讨论和决定。事实证明,这样由群众自己当家做主,参加生产、管理生产和指挥生产,才

① 《江苏机电排灌站挖掘设备潜力改进经营管理,扩大排灌效益,降低水费成本》,《人民日报》,1963年4月4日。

② 同①。

③ 《机电排灌事业蓬勃发展》,《人民日报》,1963年10月10日。

能够充分调动群众的积极性。丹阳县运河电灌区自贯彻民主管理后，用水省一半，成本降低，产量提高。同时，在灌溉管理上，实行灌溉按次序，做到了适时适量的灌溉。而且，建立必要的责任制度，明确职责，并逐步推行合同制，对推动经营管理工作起着重大的作用。江苏省各地比较普遍地推行"定机、定面积、定成本、定水量"和"包燃料消耗、包机具维修保养、包排灌面积"等责任制度，并对那些工作积极负责、超额完成生产指标、节约成本及维修费用的，实行奖励。

认真贯彻执行合理负担政策，是调动广大群众生产积极性、做好机电排灌经营管理工作的根本关键。江苏省主要有 4 种形式。一是实行按田亩平均负担。即以机电排灌站为单位，以机定站，按灌区包田，按受益田亩多少平均负担水费。这种办法方法简单、容易计算、群众看得见、摸到底，因此一般新建的机电灌区在干部和群众缺乏管理经验的情况下，都采用这种办法。但是，它的缺点是负担不合理，不能调动社员的生产积极性。二是采取基本费和钟点费相结合的办法。这种办法已初步承认了灌区内用水多少、打水时间长短的差别。三是按机定田，计时收费。即根据机器大小确定灌溉面积，按田亩打水时间计算费用，多打多负担，少打少负担。四是以渠道划片，按水量计费的办法。即多灌水、多用电就多负担。这样基本克服了平均负担的现象，做到负担合理。但是，采用这种办法需要具备一定的条件，如渠系和建筑物比较完整，管理上有一定的经验，需要细致的登记、计算工作等，因而应因地制宜有计划地逐步地实行。①

据江苏省 1962 年的调查资料显示，电灌的好处主要体现在三个方面：（1）抗灾能力强，能够稳定提高粮食产量。靖利县利珠大队 1954 年人工灌溉，水稻亩产 415 斤；1960 年机灌，亩产 430 斤；1961 年改为电灌，虽遇上特大旱年，亩产仍高达 517 斤，比 1954 年多 104 斤，比 1960 斤多 87 斤。（2）与机灌相比，可以降低生产成本。江苏省平原地区电灌成本每亩约为 1 元 8 角至 2 元 4 角，而机灌成本每亩约为 5 元，电灌比机灌一般可降低成本一半。（3）与人和畜力提水相比，可以节约大量劳动力，并减轻人的劳动强度。江都县计算，电力提水灌溉使用的劳动力比人力提水使用的劳动力少 90%，由于部分采用了电灌，该县 1961 年节省了 300 多万劳动日的重体力劳动。当然，在农业用电的迅速发展中，由于经验不够，也存在不少问

---

① 方文举：《农田机电排灌工程的几个问题》，《人民日报》，1962 年 1 月 6 日。

题,主要体现为:设备利用率低,成本高,事故多。全国电力排灌设备平均利用率一年只有700小时左右,大体比1957年低1倍。全国40多万千瓦农业电站,能经常正常运行的只有40%左右。[1]

上海郊区农村河道密布、雨量充沛,向称"鱼米之乡"。但过去水系比较紊乱,加之有时雨量集中,有时久晴不雨,易涝易旱。从1949年到1957年的9年中,就有5年受到较重的旱涝危害。上海郊区农村公社化以后,国家大力帮助郊区农村建设机电排灌工程。到1961年底,共投资1 600多万元、无利贷款1 300多万元,先后组织了200多个工厂协作,为农村生产电动机、柴油机、变压器、水泵、仪表等设备,短时期内帮助郊区制造和架设了高压线路2 000多公里、低压线路570多公里。上海市郊10个县拥有固定机电排灌站1 800多座、流动机器990多台、机船1 000多条,总马力达6.65万匹。新增加的电力机械排灌设备的马力,比公社化前9年的总数还多3.2倍。全郊区540多万亩耕地中有330多万亩实现了机电排灌,其中需水较多的蔬菜田和水稻田的机电排灌面积分别占到72%和75%。[2]

可以说,素有"鱼米之乡"之称的长江三角洲地区(包括江苏省南部、浙江省北部和上海市郊区,耕地面积约4 400万亩),在第一个五年计划期间,该地区增加了成批的抽水机等机械排灌设备。1958年起,国家每年在这个重点粮食产区投放了比过去更多的资金,调拨大批的设备器材建设和扩大电力排灌工程。到1962年秋,农村电网已基本上布及全地区。强大的电力通过电网源源输向农村;需要提水灌溉的农田,已有3/4使用机械和电力灌溉,其中电力灌溉的面积占一半左右。整个地区的电灌面积已相当于1957年的10倍多。[3]

长江三角洲广大地区机电排灌事业的发展,在灌溉、抗旱、排涝方面发挥了显著的作用。太湖东面淀山湖边的上海青浦县,因为地势低,过去经常受涝。1958年后,这个县把低洼田周围的圩堤连结起来,筑高加厚,修筑了30多座水闸和100多座电力排灌站。这样,遇有暴雨就能迅速把低

---

① 《水利电力部党组关于农村电灌问题的报告》(1962年8月2日),见中国社会科学院、中央档案馆编《1958—1965中华人民共和国经济档案资料选编·农业卷》,中国财政经济出版社,2011年,第429-430页。

② 《城市工业积极支援农业的结果,上海郊区过半农田用机电排灌》,《人民日报》,1961年12月3日。

③ 《江南鱼米乡布成机电排灌网》,《人民日报》,1962年9月22日。

洼田里的积水排出去,天旱时又能把河水引来灌溉。1962 年 8 月初,这里受到台风、暴雨、潮汛的袭击,外河水位比低田高出 1 米以上,社员们一面关闭了通江水闸抵挡潮汛,一面用机电排灌设备排除积水,迅速解除了涝灾的威胁。1962 年 7 月初,江苏省无锡县骤降暴雨 200 多毫米,4 万多亩农田受淹,但因有机电排灌设备的抢救,两天内就把积水全部排出。江苏省武进县安家寨灌区原来只有一半土地能种水稻,使用电灌以后,这个地区 90% 以上的田地都成了水稻田。机电灌溉发挥了抗旱排涝的显著作用,节省出大量人力畜力用于精耕细作和多种经营。

珠江三角洲电力排灌网,是由中国自行设计、装备和兴建的大型机电排灌工程。珠江三角洲和其邻近地区过去有 760 多万亩耕地经常受到内涝、咸潮和干旱的严重威胁。到 1963 年秋该区电力排灌网建成后,已有580 多万亩田地可用电力排灌了。1963 年上半年,这里遇到严重干旱,由于有了电力排灌站昼夜抽水灌溉,仍然保证了 90% 以上的稻田用水,使早稻获得增产。南海县有 50 万亩稻田,45 万亩已使用电力排灌。电力排灌站抗御自然灾害具有如此巨大的威力,使广大农民赞叹不已,他们用"幸福站"、"丰收站"、"增产站"来称呼它。1963 年 9 月底,珠江三角洲电力排灌网第四期工程基本建成,新建成的小型电力排灌站共 1 303 个,装机总容量 5.5 万多千瓦,受益农田 154 万多亩。该期工程建成后,东起东江上游的河源县,西至西江中游的高要县,北达北江中游的清远县,南抵南海岸边,纵横 200 多公里的 23 个县(市)辽阔的田野上空,高压输电线路交织成蜘蛛网一样;装机总容量达 18 万多千瓦的 2 562 个电力排灌站,星罗棋布地点缀在田间,控制着 586 万多亩农田的排水和灌溉。①

湖北省是中国重要粮棉产区之一,省内河湖港星罗棋布。但新中国成立前,这里的农民没有一台机电排灌设备。1960 年以后,湖北省工业部门大力支援农村,逐步建立起了农业机械修配网,培训了数以千计的机电排灌技术人员,大力发展机电排灌工作。1963 年,湖北省新建和续建了 50 多处电力排灌站,使 11 个县约 15 万亩农田可以利用电力灌溉。据湖北省排灌管理部门提供的材料,到 1963 年秋,全省农村已有 1/6 以上的水田使用机电排灌,平均每 70 亩水田已有一马力的机电排灌设备。新华社记者描述其情景道:"无论在水网密布的江汉平原,还是在丘陵起伏的鄂东地区,

① 《机电排灌事业蓬勃发展》,《人民日报》,1963 年 10 月 10 日。

人们都能听到抽水机的响声,看到从水泵口涌出的清泉。以武汉、大冶为中心的电网伸向辽阔的农村。"①

洞庭湖滨平原是湖南省最大的商品粮基地,又是棉花、麻、渔的主要产区。由于沿湖地区地势低洼,来水面积大,每逢雨季,长江及省内的湘、资、沅、澧等水的洪水入湖,外湖水位提高,内湖渍水排不出去,许多农田常遭渍水威胁。为了彻底改变洞庭湖区的面貌,确保700万亩肥沃的农田不受旱涝威胁,中共湖南省委和省人民委员会决定建设洞庭湖滨的电力排灌网。在湖南省农田基本建设指挥部领导下,统一规划,分批分期施工。洞庭湖滨电力排灌网是中国南方水稻区建设的巨大机电排灌系统之一,范围不限于湖滨地区,还包括湘、资、沅、澧4江下游各县。整个工程分三期进行。1963年冬,第一期排灌网工程开工兴建,到1964年春完成,装机容量为3万多千瓦。第一期所建的排灌站主要分布在洞庭湖南岸益阳、湘阴、长沙等县,受益面积为60多万亩。这些排灌站对这些县1964年的水稻生产起了显著的保障作用。1964年冬,第二期工程开工,排灌站主要分布在沅江、常德、安乡、岳阳、南县等各地。从洞庭湖东部的岳阳县到西部的常德等县的建设工地上,5 000多名干部、近万名专业技术和数万民工冒着寒风加紧施工,排灌站于1965年春汛到来之前建成。建成后新增装机容量为7万多千瓦,电力排灌面积增加300万亩。1966年春季完成第三期工程后,洞庭湖区将拥有装机容量为12.5万千瓦大小1 000多个电力排灌站,在日降雨200多毫米的情况下,两三天就能排干渍水;如遇天旱,又可抽水灌田。这样,不但使700万亩农田做到旱涝保收,而且由于从排渍抗旱方面节约出来的劳动力用于精耕细作,多积肥料,从而粮食产量将增产一倍左右。②

据新华社1964年9月报道,全国各地农村新建和续建了一批机电排灌站,共增加机电排灌设备40多万马力。1964年全国农村使用机电灌溉的农田面积,比1957年增加了5倍。新建和扩建的机电排灌站多分布在主要粮棉产区。号称"天府之国"的四川省农村,1964年上半年新增建高压输电线路420多公里,同时在这条线路上安装了近8 000千瓦电力提水设备。安徽省1964年由国家投资新建的电力排灌站有90多个,其中一半

---

① 《机电排灌事业蓬勃发展》,《人民日报》,1963年10月10日。
② 《洞庭湖滨建设巨大电力排灌网》,《人民日报》,1965年2月25日。

以上分布在水稻集中产区的沿江圩区和淮南丘陵地区。江苏省在 1963 年建成了江都水利枢纽工程第一抽水机站以后,于 1964 年 8 月下旬又建成了第二抽水机站。这两个抽水机站都是中国当时最大的抽水机站,每昼夜能排水 1 000 万立方米或者抽水灌溉稻田 126 万亩。纵横几百里包括江苏省长江南北地区、浙江北部地区和上海郊区在内的长江三角洲,需要提水灌溉的农田已有 80% 采用机电排灌,其中用电力灌溉的占一半以上。河网交错的广东省商品粮重点产区珠江三角洲,采用机电排灌的农田已达 500 多万亩。机电排灌网初具规模的湖北江汉平原,用机械电力灌溉的农田面积也显著增加。① 随着农村人民公社集体经济的日益发展和巩固,全国已经建成的大量机电排灌工程中,除一些大、中型工程由国家投资举办或由国家、公社合资兴建外,其余都是人民公社依靠自己的力量建设起来的。

1965 年上半年,全国 50 多家动力机械厂为农村生产的农用排灌机械比 1963 年全年产量还多,比 1964 年同期增长 25% 左右。全国已经有了一批基本上能够适应不同地区地理条件的农田排灌机械,全国 90% 以上的县已有了机电排灌机械。1965 年 7 月,中国农业机械学会在江苏省镇江市召开了全国农田排灌机械学术讨论会。会议指出,农用排灌机械品种的发展将进一步增强中国农业抵抗自然灾害的能力,促进粮食增产。中国幅员辽阔,各地地理条件很不相同,已有的农田排灌机械的品种和型号还不能完全满足不同的要求。此后还要进一步提高排灌机械质量,大力增加品种规格,努力降低造价,开辟新的利用自然能源的途径,使我国农业生产需要的排灌机械,尽快形成一个完整的体系。②

---

① 《依靠集体和国家力量迅速发展机电排灌事业,机电灌溉面积公社化以来增五倍》,《人民日报》,1964 年 9 月 25 日。

② 《我国不同地区都有了农田排灌机械》,《人民日报》,1965 年 7 月 20 日。

第四章

农业学大寨时期的农田水利建设高潮

第一节　农田水利基本建设高潮的掀起

1964 年 12 月，周恩来在《政府工作报告》中第一次向全国发出了"农业学大寨"的号召："大寨大队所坚持的政治挂帅、思想领先的原则，自力更生、艰苦奋斗的精神，爱国家爱集体的共产主义风格，都是值得大大提倡的。"次年 1 月，中共中央将周恩来的报告下发党内县团级以上干部学习。从此，在全国范围内开始了"农业学大寨"运动。1965 年 8 月，全国水利工作会议确定全国水利工作的基本方针是："大寨精神，小型为主，全面配套，狠抓管理，更好地为农业增产服务。"广大农民响应号召，自己集资组织起来，积极投入到兴修农田水利建设的群众运动中。据《人民日报》报道，1967 年至 1968 水利年度的农田基本建设成绩出色，广大群众"以英雄的大寨人为榜样，发扬自力更生、艰苦奋斗的革命精神，把农田基本建设搞得既轰轰烈烈，又扎扎实实"。① 辽宁、河北、河南、山西、山东、江苏、安徽等省投入水利建设的群众达 3 700 多万人。

"文化大革命"爆发后，日益好转和发展的农田水利事业遭到严重破坏，各地水利部门被撤销或削弱，水利工作人员被下放，正常工作业务受到严重影响。1967 年 7 月，中共中央、国务院、中央军委、中央"文革"小组联合发布对水利电力部实行军事管制的决定。1968 年春，在军管会领导下设立生产组，抽少数干部应付日常工作。1969 年秋，水利电力部大部分干部下放"五七"干校。1970 年 3 月，水利电力部生产组分解为水利、电力等几个组。水利组定员 23 人，负责抓各项水利工作。

由于"文化大革命"的冲击，1967 年至 1969 年农业生产连续出现下降状态，严重影响了国民经济的稳定。1970 年 8 月 25 日，中共中央、国务院在山西省昔阳县召开北方地区农业会议，中心内容是学习和推广山西昔阳县大寨大队和昔阳县的经验。9 月 1 日，会议转到北京继续举行第二阶段会议，主要是总结和交流全国各地农业学大寨的经验。9 月 14 日，会议进

---

① 《亿万贫下中农和社员高举毛泽东思想伟大红旗狠抓革命猛促生产，我国去冬以来农田基本建设成绩出色》，《人民日报》，1969 年 2 月 15 日。

入第三阶段,着重讨论实现《全国农业发展纲要》的措施和各项农村经济政策。12 月 11 日,中共中央批准《国务院关于北方地区农业会议的报告》,第一次正式提出要大搞农田基本建设,要求各地在第四个五年计划内"要通过改土和兴修水利,做到每个农业人口有一亩旱涝保收、高产稳产田。丘陵地区,要搞梯田。平原地区,要搞深翻平整,改良土壤。水利建设,要坚持"小型为主、配套为主、社队自办为主"的方针。治水要与改土、治碱相结合。要积极打井,研究利用地下水源"。①

北方地区农业会议之后,全国农村掀起了以改土治水为中心内容的农田水利建设新高潮。农田水利建设作为农业学大寨运动的重要组成部分,在各地广泛开展起来。其主要特点是由过去的偏重防洪向综合开发利用的目标发展,贯彻毛泽东的"水利是农业的命脉"号召,重点解决农业用水和抗旱问题。这次农田水利基本建设规模之大、进度之快、成效之明显,超过了以往的各个时期,包括"大跃进"时期的水利建设高潮。

1970 年至 1971 年水利年度,全国各地农村贯彻北方地区农业会议的精神,大搞农田水利基本建设,有近百万名干部、一亿多农民投入到水利建设运动中。据新华社 1971 年 1 月 27 日报道,从 1970 年冬到 1971 年 1 月,全国完成的农田基本建设土石方工程量,超过前一年同期。出工人数之多,工程规模之大,速度之快,都超过往年。除了普遍兴修小型水库、水渠、塘堰和打井外,还陆续修建了一批大中型水利灌溉工程。如黄河下游的引黄排灌工程经过大规模开挖排水系统之后,又逐步恢复引水,先后修建引黄涵闸 70 多处,加上虹吸管及抽水站的建设,引提水能力达到 4 000 多立方米每秒,灌溉面积达 10 670 平方公里。据《人民日报》报道:我国 1970 年至 1971 年水利建设年度中以兴修旱涝保收、高产稳产农田为中心的农田水利基本建设取得了很大成绩,各地兴修农田水利共完成土石方工程 50 多亿立方米,增加旱涝保收的农田面积达 3 000 多万亩,这是近 10 年来增加最多的一年。②

1971 年至 1972 水利年度,全国农村继续广泛掀起农田水利建设高潮,新修了一批水库、塘坝、水井、涵闸、渠道等工程,进一步扩大了旱涝保收、

---

① 《中共中央批准国务院关于北方地区农业会议报告》,见中华人民共和国国家农业委员会办公厅编《农业集体化重要文件汇编(1958—1981)》下册,中共中央党校出版社,1981 年,第 893 页。

② 《在毛主席的革命路线指引下,我国农田水利建设今年取得很大成绩》,《人民日报》,1971 年 12 月 8 日。

高产稳产农田的面积。据 19 个省、市、自治区的不完全统计,1971 年冬以来共兴建各种水利工程达 100 多万处,到 1972 年 1 月中下旬已完成的土石方量达 30 亿立方米,相当于上年度完成的土石方工程量的一半以上。其中,大量的是由农村社队自办的当年施工当年受益的小型水利工程,还有一些是续建的和配套工程。各级在水利建设方面坚持以"小型为主、配套为主、社队自办为主"的方针,调动了广大群众治山治水的积极性。无论是原来水利条件较好的地区,还是水利条件较差的地区,都在积极兴办水利工程。辽宁、吉林、青海、甘肃、陕西、山西、河北、北京、山东、江苏、安徽、浙江、湖南、广西、广东、四川、云南、贵州等省、市、自治区,总结了几年来水利建设的经验,针对各地不同的自然条件进行了全面规划,做到因地制宜、统筹兼顾、综合治理,力求变水害为水利。地处华北平原的冀、鲁、豫、苏、皖 5 省把治水和治碱结合起来,使许多盐碱地得到改造。山东、河南两省还大力开展引黄淤灌,用黄河的粗沙淤高堤背,加固堤防,用细沙淤地改土,引水灌田,取得了很大成绩。①

1972 年 12 月 12 日,《人民日报》发表《搞好农田基本建设》的短评,指出搞好农田基本建设是"发展社会主义农业的一项重要战斗任务,也是农业学大寨的一项重要内容",并认为:"大寨大队的自力更生、艰苦奋斗的革命精神,突出地表现在农田基本建设上。"文章号召各地:"应在保证搞好当前生产的同时,尽可能多地用于农业基本建设。"②

在 1970 年至 1971 水利年度中,水利大省江苏在省委和各级党委直接领导下,学习全国计划会议和北方农业会议精神,结合本省水利建设的实际情况,开展了轰轰烈烈的农业学大寨运动,进行了大规模的农田水利建设,加速了治淮进程,取得了突出成绩。这些成绩主要体现在三个方面:一是水利建设规模大。全省冬季最高上工人数 578 万人,占总劳动力的 28%,完成土方 11 亿方,是"大跃进"以来规模最大的一年。发展机电排灌 40 万马力(其中机电各半),是历史上发展最多的一年。徐淮地区旱改水当年新增的机电排灌动力 25 万马力,相当于新中国成立以来发展的总和。二是坚持自力更生、艰苦奋斗。兴办这么多的水利工程主要是依靠劳动积累,社队自筹,仅发展机电排灌就需经费 2 亿元,国家补贴只有 400 万元,

---

① 《我国农田水利建设取得新成就》,《人民日报》,1972 年 2 月 23 日。
② 《搞好农田基本建设》,《人民日报》,1972 年 12 月 12 日。

地区自筹占 98%,地方基建、农田水利自筹估计也有 5 000 万元。三是愚公移山的精神,出现了一批新典型。如沭阳县丁集排灌配套,沟渠路林河网化;铜山县柳泉公社劈山引水,绕过 12 座山头,开掘 45 万石方,从 25 里外引来微山湖水,灌溉了 4 万亩农田,改变了山丘地区面貌;东台县 10 万人奋战 40 天,自筹资金、自运物资、自备工具、自迁房屋,完成了"三河一路"工程,开河挖土方 1 200 多万方。当年工程,当年收效。据统计,江苏全省在该水利年度共扩大灌溉面积 600 万亩,新增旱改水 600 万亩。①

　　1972 年 12 月,水利电力部召开了全国水利管理工作会议。会议要求各级水利部门第一把手必须一手抓建设,一手抓管理,把水利管理提到重要议事日程上来;建立和健全必要的规章制度,按时完成水利工程的大检查。检查的内容为"五查"、"四定"。"五查"是指查工程建设和投资使用情况、工程安全、工程效益、综合利用以及管理现状;"四定"是指定任务、定措施、定计划、定组织体制。据新华社 1973 年 3 月 6 日报道:根据国家水利部门的统计,从 1972 年 10 月到 1973 年 1 月底,全国农村动工兴建的各种水利工程共计 100 多万项,其中有 60 多万项已经胜利完工。如江苏省 1972 年入冬以后,各地积极推广了华西、夹河、何庄、三隆、清修、双沟等地先进经验,掀起了冬春农田水利建设运动的高潮,以水促土、促肥、促林、促副,大挖土方,大搞平田整地,大搞配套工程,积极发展井灌,又涌现出丁桥、同心圩、卫东、马站、埠子等一批先进单位。徐淮地区普遍开展了以治涝治渍为中心,大搞五沟配套,疏浚排水干河,有的县重灌轻排的倾向已有所扭转。沂南地区疏浚了柴米河、六塘河、唐响河等排水干河。根据各地汇报材料统计,1971 年冬 1972 年春全省共完成土方 7.2 亿方,开挖正修大沟 1 600 多条、中沟 1 800 多条、小沟 1 万多条,已完成配套建筑物 6 万余座,打井 4 000 多眼,发展机电排灌动力 45 万马力。增加旱涝保收农田 300 万亩,并在不同程度上改善了排灌面积约 900 万亩。②

　　为了坚决贯彻全国水利管理会议的精神,江苏省在 1973 年 3 至 6 月份,从省、地到县社组织了 1 万多干部和工程技术人员,并广泛发动群众,采取三结合的方法,全面开展了水利工程大检查。通过检查,向广大干部、

---

　　① 江苏省革命委员会水电局:《1971 年水利建设的基本情况和 1972 年水利建设的初步意见》,江苏省档案馆:水利厅 - 长期 - 18 卷。

　　② 江苏省水电局:《关于 1973 年水利建设的情况和 1974 年的初步意见——在全省水利现场会议上的发言》,江苏省档案馆:水利厅 - 长期 - 50 卷。

群众宣传了毛主席的革命治水路线和方针、政策,总结了水利建设方面的经验教训,并按照"五查"、"四定"的要求,发现问题、分别研究和落实措施。各地反映:通过这次检查,治水的方向更加明确了,治水的路子更加清楚了,家底摸得更透了,治水的决心也更大了。①

随后在 1974 年和 1975 年,水利电力部两次召开农田基本建设会议,进一步推动了全国农田水利建设的高潮。全国各地每年冬春农闲之时,都组织广大农民投入到兴修农田水利运动中。1974 年 2 月 19 日,新华社对当年的农田基本建设进行了报道:现在已经完成水库、塘坝、渠道、涵闸、水井、排灌站等各种水利工程 60 多万处,增加和改善灌溉面积 2 000 万亩,深翻改土 1.9 亿多亩,平整农田 4 000 多万亩。又据新华社 1975 年 3 月 11 日报道:全国各地共开工修建 140 多万处各类水利工程,已有 2/3 完工。到 1 月底止,全国新增加改善的灌溉面积 3 000 多万亩,新修梯田 1 300 多万亩,改造低产田 6 800 多万亩。

这样,在农业学大寨运动高潮中,以治水改土为中心的山水田林综合治理的农田基本建设被当作一项伟大的社会主义事业来办,全国每年冬春都有上亿劳力投入农田基本建设,许多县、社、队组织农田基本建设常年施工。农田基本建设也由单项治理发展到山、水、林、田、路等综合治理;打破社队界限,按地区、按流域统一规划,统一治理。1975 年 9 月,中共中央在山西昔阳县召开第一次全国农业学大寨会议,总结交流各地在 1970 年北方地区农业会议以后开展农业学大寨运动的经验,研究进一步开展农业学大寨运动、尽快普及大寨县的问题。1976 年 12 月 10 日,第二次全国农业学大寨会议在北京召开,标志着农业学大寨运动达到了最高潮,全国性的农田水利基本建设更是提上了迫切议事日程。

1977 年 7 月,水利电力部、国家计划委员会、国家基本建设委员会、农林部等 11 部委联合召开全国农田基本建设会议。会议回顾了近几年全国农田基本建设出现的新形势,明确指出:国民经济全面跃进的形势已经出现,农业非大上不可。农业要大上,就非大搞农田基本建设不可。会议要求 1977 年冬 1978 年春掀起一个农田基本建设的新高潮,到 1980 年要实现每个农业人口有一亩旱涝保收、高产稳产的农田。在此次会议精神指导

① 江苏省水电局:《关于 1973 年水利建设的情况和 1974 年的初步意见——在全省水利现场会议上的发言》,江苏省档案馆:水利厅－长期－50 卷。

下,全国性的农田水利基本建设高潮继续推进。1977 年至 1979 年,中共中央、国务院连续召开了三次农田基本建设会议,使全国农田基本建设得到了迅速发展。据统计,三年时间完成土石方 510 亿立方米,平整土地 2.5 亿亩,增加灌溉面积 3 000 万亩,除涝面积 1 600 万亩,增加机电排灌动力 1 500多万马力,同时对大量的中小型水库进行维修、加固和配套,以及修建了大量田间工程。[①]

因此,作为农业学大寨高潮的重要组成部分,农田水利基本建设的高潮与农业学大寨运动高潮是同步并生的。由于农业学大寨运动到 1980 年正式结束,故全国性的农田水利基本建设也持续到 1980 年左右。

1972 年北方 14 省抗旱会议后,全国各地小型水库灌区建设出现新的热潮,灌区配套得到加强,全国有效灌溉面积由 1965 年的 48 054 万亩增加到 1980 年的 73 332 万亩,年均增长 1 683 万亩。全国机电排灌泵站有了很大发展,1976 年机电排灌动力拥有量达到 5 400 多千瓦,比 1965 年增加了 5 倍,原来的人力、畜力简易提水工具基本上被机电泵替代。以安徽省为例,到 1975 年,全省灌溉面积扩大了 90.6 万亩,平均每年新增 18.1 万亩。从 1976 年开始,小型水库灌区的配套步伐加快,从 1976 年到 1989 年,共扩大灌溉面积 163.4 万亩,使全省小型水库的有效灌溉面积达到 517 万亩。[②] 据统计,1966 年至 1980 年的 15 年间,安徽省小型机械灌溉站增加到 2 183 处;电力灌溉站灌溉面积增加了 282 万亩。据 1980 年统计,全省小型电灌站达到 7 109 处,灌溉面积达 679.6 万亩。[③] 再以江苏省为例,从 1974 年到 1980 年,江苏全省在以农田基本建设为中心内容的农业学大寨运动中,有效灌溉面积由 5 168.72 万亩上升到 5 910.76 万亩;水土保持治理面积由 4 359.48 万亩升到 6 065.78 万亩;机电井由 42 348 眼上升到 59 675眼,喷灌面积也从无到有。[④]　具体情况详见表 8:

---

① 水利部农村水利司编著:《新中国农田水利史略》,中国水利水电出版社,1999 年,第 17 页。
② 安徽省地方志编纂委员会编:《安徽省志·水利志》,方志出版社,1999 年,第 385 页。
③ 同②,第 387－388 页。
④ 《江苏省 1975—1980 年农田水利、工程管理统计报表》,江苏省档案馆:水利厅－永久－45。

表 8 1974—1980 年江苏省农田水利主要指标发展情况统计表

指标名称	单位	1974 年	1975 年	1976 年	1977 年	1978 年	1979 年	1980 年
有效灌溉面积	万亩	5 168.72	5 445.86	5 664.63	5 686.07	5 721.64	5 855.8	5 910.76
保证灌溉面积	万亩	4 180.55	4 441.80	4 634.91	4 837.03	4 982.41	5 086.71	5 184.33
除涝面积	万亩	5 293.23	3 640.06	3 773.12	3 920.52	3 904.69	3 946.92	4 011.63
水土保持治理面积	平方公里	4 359.48	5 269.79	5 791.73	6 361.19	6 160.4	7 477.96	6 065.78
盐碱地改良面积	万亩	609.06	664.51	674.25	699.74	661.82	837.78	866.37
建成或基本建成水库	座/亿立方米/有效万亩	1 211/179.08/1 666.51	1 206/182.05/1 680.89	1207/181.72/1 699.97	1 177/185.43/1 722.47	1 179/183.61/1 711.42	1 171/185.81/1 709.69	1 188/185.95/1 723.49
万亩以上灌区有效灌溉面积	处/有效万亩	249/1 488.71	259/1 598.34	255/1 511.93	261/1 705.99	263/1 650.71	232/1 638.48	
排灌机械保有量及排灌面积	万马力/万亩	293.59/4 571.71	354.4/4 927.56	386.62/5 100.64	415.67/5 321.79	473.49/5 365.22	无	562.22/5 702.77
机电井	万眼	4.234 8	3.825 9	3.976 6	4.810 8	5.373 0	无	5.967 5
水轮泵站	台/处/万亩	46/11/8.85	44/6/7.8	44/7/8.65	44/6/7.15	44/6/7.15	44/644/6	

续表

指标名称	单位	1974 年	1975 年	1976 年	1977 年	1978 年	1979 年	1980 年
水闸	座	4 029	2 212	2 497	2 737	2 694	2 859	2 492
堤防	公里/万亩	13 060.39/ 3 806	13 848.68/ 4 710.23	17 116.86/ 4 806.01	16 906.26/ 4 847.15	19 760.47/ 6 1922.21	20 813.81/ 4 786.93	12 645.61/ 4 301.95
农水完成土石方量（本年新增）	亿立方米	11.994 2	12.42	15.69	16.03	13.62	无 10.47	
深翻土地面积（本年新增）	万亩	142.87	249.54	77.96	84.20	53.26	34.28	43.06
平整土地面积（本年新增）	万亩	644.57	671.5	758.27	679.49	565.57	497.37	535.93
造田造地面积（本年新增）	万亩	9.58	13.79	19.65	18.87	22.47	13.47	8.97
喷灌面积	万亩	无	无	无	13.18	75.10	119.67	166.68

资料来源：江苏省《1974 年水利统计年报》及 1975 年至 1980 年《农田水利、工程管理统计报表》，江苏省档案馆藏：水利厅—永 7（1974 年）、水利厅—永久—11（1975 年）、水利厅—永久—14（1976 年）、水利厅—永久—17（1977 年）、水利厅—永久—24（1978 年）、水利厅—永久—34（1979 年）、水利厅—永久—45（1980 年）。

水库灌区及其配套设施的兴建,有效地增加了农田灌溉面积,对农业生产的发展提供了可靠的物质保障。据统计,1977 年,全国农田灌溉面积达 7 亿亩,比 1965 年的 4.96 亿亩增长 41%;1977 年中国机电排灌面积达 4.32 亿亩,各种水电站机电总装机容量达 4 289 万千瓦,分别比 1965 年的 1.21 亿亩、667 万千瓦增长 355.58% 和 643%。[①]

1971 年以后,除了对"大跃进"中已建造的水库、灌区进行续建配套外,在北方还开展了大规模开发利用地下水的活动。1972 年华北大旱,为了解决北方地区的长期干旱问题,国务院决定成立打井抗旱办公室。从 1973 年起,国家每年拨出专款和设备支持北方 17 省区打井工作。全国配套机井由 1972 年的 100 万眼增加到 1980 年的 229 万眼,增加了 1.4 倍。机井配套建设对北方地区合理使用水资源,提高灌溉保证率和土壤蓄水防涝能力,缓解水资源不足的矛盾以及改良土壤、防治盐碱化,都起到了重要作用。其中,河南、安徽等省的机井建设成绩突出。

北方农业会议之后,河南省专门召开水利会议,制定了旱涝保收田的 6 条建议标准,以及关于农田水利基本建设的 10 条规定。全省仅 1973 年就安排打井 7 万 ~10 万眼、配套 8 万 ~12 万眼的指标,下达打井任务和配套设备的生产,使全省农用机井建设出现了连续数年高速发展的情形。据统计,全省机井数量从 1970 年的 25.4 万眼增至 1975 年的 52.7 万眼,已配套 42.7 万眼。旱涝保收田从 1970 年的 2 172 万亩发展到 1975 年的 3 146 万亩,有效灌溉面积从 1970 年的 3 768 万亩增至 1975 年的 5 374 万亩。[②] 全省机井数量和机井控制面积的迅速增加,极大地促进了农业生产的发展。

1977 年国务院召开北方 17 省市抗旱会议,决定将包括安徽省在内的北方 17 省市的井灌纳入国家计划。到 1977 年底,淮北已有机井 7.62 万眼,配套 5.4 万眼,井灌面积 300 万亩。1978 年,安徽全省出现严重的干旱,安徽省委提出"主攻小麦,发展灌溉"的战略措施。到 1980 年底,淮北地区共有机井 138 251 眼,配套 111 945 眼,其中机配 91 052 眼,电配 20 893 眼,机井有效灌溉面积为 453.7 万亩;累计投入淮北地区机井建设资金 37 936 万元,其中国家补助 19 801 万元,群众自筹 18 135 万元。[③] 井灌区

① 水利电力部编:《中国农田水利》,中国水利电力出版社,1987 年,第 43 页。
② 水利部农村水利司编著:《新中国农田水利史略》,中国水利水电出版社,1999 年,第 414 页。
③ 安徽省地方志编纂委员会编:《安徽省志·水利志》,方志出版社,1999 年,第 402 页。

内修筑渠道 7 277.4 公里,平整土地 28.1 万多公顷,筑小畦 13.6 万公顷,使机电井的有效灌溉面积达到 30.7 万公顷。① 这些机井及配套设施的建设,增强了淮北地区防旱减灾能力。在当时的抗旱抢种、抗旱保麦中,机井灌溉起到了较大作用。

此外,在农业学大寨运动高潮中,全国陆续上马了许多大型水电站,其中比较著名的水电站有四川龚咀、甘肃碧口、长江葛洲坝、乌江渡、湖南凤滩、广西大化等大型水电站。20 世纪 50 年代开工的水电站,多数在 70 年代前后完成。从 70 年代开始,小水电站建设得到了发展,每年投产小水电站 30.40 万千瓦。据统计,1970 年中国乡村办水电站 29 202 个,发电能力 70.9 万千瓦,其中乡办水电站 7 297 个,发电能力 33.5 万千瓦;村和村以下办水电站 21 905 个,发电能力 37.4 万千瓦。到 1976 年,中国乡村兴办的水电站达到 74 125 个,发电能力 161 万千瓦,其中乡办水电站 9 348 个,发电能力 70.6 万千瓦;村和村以下办水电站 64 777 个,发电能力 90.4 万千瓦。②

总之,在农业学大寨运动中,全国各地农田水利基本建设取得了巨大的成绩。不仅兴修了大批大中小型水利灌溉工程,提高了农田的灌溉率和土壤的蓄水防涝能力,对改良土壤环境、防治盐碱化起到了重要的作用,而且投入大量的人力、物力进行各种规模的灌区配套设施及水电站建设,为改善农村环境以及提高农业生产效率创造了有利的条件。

农田水利基本建设的大力开展,增强了我国的农田灌溉和防涝抗旱能力,为农业持续丰收提供了保证。以全国受灾面积不同但成灾面积基本相同的 1976 年与 1965 年相比较,成灾面积占受灾面积的比例由 1965 年的 53.9% 下降到 1976 年的 26.9%。其中,水灾由 50.3% 下降到 31.7%,旱灾由 59.5% 下降到 28.6%。③ 此时期农田水利建设与农业生产技术的改善,是促使粮食、棉花、油料等主要农业指标显著增产的重要因素之一。以 1978 年与 1957 年相比,全国粮食单位面积产量由每亩 98 公斤提高到 169 公斤,增产 72.4%。全国粮食产量保持了比较稳定的增长,粮食总产量从 1966 年的 21 400 万吨增加到 1976 年的 28 631 万吨,增长 7 231 万吨,年

① 安徽省水利厅编:《安徽水利 50 年》,中国水利水电出版社,1999 年,第 123 页。
② 农业部计划司编:《中国农村经济统计大全(1949—1986)》,农业出版社,1999 年,第 321 页。
③ 国家统计局编:《建国三十年国民经济统计提要》(内部发行),1979 年,第 74 页。

平均增长率为 2.95%。① 棉花产量 1964 年为 3 325 多万担,1967 年达到 4 707 多万担,有了大幅度提高。这样快的增长速度显然与农田水利建设密不可分。

因此可见,各种水利灌溉工程的修建,对农业生产和粮食增产起了重要的积极作用。长期工作在水利第一线的高级工程师徐海亮说:第三到第五个五年计划时期(1966 年至 1980 年)的水利建设高潮,"对于改变农业经济的面貌,发展国民经济,增强总体抗灾能力和国力,起到重要作用"。②

第二节 大中型水库灌区配套设施的兴修

在农业学大寨运动中,全国农村掀起了一个农田水利基本建设高潮,陆续建成一批大中型骨干灌溉排水工程,如江苏江都排灌站、陕西宝鸡引渭上塬工程、四川都江堰扩建工程、湖北引丹灌溉工程、甘肃景泰川高扬程提水一期工程等,加强了防洪抗旱能力,扩大了农田灌溉面积,对改变这些地区贫困面貌发挥了重要作用。

随着农业学大寨运动的开展,全国各地的水库建设有了较大发展,并呈现出新老并举之势。河南作为水利大省,从新中国成立后就特别注重水利建设事业,继"大跃进"运动中掀起水利建设高潮之后,在学大寨运动中再次掀起了农田水利建设的高潮。据统计,从 1965 年至 1980 年,河南省完成水利投资达 26.75 亿元。"大跃进"水利建设高潮中遗留下来的多座有问题的尾巴工程,在此期间逐步解决;全省有一半的大中型水库工程,都是在 1966 年至 1974 年间完成的。长江流域的鸭河口灌区、引丹灌区,豫皖边界的梅山灌区在河南境内的分干工程,都是在此期间修建配套的。据统计,1966 年至 1976 年间,全省共建成 14 座大型水闸,形成一系列平原重点排灌区域。③

湖南省在 1965 年至 1980 年完成水利投资 13.24 亿元,韶山灌区、欧

① 国家统计局编:《新中国五十年》,中国统计出版社,1999 年,第 545 页。
② 徐海亮:《"三五"至"五五"期间的水利建设经济效益》,《三农中国》,2004 年第 9 期。
③ 徐海亮:《从黄河到珠江——水利与环境的历史回顾文选》,中国水利水电出版社,2007 年,第 191 页。

阳海灌区、洞庭湖灌区建成配套。灌区粮食单产和增产幅度都在 1976 年至 1985 年间获得较大发展。湖南省水利水电厅 1999 年总结说：从 20 世纪 60 年代后期至 70 年代，各类水利工程的配套、中型水库建设、增加电排装机和平地改土、改造中低产田等方面均取得了新的成绩。在此期间，新建中型水库 92 处、小型水库 4 500 多处，同时还建了不少高扬程电灌站，新增灌溉面积 450 万亩。1978 年开展喷灌建设，到 1981 年喷灌面积达 66.65 万亩。[①]

四川都江堰扩建工程，是在农业学大寨运动中建成的大中型骨干灌溉排水工程，对扩大四川省农田灌溉面积发挥了重要作用。都江堰为战国时秦国所建（公元前 250 年），有 2 200 多年的历史。都江堰工程由"鱼嘴"、"飞沙堰"和"宝瓶口"三个主要工程和成千上万条渠道以及分堰组成。当岷江水从崇山峻岭中奔腾而下，流到川西平原西部边缘的灌县境内的玉垒山下时，江水便被分水"鱼嘴"工程分为两股。鱼嘴南面的叫外江，是岷江的正流，除了灌溉外，主要是排泄洪水。鱼嘴北面的叫内江，主要灌溉农田。鱼嘴后面是由无数巨大的鹅卵石筑成的内外"金刚堤"，它和都江鱼嘴连成一个整体，是分水工程的主要部分。金刚堤后面紧接着是"飞沙堰"（溢洪道）。内江水流到这里，因为峭壁临江，水流湍急，容易横决。"飞沙"堰可以泄洪、排沙，使内江水保持适当的水量。在"飞沙堰"后面就是"离堆"巨崖，崖下就是"宝瓶口"工程。这一工程为内江打出了一条通畅的水路，使岷江水自流灌溉川西农田。[②] 2 000 多年来，都江堰水利工程对川西平原农业生产的发展起了很大的作用。但在近代，由于中国长期战乱，都江堰工程年久失修，灌溉面积日益减少，从原有的灌溉面积 300 万亩下降到新中国成立前夕的 190 万亩。[③] 新中国成立后，都江堰的作用才真正发挥出来。

在党和政府的重视下，人民公社成立后，四川省相继修建了人民渠、东风渠、解放渠等大型干渠 800 多公里，逐步扩大灌溉面积。到 1966 年，新修了三条灌溉渠，扩建了两条灌溉渠，安装了电动闸门等许多设施，灌溉面积扩大到 660 万亩。1967 年冬，川西平原出动了 10 多万劳动力，对都江堰灌区工程进行整修。广大社员在工地上大办毛泽东思想学习班，发扬大寨

---

① 水利部农村水利司编著：《新中国农田水利史略》，中国水利水电出版社，1999 年，第 438 页。
② 《都江古堰喜迎春》，《人民日报》，1972 年 3 月 12 日。
③ 陈光安：《川西行》，《人民日报》，1965 年 4 月 1 日。

人自力更生的精神,克服了各种困难。他们用石灰和石头代替水泥,为国家节约了大量水泥。全灌区的整修工程全部提前完成。绵阳、宜宾、内江、乐山、万县、涪陵等专区,掀起了群众性兴建水利工程活动。各地修建了大量小型塘堰和水渠,使 1968 年春耕用水情况比历年都好。① 但是,渠道存在"长、多、宽、弯、浅、乱"的缺点,造成灌溉时"上游饱、中游少、下游干",排水时"上游畅、中游满、下游淹"的严重局面,有的渠道上下十八拐,占地多,造成下湿田多,不利于机耕。②

在农业学大寨运动的高潮中,都江堰这个著名的古老水利工程焕发了青春。1970 年春,四川省革委会提出改造都江堰渠道的总体设想:填平全部旧渠,开挖几万条新渠,重新规划田块、道路,做到沟直、路平、园田化,使渠系灌溉合理,充分利用水源,扩大灌溉面积,发展水力、水电事业,为早日实现农业现代化打下基础。1970 年 8 月,四川省革委会正式做出决定,把改造都江堰渠系工程列为全省水利重点工程之一,作为全省农业学大寨的一项重要措施来抓,并且在灌区各地、县专门成立了指挥部。9 月秋收后,灌区所属地、县、市纷纷调集民工开赴工地,开始对都江堰渠首的引水分洪工程——"宝瓶口"进行加固。3 000 多民工奋战在岷江河谷,抽干了过去从来没有人动过、被认为抽不干的"宝瓶口"深潭的水,浇筑上千吨混凝土,加固了这个关系川西平原数百万亩农田灌溉的引水、分洪工程。同时,灌区所属的 26 个县市组织民工根据发展农业的需要,对都江堰渠系进行重新规划、全面治理,开展了改渠工程的战斗。整个工程贯穿了依靠群众、自力更生的革命精神。在群众性的改渠活动中,农村的放水员、水利员和铁工、石匠都成了修渠筑路、架桥建闸的技术骨干。数以万计的桥梁、涵洞和水力、水电工程就是由这些人设计、施工的。200 多万水利大军经过 4 个多月的艰苦奋战,基本完成了都江堰渠系改造的主要工程。温江专区的 14 个县开挖了干、支、斗、农、毛渠 3.1 万多条,长达 2.4 万多公里,挖出土石方达 5 000 万立方米。按原来计划,都江堰渠系改造工程需要三个冬春才能完成,实际则只用了一个冬天就基本上完成了改渠中的主要工程。剩

① 《在战无不胜的毛泽东思想的光辉照耀下,四川农村革命和生产形势大好》,《人民日报》,1968 年 5 月 29 日。

② 《川西平原人民满怀革命豪情重新安排田土河川,改造都江堰渠系主要工程基本完成》,《人民日报》,1971 年 1 月 22 日。

下来的任务主要是治河和完成改渠的扫尾工作。① 1971 年冬,灌区民工经过 40 多个昼夜的工作,终于在"宝瓶口"的基石上浇灌了 1 000 立方米的混凝土,加固了这座关系川西平原数百万亩农田灌溉的引水分洪工程。②

早在 20 世纪 50 年代,都江堰的水渠就开始跨出川西平原。农业学大寨运动中,都江堰水渠又三路并进,穿过纵贯盆地的龙泉山,伸向十年九旱的川中丘陵地带。在中路,简阳县打通了 100 多个大小隧洞,修筑水库,架设渡槽,开挖各种渠道 2 800 多里,让都江堰的水从平原流进了岗峦起伏的山野。在南路,仁寿县在龙泉山的峡谷里筑起一道高 50 多米、长 270 多米的大石坝,引来都江堰的渠水,汇成能蓄水 3 亿立方米的黑龙滩水库。在北路,绵阳地区兴建了龙泉山过山隧洞工程。龙泉山隧洞工程要在几百米深处作业。这里地质结构复杂:有连续塌方的"豆渣岩",有每小时涌水百吨以上的"水帘洞",有浓度高达 11% 的瓦斯井。建设者开动脑筋,想出种种办法战胜困难。在塌方严重的地段,他们先拱顶、后砌墙,稳扎稳打,终于征服了"豆渣岩"。在大量涌水的地段,抽水机不能完全适应排水的需要,他们就用脸盆舀水,排着队一盆一盆往外传递。在随时都有爆炸危险的瓦斯井内,他们组织专门的战斗小组,用喷水降温、鼓风通气等办法来预防,顺利完成了隧道工程。③ 这样,都江堰的水渠逐渐跨出川西平原,穿过高山峡谷伸展到川中丘陵区的简阳、仁寿、中江等县,扩灌了近百万亩农田。

岷江在流经川西平原西部边缘灌县时,被都江堰渠首的"鱼嘴"分水堤分为外江和内江。2 000 多年来,人们一直采用在分水堤附近外江河道上设置"杩槎"(用竹笼和卵石组成的临时挡水坝)截流的办法,来调节外江、内江的水量。但是,用"杩槎"截流有不够完善的地方。如每到 4、5 月间,内江下游农田急需灌溉时,外江河道上的"杩槎"却常常被洪水冲毁,无法拦截江流,不能保证内江灌区有应有的水量。等到重新搭好"杩槎",往往贻误农时。而进入汛期时,岷江水位猛涨,这时又不得不赶快拆除"杩槎",以减轻洪水对内江渠系的威胁。一旦洪水水位下降,仍须再行设置

① 《川西平原人民满怀革命豪情重新安排田土河川,改造都江堰渠系主要工程基本完成》,《人民日报》,1971 年 1 月 22 日。

② 《都江古堰喜迎春》,《人民日报》,1972 年 3 月 12 日。

③ 《历史的见证——从都江堰灌区的建设看人民群众的伟大创造力》,《人民日报》,1974 年 7 月 16 日。

"杩槎"，否则内江流域就不能恢复正常供水。这样一拆一设，既浪费人力物力，又给及时调节水量的工作带来许多困难。为此，水利部门经过调查研究和试验，决定在不改变都江堰渠首原来的分水比例和水流走向的前提下，在"鱼嘴"分水堤附近的外江河道上修筑一座钢筋混凝土结构的电动节制闸，来代替曾经沿袭 2 000 多年的截流"杩槎"。当岷江流量超过一定量时，可将外江节制闸关闭一部分，以增加拦入内江的水量，满足下游工农业生产的需要；当洪水过大时，可将闸门全部打开，让它从外江排走。①

1973 年夏，四川省省委分别在平原、丘陵、山区召开现场会，总结交流了农田水利基本建设的经验，安排了 1973 年冬的农田水利基本建设工作。秋收后冬播前，许多地方就掀起了一个农田水利基本建设高潮，参加的劳动力比 1972 年同期增加 100 多万人。本着农忙小搞、农闲大干的精神冬播结束后各地立即掀起了规模更大的第二个高潮，把冬闲变成了冬忙。著名的都江堰灌区获得丰收后，又全面展开了整修、扩建工作。农田基本建设比较后进的一些山区县，普遍制定了规划，决心以大干苦干的精神，加速改变山区的生产条件。四川省农村普遍建立了农田基本建设专业队，坚持常年施工。全省计划在 1973 年冬和 1974 年春新修、续建、配套的水利工程陆续完工。坡地改梯地、旱地改水田以及加厚土层和改良土壤的工作也广泛展开。②

1973 年 11 月中旬，四川省都江堰水利枢纽工程的重要组成部分——外江节制闸主体工程正式动工。1974 年春节期间，正是混凝土浇筑工程最紧张的阶段，工人和民工们放弃节日的休假，顶风冒雪，坚持战斗。1974 年 4 月 26 日，外江节制闸胜利建成启用。这座钢筋混凝土结构的高 12 米、长 104 米的 8 孔电动节制闸的建成，有利于进一步发挥都江堰在排洪、灌溉、运输木材和提供工业用水等方面的作用，将使都江堰更好地为社会主义建设服务。这座节制闸及时建成后，立即在春灌中投入使用。③

到 1976 年夏，灌区人民加固了都江堰的咽喉工程"宝瓶口"，凿通了 7 公里长的龙泉山隧洞，建成了黑龙滩大型水库，整修了旧渠，开挖了 6 万多条新渠，建设了大量的涵闸、渡槽，把岷江水引向了十年九旱的川中丘陵地

---

① 《都江堰外江节制闸胜利建成》，《人民日报》，1974 年 5 月 2 日。

② 《广大干部和社员积极为夺取今年丰收创造条件，南方四省掀起农田水利建设热潮》，《人民日报》，1974 年 1 月 12 日。

③ 同①。

带,使灌区的范围从当时的 12 县(市)扩大到 27 个县(市),农田灌溉面积由 400 多万亩扩大到 800 多万亩,灌区粮食大幅度增产。①

安徽省的水利建设在农业学大寨高潮中取得了突出成绩。在此,以安徽省为例加以重点阐述。据统计,1966 年到 1970 年间,安徽省水利投资 42 350.97 万元,形成固定资产 41 897.93 万元,占投资的 98.93%;1971 年至 1975 年间,安徽省水利投资 67 851.58 万元,形成固定资产 47 676.7 万元,占投资的 70.27%;1976 至 1980 年间,安徽省水利投资 60 337.44 万元,其中省级投资 32 858 万元,形成固定资产 69 906.86 万元,占投资的 115.86%。② 1976 年后,中共中央重视发展农业生产,安徽省"五五"计划期间年均开支 5 798 万元,其中 1979 年至 1980 年开支均高达 7 000 万元以上。③

1970 年冬到 1971 年春,安徽水利兴修运动出现了新高潮,全省上工劳力最高达 700 万人,完成土石方 5 亿多立方米,旱涝保收农田增加 250 万亩。安徽省淮河流域各县根据"小型为主、配套为主、社队自办为主"的原则,普遍挖沟打井,修塘开渠,筑坝建库,进一步为过去兴建的骨干工程配套,并且因地制宜地新建和续建了一批机电排灌站,提引淮河水灌溉农田。在淮北平原,拓宽加深了肖濉新河和濉河的三条支流,为新汴河、濉河工程配套。在淮南,地跨几个县市的淠史杭灌区,狠抓蓄水工程、渠系配套,使库、渠、塘相连,初步形成灌溉网。旱灾威胁严重的定(远)凤(阳)嘉(山)和天长丘陵地区,拦冲筑坝,兴建库塘,发展灌溉事业。与此同时,各地开展打井活动,从地下取水灌田,以补地面水之不足。安徽省革委会总结和推广了萧县郭庄大队和利辛县柳西大队建设旱涝保收稳产高产田的经验,有力地推动了当地农田水利建设的进展。④

1971 年 9 月 23 日至 10 月 8 日召开的安徽全省水利工作会议指出:"去冬今春,在'农业学大寨'运动的推动下,广大贫下中农发出了重新安排山河的豪迈誓言,发扬了自力更生、艰苦奋斗的革命精神,水利兴修运动出现了新的高潮,全省上工劳力最高达七百万人,完成土石方五亿多立方

① 《祖国的山山水水闪耀着毛泽东思想的光辉》,《人民日报》,1976 年 10 月 2 日。
② 安徽省地方志编纂委员会编:《安徽省志·水利志》,方志出版社,1999 年,第 596 页。
③ 同②,第 623 页。
④ 《小型为主,配套为主,社队自办为主,安徽淮河流域人民深入开展农田水利建设》,《人民日报》,1971 年 5 月 12 日。

米,旱涝保收农田增加 250 万亩。无论兴修规模,完成的工程量或工程效益,都是近十年来所没有的。水利建设的发展,为农业增产提供了有利条件。今年我省虽然遇到旱涝灾害的袭击,由于水利工程发挥了作用和广大群众积极抗灾斗争,大大减轻了灾害损失,午季和中秋作物都获得了丰收。"① 会议决定,集中力量大搞水利配套和治淮骨干工程,掀起一个声势浩大的兴修水利的新高潮。

安徽省桐城县坚持自力更生、艰苦奋斗的精神,大力兴修农田水利,使全县水利面貌发生了很大变化。到 1972 年,全县共新建了蓄水千万方以上至 7 千万方的水库两座,百万方以上的 7 座,10 万方以上 29 座,塘坝3 657 口,堤防 252.37 公里,渠道 1 400 多公里,变电所两座,涵闸 122 道,堰 4 座,电机机械提水站 168 座,装机 7 289 千瓦(马力),整修塘坝 27 000多口,堤防 850 多公里,共做土石方 1.74 亿方。工程蓄水量由新中国成立初期的 3 000 万方增长到 2 亿方,旱涝保收农田由 71 000 多亩增长到 40万亩,增长了 5.5 倍。桐城县在兴建水库的同时,重点抓配套,使各项骨干工程能够充分发挥效益。特别是在 1966 年以后,环山、沿岗大力开挖渠道,全长 1 125 公里,使库渠塘相连,形成了 32 万亩的自流灌区。如牯牛背水库建成以后,使 5 个区 17 个人民公社 17 万亩粮棉增产丰收,粮食产量由 1963 年的 1.2 亿斤增长到 1971 年的 1.8 亿斤,全灌区超过了纲要指标。在滨湖丘陵和低洼圩田先后建成电力、机械提水站 168 座,装机 7 189千瓦(马力),共架设输电线路 213 公里,使全县 8 个区 22 个公社通了电,练潭、徐河、白果、双铺、大枫、杨桥、杨公和罗岭等 8 个公社实现了排灌电气化。又如潜山县槎水公社乐明大队,17 个生产队,486 户,2 329 人,只有1 300 亩耕地。由于田少人多,加上水利条件差,历年的口粮都要靠国家供应。1970 年冬后,该大队党支部抓住生产间隙突击兴修水利,掀起了大办农田水利的新高潮。到 1972 年,两年间共投工 11 万多个,兴建和整修小水库 5 座,绕山新开配套渠道两条,长达 14 里,还兴修了塘坝和谷坊 30 多处,共完成土石方 18 多万方,改变了过去大雨大灾、小雨小灾、十天半月不雨旱灾的面貌。随着水利建设的发展,农业产量不断提高,集体经济不断巩固,社员收入也逐年增加,实现了低产变高产,缺粮变余粮。②

① 《全省水利工作会议纪要》,安徽省档案馆:55-4-23 卷。
② 《抓路线、促水利、面貌大改变、地产变高产》,安徽省档案馆:55-4-45 卷。

在安徽全省兴修水利的高潮中,原已停缓建的龙河口、陈村、花凉亭等大型水库复工续建,主体工程分别于 1970 年、1972 年、1976 年先后竣工。中型水库原已停缓建的也陆续复工续建,续建未完工的仍继续进行,其中有 32 座完成续建任务。到 1975 年,全省已建成的或基本建成的中型水库有 70 座,有 24 座在续建中。小型水库发展较快,除对原已建而留有尾工或配套不全者予以扫尾和配套、使之达到规定要求外,共新建成 2 014 座。至此,全省小型水库已有 3 440 座。①

1975 年 8 月,淮河上游的河南省发生了特大暴雨,皖东地区出现万年一遇的暴雨。从 1976 年度水利建设计划开始,重点安排了病险水库和江河堤防险工段的加固工程。1978 年,安徽省特大干旱,库水放空,塘坝沟河干涸,暴露了水利设施的抗旱能力薄弱。安徽省委要求高标准解决灌溉问题,提出淮北地区要大力发展井灌,到 1980 年底,机电井要达到 20 万眼。同时,抓紧涡河、颍河、新汴河、茨淮新河等河灌区的续建配套,发挥灌区的设计效益。②

淠史杭灌区、花凉亭灌区、青弋江灌区和以提水为主的驷马山灌区,是新中国安徽省水利建设的突出成就。

安徽省江淮丘陵区地势高亢,岗冲起伏。地下水贫乏,水旱灾害频繁,而以旱灾尤甚。原有主要河道淠河、史河、杭埠河的河床,一般都低于农田 10～20 米,河水很难被用来灌溉农田。这里的降雨时间与农作物的需要也不适应,平均每年降落的 800 毫米左右的雨水,大部分都集中在春夏之交,庄稼大量需水的秋季雨水稀少,是安徽历史上著名的易旱地区。据史料记载,在新中国成立前近 300 年中,平均 5 年即有一次大旱,"河水枯竭,禾苗焦枯"、"举村外逃,饿殍遍野"的记述屡见不鲜,流传着"一年忙到头,浑身累出油,立秋不下雨,收个瘪稻头"的民谣。新中国成立以后,虽然兴修了许多小型农田水利工程,改善了水利条件,但因地势高亢、水源缺乏,每逢干旱年景,仍常常减收或失收。治淮初期在大别山区建成的梅山、响洪甸、佛子岭、磨子潭等 4 座大型水库和龙河口水库的开工兴建,为皖西丘陵区灌溉工程的开发提供了水源条件。淠史杭灌区是淠河、史河、杭埠河灌区的总称,三个灌区毗邻而且连成一体,地跨长江、淮河两大流域,灌溉

① 安徽省水利厅编:《安徽水利 50 年》,中国水利水电出版社,1999 年,第 134 页。
② 安徽省地方志编纂委员会编:《安徽省志·水利志》,方志出版社,1999 年,第 595－596 页。

着皖中、皖西和豫东南4个地、市所属13个县、市的农田。它的总体规划,
是从开发沿淠河、史河平畈灌区的设想开始的。该工程的设计是在治淮委
员会、安徽省水电(水利)厅、六安专署等的通力合作下,经多年调查研究
和反复比较才得以完成的。①

　　根据规划,这个以灌溉为主的大型综合利用工程,主要利用大别山东
北麓各个水系的水利资源,把淠河、史河、杭埠河改道,引水上岗,灌溉江淮
丘陵地区安徽省的金寨、霍邱、六安、寿县、舒城、庐江、肥西、肥东、长丰等
县市和合肥市郊区以及河南省的固始、商城二县1 200多万亩农田。整个
工程需要开挖底宽15米以上的河道19条,长1 320公里,围绕着新河开挖
的灌溉渠道密如蛛网。在新河上还要建造许多建筑物。工程全部完工后,
不仅受益的1 200万亩农田有80%可以自流灌溉,而且能通行100吨以上
的轮船。同时,利用水位落差发电,每年达1.4亿度,还可发展水产养殖事
业,增加社会财富。②

　　淠史杭灌区工程包括横排头、红石咀两大枢纽;总干、干、分干、支、分
支、斗、农等7级固定渠道共1.3万余条;各级渠道配套建筑物2万余座;
300多座抽水站和40多处外水补给站。灌区内还有中、小型水库1 000余
座,塘、堰、坝21万多处,可对灌区供水起反调节作用。整个灌区工程的水
源以上游的梅山、响洪甸、佛子岭、磨子潭、龙河口五大水库供水为主,利用
灌区当地径流和抽引河、湖外水为辅,蓄、引、提相结合,大、中、小工程相结
合的长藤结瓜式的灌溉系统。灌区工程除有灌溉效益外,还兼有发电、航
运、养殖、绿化、城镇生活和工业供水等综合效益。

　　淠史杭灌区范围很广,各级渠道纵横,分布在岗冲起伏的丘陵地区,劈
岗跨冲,土石方总量6亿余立方米。总干渠和干渠上10米以上的高填方
和深切岭分别有48处和98处,不仅工程量庞大,而且施工任务艰巨。工
程开始之际,施工全靠肩挑人抬,物资器材十分紧缺,大部分工程要开岗切
岭,跨壑填沟,引水上岗。皖西人民在安徽省委、六安地委领导和淠史杭工
程指挥部直接指挥下,发扬愚公移山精神,采取大兵团作战和"蚂蚁啃骨
头"战术,最多时上工劳动力80余万人;而且有3万余人为了工程的需要,
拆屋让地重安家园,使工程得到顺利、迅速进行。物资缺乏,他们就纷纷捐

　　① 安徽省水利厅编:《安徽水利50年》,中国水利水电出版社,1999年,第106页。
　　② 纪和德:《安徽修了淠史杭,江淮丘陵粮满仓》,《人民日报》,1965年4月11日。

木竹、献钢铁、熬土硝、烧水泥。前方不乏父子同上阵、夫妻相竞赛的动人场面,后方的老、弱、妇、儿也都加入了拣砂石、刮硝土、破石头、制炸药的行列。有些人因日夜奋战在工地而积劳成疾,甚至献出了宝贵生命,涌现出不少可歌可泣的感人事迹。创造"劈土法"的刘美三、爆破时指挥群众撤离而献身的赵学信和规划设计主要负责人黄昌栋等,都是用生命和热血铸造这座水利丰碑的代表。①

六安县樊通桥切岗工地上的青年水利突击队员,创造出一种名叫"陡坡深挖劈土法"的高工效挖土法。为了攻克凿岩石的难关,工程领导部门在工地上推广了"洞室大爆破"的爆破技术。这些高工效的作业法大大加快了工程速度。关系到霍邱县史河灌区 300 万亩农田灌溉的平岗切岭工程,原来估计要有三四年时间才能做完,后来革新了挖土、开石技术,只花一年多便基本完成了。

1959 年,淠史杭灌区工程开始见效,97 万亩农田得到灌溉。此后,淠史杭灌区一方面大抓配套工程,一方面改进施工方法。如开挖渠道,他们改变了那种"一年挖一段,多年挖不通"的做法,采取"一年挖通,多年完成"的做法,这样,第一年挖通的渠道当年即可放水灌溉,使部分农田受益,以后,按照设计标准,逐年挖宽挖深,逐年扩大灌溉面积。到 1965 年春,经过 7 年的建设,淠史杭灌区的三个渠首工程基本竣工,开挖的河道总长达1 200 多公里;建成倒虹吸、地下涵、节制闸、公路桥等大型建筑物 60 多座、小型建筑物 1 000 多座。此外,还完成了数以万计的小型渠道工程。灌溉的农田扩大为 340 多万亩,分布在六安、寿县、霍邱等 6 个县的部分地区。灌区社员称赞淠史杭,他们说:"修了淠史杭,淹死老旱狼,老天不下雨,丰收粮满仓。"

淠史杭工程从开挖土石方到建造建筑物,都紧紧依靠群众,发扬了自力更生的革命精神,节约了建筑材料,也节省了国家大量的投资。完成的分干渠和分干渠以上渠道,每方土国家补助只占 15% ~ 40%,分干渠以下的支、斗、农渠,全部由社队投资举办。国家对建筑物工程的投资也比较少,像龙河口水库及 300 多座涵闸工程,国家的投资仅占工程造价的 40%左右。② 淠史杭灌区工程为大型水利工程如何贯彻自力更生方针创造了

---

① 安徽省水利厅编:《安徽水利 50 年》,中国水利水电出版社,1999 年,第 108 页。

② 纪和德:《安徽修了淠史杭,江淮丘陵粮满仓》,《人民日报》,1965 年 4 月 11 日。

丰富的经验。1965 年 4 月 11 日，《人民日报》专门发表社论《自力更生精神无往不胜——论安徽兴建淠史杭水利工程的宝贵经验》，认为淠史杭大型水利工程为其他大中型水利工程和各种大中型建设工程的建设者们提供了值得学习的范例。

淠史杭灌区工程的建设得到了中共中央和安徽省委、六安地委的高度重视，以及各方的大力支持，全省广大干部、学校师生、部队官兵纷纷参加劳动或慰问。中央领导人李先念、刘伯承、邓小平、彭真、聂荣臻、杨尚昆、陆定一、郭沫若等都曾到工地视察。刘伯承为工程题词："淠史杭是这一地区广大群众作出光芒万丈的基本建设，给予子孙的长远幸福和全国的雄伟示范"，并为横排头、红石咀枢纽、石集倒虹吸、百家堰地下涵等建筑物题字。郭沫若也为淠河总干渠五里墩大桥题词："沟通三河、横贯皖中"，并即兴赋诗："排沙析水分清浊，喜见源头造海洋。河道提高三十米，山岗增产万斤粮。倒虹吸下渠交织，切道崖前电发光。汽艇航行风浩荡，人民力量不寻常。"一位波兰水利官员实地考察后称赞说："淠史杭，人工灌区，了不起！"①

在农业学大寨运动中，广大群众劈山切岭，填冲筑坝，兴建骨干和配套工程，使淠史杭工程进度大大加快，灌溉效益迅速扩大。1966 年 10 月，舒城、庐江两县组织了 7 万民工动工开挖淠史杭灌溉工程的重要组成部分舒庐干渠。舒庐干渠工程从西向东横贯于舒城、庐江两县境内，蜿蜒伸展在大别山东部余脉的群山万壑之中，长达 80 多公里，规模宏伟。庐江县第一期工程开工时，原计划组织民工 4 万人，结果各公社自动来了 5 万人，一个冬春就完成了全部土石方任务的 80%，给工程的迅速进展打下了有利基础。到 1968 年 9 月，经过两年的艰苦奋战，该干渠竣工放水。舒庐干渠劈开 60 多座山岭，跨越十几处大冲洼，实行自流灌溉，沿渠兴建的进水闸、节制闸、泄洪闸、渡槽、倒虹吸、调节水库等大型建筑物和其他建筑物就有225 处。②

这一干渠的建成，使舒城、庐江两县南部原来水源缺乏的 92 万亩瘠薄土地，变成了旱涝保收、稳产高产的农田。

1971 年 5 月，淠河灌区江淮分水岭上的广大群众以较少的投资，高速

---

① 安徽省水利厅编：《安徽水利 50 年》，中国水利水电出版社，1999 年，第 108 页。
② 《七万民工用毛泽东思想统帅施工奋战两年，安徽省规模宏伟的舒庐干渠竣工放水》，《人民日报》，1968 年 9 月 25 日。

度地建成了一座大跨度双拱结构渡槽——将军山渡槽。有了这座大型渡槽,再建一个小型渡槽,就可实现南水北调,使长江水系的滔滔河水经由杭淠干渠飞跨丰乐河,直上江淮"屋脊",与淮河水系沟通,为发展农田水利灌溉和航运事业提供很好的条件。据统计,1966 年以后,淠史杭灌区先后新建和扩建了舒庐干渠、杭淠干渠、史河南干渠、淠河总干渠、大潜干渠、瓦东干渠、滁河干渠等 7 条干渠,新建枢纽干渠大渡槽 5 座,并新修了一大批中小型渠系工程。到 1970 年底,淠史杭分干渠以上大型渠道工程全部完成。总长 1 200 公里的 19 条总干渠、干渠和 299 条总长 3 100 公里的分干渠、大型支渠全部通水;兴建的 96 处电灌站和 133 处山区小型发电站,以及 230 多座大、中、小型水库和数以万计的沟塘堰坝也先后发挥效益。淠史杭工程灌溉面积达到 800 万亩,比 1965 年增加 1.5 倍以上。[①] 到 1972 年春,淠史杭灌区骨干工程基本建成。

　　为了充分发挥淠史杭灌溉工程的效益,在骨干工程基本完成以后,灌区广大群众认真总结治水经验,狠抓配套和管理。到 1973 年春,六安地区已建成大量的小型蓄水工程,容水量达 23 亿立方米。到 20 世纪 70 年代中期,国家压缩投资,配套进展缓慢,尾工尚有很多,分干渠以上和支渠以下的渠系配套建筑物分别还有 40% 和 80% 未做,已做工程老损者也较多。1983 年经水电部批准,将淠史杭灌区续建配套工程列为"八五"重点项目,所需资金由部、省、县分别投入,农民投劳和引用世界银行贷款多渠道组成。该项目从 1986 年起到 1991 年结束,共完成投资 43 909 万元,其中引用外资 19 311 万元,投劳折资 13 700 万元,完成了淠河、史河两条总干渠和汲东、瓦西、瓦东、舒庐 4 条干渠共 6 条渠道的面上续建配套,10 座中型水库和 476 座小型水库除险加固以及 25 座机电灌站的更新改造。[②]

　　到 1988 年,淠史杭灌区工程已建成总干渠两条,总长 145 公里;干渠 11 条,总长 840 公里;分干渠 19 条,总长 400 公里;支渠 326 条,总长 3 345 公里;分支渠、斗渠和农渠 1 万多条,总长两万多公里。兴建各类渠系建筑物近 3 万座;修建中小型反调节水库 1 200 多座,连同 21 万多处塘坝,有效库容达 12 亿多立方米;建成机电灌溉站 644 处,外水补给站 39 处,总装机 1 千万千瓦。整个渠道和建筑物工程共完成土石方近 5 亿立方米。已形

---

　　① 《安徽省广大民工边建设边配套,淠史杭灌溉工程发挥巨大效益》,《人民日报》,1971 年 5 月 13 日。

　　② 安徽省水利厅编:《安徽水利 50 年》,中国水利水电出版社,1999 年,第 108 页。

成长藤结瓜式灌溉系统,实灌面积达 830 万亩(不包含河南省的 98 万亩)。①

浿史杭灌区工程改变了灌区人民的生产条件和生活面貌,给皖中、皖西带来了翻天覆地的变化,农业灌溉效益十分突出。至 1988 年,浿史杭灌区累计灌溉面积 1.83 亿亩。据调查,因水利条件改善而增产的粮食已达102.5 亿公斤。仅粮食一项,其价值已超过总投资的三四倍。1981 年安徽省出售粮食超过 3 亿公斤的有 5 个县,其中 4 个县在浿史杭灌区。1978 年为百年不遇的干旱年,灌区从五大水库引水 30 亿立方米,引灌旱田 729 万亩,灌区粮食总产量达 43 亿公斤,是灌区开发前 1957 年的 2.57 倍。②

灌区人民自豪地说:"有了浿史杭,水稻种上岗;天旱也不怕,穷乡变富乡。"新中国成立初期,寿县灌溉面积只有 20 余万亩,到 1984 年仅保灌面积已达到 135 万亩。同样严重的大旱,1958 年寿县受旱面积 127 万亩,1978 年则不到 60 万亩,而且程度轻得多。灌区建设前,寿县粮食年总产最高 5 亿多斤,1983 年达到 11.6 亿多斤,平均亩产增长了 2.4 倍。人们说,"修了浿史杭,等于建起了米粮仓",这话一点也不夸张。以 1982 年为例,粮食耕地只占全省 1/7 的灌区 11 个县、市(不包括河南省固始、商城两县),向国家提供商品粮 25.25 亿斤,占安徽全省完成征购总数的 1/4。灌区内的六安、霍邱、寿县、肥西、庐江、长丰等 6 个县,已被国家列入全国 50个商品粮基地建设试点县之内。1983 年,这 6 个县的粮食总产已突破 60亿斤,向国家提供商品粮 22.76 亿斤,每县都超过 3 亿斤。③

驷马山引江灌区是以提、引长江水灌溉为主,结合滁河分洪、除涝和航运的大型水利工程。灌区分布于滁河上中游和池河上游地区,包括安徽省的 9 个县、市、区和江苏省的两个县、区。1956 年水利部淮河水利委员会负责和组织皖、苏两省水利厅,共同编制滁河流域综合治理规划。1965 年安徽省水利厅在《滁河流域治理初步意见》中提出结合引江灌溉兴建驷马山分洪道工程。1969 年 12 月 26 日,经国务院批准后破土动工。该灌区规划指导思想是在利用库、塘等蓄水工程,充分拦蓄当地径流的前提下,修建一批大型引江、提水主水源工程,做到以蓄、引、提水相结合。驷马山灌区

① 安徽省地方志编纂委员会编:《安徽省志·水利志》,方志出版社,1999 年,第 322 页。

② 同①。

③ 田文喜、袁定乾:《江淮丘陵水流长——访我国最大灌区浿史杭》,《人民日报》,1984 年 11月 4 日。

内有大中型水库 34 座、小型水库 622 座,兴利库容共 10.1 亿立方米;塘坝 12.87 万口,总容量 5.1 亿立方米。灌区骨干工程除乌江枢纽和滁河一、二、三、四级抽水站及其干渠外,还有引江水道、滁河中游上段河道疏浚、襄河口和汉河集两座枢纽、江巷水库及输变电工程。安徽省组建了安徽省驷马山灌溉工程指挥部。骨干工程施工任务由定远、滁县、来安、全椒、巢县、含山、和县、肥东等 8 个县按受益面积划段包干。驷马山引江骨干工程分二期施工,第一期以乌江枢纽为主供水水源的灌区,包括乌江枢纽、引江水道、滁河中游上段疏浚、襄河口和汉河集枢纽工程以及分散抽水站。这期工程自 1969 年底开工,至 1976 年底基本完成。[①]

驷马山引江工程实现了蓄、引、提和大、中、小工程相结合,而且还可与灌区范围以外的黄栗树、城西、屯仓等大中型水库的灌溉渠道衔接,在丰水与枯水年份相互调剂,提高边缘灌区的保证程度。驷马山工程成为灌区人民有口皆碑的水利"明珠",也受到了来自荷兰、伊朗等国水利专家们来此考察时的赞誉。[②]

总之,学大寨高潮中的大中型水利工程建设取得了突出成就。迄今,遍布全国的大中小水库,除了建于"大跃进"时期之外,多数是在农业学大寨高潮中修建的。据统计,到 1979 年,全国各地共建成大中小型水库(库容 10 万立方米以上的)8 万多座,新中国治水工程取得了初步成效,水利建设的预定目标基本实现,不仅洪水泛滥的历史基本结束,而且变水害为水利,基本上消灭了大面积的干旱现象。

第三节　农田水利建设高潮中存在的偏差

20 世纪 70 年代的农田水利建设高潮,是在农业学大寨运动中掀起的。作为学大寨运动重要组成部分的农田水利建设高潮,由于受"左"的思潮干扰,加上各地改变面貌心情迫切,提出了一些不切实际的高指标。另外当时科研、设计单位被撤销,工程技术人员下放农村劳动,致使许多工

---

① 安徽省水利厅编:《安徽水利 50 年》,中国水利水电出版社,1999 年,第 109－111 页。
② 安徽省地方志编纂委员会编:《安徽省志·水利志》,方志出版社,1999 年,第 356 页。

程由于前期工作不足,施工质量缺乏保证,因而也出现许多问题,留下了深刻的经验教训。早在 1980 年 9 月,水利部就召开了全国水利厅(局)长会议,着重分析了水利在国民经济中的作用,初步总结了新中国成立后 30 年水利工作的基本经验,认识到了"左"倾思潮对学大寨运动中农田水利建设的负面影响。

首先,在农田水利建设高潮中,主观臆断、瞎指挥的现象比较严重,盲目上马大中型水利工程劳民伤财,有的造成巨大的经济损失。在此不妨以山西省为例略作分析。1969 年冬,山西全省水利建设在"以大寨昔阳为榜样,想新的,干大的"方针指导下,重点转向兴建大中型工程。1970 年新建了 58 项,以后逐年增加,一直增加到 224 项工程,其中列入国家基建的多达 83 项。这些工程多数只靠个别领导点头拍板。如 1970 年万荣县盲目动工开挖"跃进泉",前后折腾 4 年,花了 40 多万元,误了工、毁了地,也没找到一滴泉水。更为突出的是 1975 年昔阳县动工兴建了"西水东调"工程①,总计投工近 500 万个,投资 5 000 多万元,到 1979 年底仅完成了全部计划工程量的 38%。② 类似昔阳"西水东调"的事,在有些地方也有发生。如河北怀来县从 1970 年开始修建"军民大渠",全长 140 里,耗费 2 289 万元资金,1 287 万个工,到 1980 年尚未完成通水。由于地质情况不清,工程质量差,水渠试一次水出一次问题。第 9 次试水时竟然冲毁了京张公路和京包铁路的下花园站一段路基,致使列车翻车,京包全线停车 23 小时。③ 再如安徽萧县在 1975 年至 1976 年间搞的"淮海河网",就是安徽省委个别领导人凭自己的主观想象作出的决策,结果打乱了水系,引发了灾情搬家,人为加重了涝渍灾害,加剧了水利纠纷,最后惨遭失败。④ 正如时任水利电力部军管会主任张文碧说的那样:"对大的工程,我们有的往往不广泛发动群众,不认真调查研究,只听少数人的意见,就轻率决定问题;有时甚至听不进不同意见,把自己的意见看成不能变的。"结果是往往造成严重的

---

① 所谓"西水东调"工程,即从昔阳县境西边,把西向流入黄河水系的潇河水,通过一系列工程措施,在昔阳与寿阳交界处,东调向海河水系。

② 水利部农村水利司编著:《新中国农田水利史略》,中国水利水电出版社,1999 年,第 277 - 278 页。

③ 史亚平:《军民大渠一锤定音劳民伤财》,《人民日报》,1980 年 10 月 26 日。

④ 同②,第 372 页。

浪费。①

其次,不计成本、盲目大干的形式主义严重。各地在学大寨运动中,搞"一刀切",提出了"大寨怎么干,你们就怎么干","昔阳怎么干,你们就怎么干";要"不掺假"、"不走样","不允许借口'情况不同'而对先进经验抽象肯定、具体否定"。山西省交城县新建的"甘泉渠",便是在这种"一刀切"思想指导下上马兴建的水利工程。交城县委既没有调查甘泉渠的实际情况,又不尊重技术人员和当地水利干部的意见,决定在半山腰开渠凿石洞。据初步核算,该工程共需完成土石方 110 多万方,投工 110 多万个,投资 520 多万元,计划从 1977 年 12 月动工,至 1979 年 6 月底建成。到 1980 年,完成的总工程量不及 20%,已投工 52 万多个,花费 245 万多元,最后不得不停建。② 这种凭想当然办事、贪大求快、搞花架子的做法,致使工程浪费惊人。学大寨高潮中农田水利建设中的浪费,主要表现在 4 个方面:一是由于规划设计不当和瞎指挥而造成的直接损失,这从全国来说是局部的,但损失是严重的;二是由于施工管理不善造成的浪费,这在农田基本建设中是大量的普遍存在的现象;三是由于计划管理不善,基本建设战线过长,许多工程长期不能建成投产,或只能发挥部分效益,造成国家投资和社会财富的大量积压,这在不少地方是严重的;四是由于对既有水利设施的管理不善,从而使一些工程没有发挥应有效益,形成了损失、浪费和积压。这在全国是普遍的,在有些地方是严重的。③

再次,在进行农田水利基本建设时,采取所谓"大会战"的群众运动方式搞建设,过多动用农村劳动力,加重了农民负担,出现了"到处人山人海,炮火连天,硝烟弥漫"的情景。这些"大会战"对农田水利建设带来一定的积极效用,但其负面影响更为突出:一是大会战给生产队带来沉重的负担。如山东"泰安大会战"指挥部规定,凡是不出社的会战工程,除民工自带口粮外,队里需要补足每天粮食半斤或一斤、钱两角,自带工具;凡出社的民工,县里补足粮一斤、钱两角。不论出社或不出社,工具损耗一律由队里负担。有的家底薄的县,因会战开支消耗了本来就不多的积累,只能给每个

---

① 张文碧:《以毛泽东思想为武器批判水利电力建设中的"大、洋、全"思想》,安徽省档案馆:55-4-23。

② 霍宝中:《交城新建甘泉渠也是件蠢事》,《人民日报》,1980 年 8 月 9 日。

③ 钱正英:《把水利工作的着重点转移到管理上来》,见《历次全国水利会议报告文件(1979—1987)》,《当代中国的水利事业》编辑部,1987 年,第 135 页。

参加县里会战的民工补一角,还要欠一角。由于生产队对民工补贴的负担重,从而影响到了社员的年终分配。二是"大会战"给参战者的生活也带来较大影响。由于"大会战"是集中作战,有时离家乡很远,且参战者披星戴月,"白天红旗招展,晚上灯火辉煌",生活极其艰苦。三是有些生产队在"大会战"中搞"土政策",侵犯社员利益。负责"邹西会战"的副书记说:"政策问题,向大家宣传一下,在大干中解决。钱、粮、物料等政策问题都搞得停停当当再上工,那就晚了三秋了。许多问题是要先干,干起来再解决。"①

最后,从水利工程配套设施、工程质量及管理方面看,存在"四重四轻"偏向,即重建设轻管理、重大型轻小型、重骨干轻配套、重工程轻实效。修建灌区时,基建只修干、支渠,不管斗、农、毛渠,结果工程长期配不了套;建设时没有一个切合实际的规划设计,有盲目建设的现象,造成水源和灌溉面积不适应,长期达不到设计效益。在此期间,大、中、小型水库垮坝的达2 250座,占新中国成立以来垮坝总数的3/4。除了有些是由于特大暴雨洪水超过水库设计能力的客观原因造成的之外,还有一些垮坝事件是由于忽视前期工作、规划设计不周、工程质量不好或管理养护不善、抢险措施不当等原因造成的。② 如江苏省在1965年至1979年间,先后垮坝失事的水库有17座。其中小(一)型3座,占已建小(一)型水库的1.2%;小(二)型水库14座,占已建小(二)型水库③的1.6%。④

由此可见,在极"左"路线影响下,农业学大寨运动中的农田水利建设高潮中确实出现了比较严重的主观臆断、瞎指挥、浪费严重等问题,这些问题给中国的水利建设事业带来了巨大的损失。然而,究竟如何看待这些严重的问题与所取得的成绩呢? 换言之,应该如何评价学大寨运动中的农田水利基本建设的成败得失呢? 在此,不妨首先回顾农田水利建设的当事人的自身评述。

---

① 陈大斌:《饥饿引发的变革》,中共党史出版社,1998年,第170-171页、167页。
② 水利部农村水利司编著:《新中国农田水利史略》,中国水利水电出版社,1999年,第16页。
③ 大、中、小型水库的等级是按照库容大小来划分的。大(一)型水库库容大于10亿立方米;大(二)型水库库容大于1亿立方米而小于10亿立方米。中型水库库容大于或等于0.1亿立方米而小于1亿立方米。小(一)型水库库容大于或等于100万立方米而小于1 000万立方米;小(二)型水库库容大于或等于10万立方米而小于100万立方米。
④ 江苏省革命委员会水利局:《关于水库垮坝事故总结》,江苏省档案馆:水利厅－长期－379卷。

在 1979 年 7 月召开的全国农田基本建设会议上,李先念对农田水利基本建设的成败得失作了比较客观的评价。他指出:"过去我们搞农田基本建设,亿万农民战天斗地,取得了伟大的成绩。我们不仅有了许多社队的经验,有了一些县和专区的经验,还有了更大范围的经验。但是,农田基本建设中存在的问题也很多。这些问题,概括起来,主要表现在两个方面:违反自然规律,有的地方搞了不少无效工程,有的破坏了生态平衡;违反经济规律,搞一平二调,增加了农民的不合理负担。这些都挫伤了群众的积极性。"在谈到如何搞好农田基本建设时,他强调:"一定要讲究实效,强调政策,尊重客观规律,坚持科学的态度,还要发扬艰苦奋斗、自力更生的精神。"①

1980 年 9 月召开的全国水利厅(局)长会议,在总结新中国 30 年治水的经验教训后指出:"30 年来,国家和人民用了很大的人力、物力、财力兴修水利,它的作用是明显的。现有的水利设施,已初步控制了普通的水旱灾害,基本保障了工农业生产的发展和城乡的安全。同时,发展了灌溉、发电、航运、养殖等事业,并为工业和城乡用水提供了水源。水浇地面积已扩大到 7.1 亿亩,其粮食产量占到全国粮食总产量的 2/3。"但是,"水利工作也走了不少弯路,造成一些浪费和损失。会议分析了造成这些错误的主观和客观原因。认为从水利工作本身来说,最根本的经验就是要尊重科学,按照自然和经济两大规律办事,要以最小的代价取得最大的经济效果,并充分估计和防止可能发生的副作用"。②

时任国务院副总理万里出席全国水利厅(局)长会议并在讲话中肯定了新中国成立以来的水利建设成就,指出:"30 年来的水利建设取得了很大成绩,这一点必须肯定。30 年水利基建投资和农田水利事业费一共花了 760 多亿元,还不算社队自筹资金。国家和社队投入大量的人力物力财力,取得了显著效果。如防洪、排涝、灌溉、发电,打机井 230 万眼,灌溉面积达 7 亿亩。水利对农业的发展起了很大作用。"③ 时任水利部部长钱正英在全国水利厅(局)长会议的总结讲话中指出:"30 年来,全国人口增加

① 《李先念同志在全国农田基本建设会议上的讲话》,《人民日报》,1979 年 7 月 16 日。
② 《全国水利厅(局)长会议提出调整时期水利工作重点,搞好续建配套充分发挥现有工程效益》,《人民日报》,1980 年 10 月 6 日。
③ 《万里同志谈搞好我国水利建设时指出:要总结经验教训,按科学规律办事》,《人民日报》,1980 年 10 月 6 日。

了约一倍,粮食总产从 2 200 多亿斤增到 6 600 多亿斤,按农业人口人均产粮从 506 斤增到 816 斤。外国专家评论中国以相当于美国 1/2 的可居住面积,养育了相当于美国四倍多的人口,是世界罕见的。水利是起了重要作用的。"①

随后,国务院批转了《水利部关于三十年来水利工作的基本经验和今后意见的报告》,再次肯定了新中国水利建设取得的巨大成就,也指出了存在的问题:"过去凡是这样兴修的水利工程,社队得益,效果显著,有的地方虽然一时群众负担重了些,但能很快见到实效,群众也是满意的。但有的地方,在只算政治账、不算经济账的错误思想指导下,盲目'想新的,干大的',追形式,图虚名,不计成本,不讲经济核算,办了些像昔阳'西水东调'那样的蠢事。有的工程,只凭需要,不讲可能,结果力不从心,一拖再拖,有头无尾,成了投资多年不见效益的'胡子'工程。一些自然条件比较困难的地方,工程造价要高一些,但也要算经济账,选择投资少、见效快、受益大的最优方案。"②

《中国农业年鉴 1980》提供的统计数据也显示,水利事业取得了很大成绩。"三十年来,全国水利基本建设投资 473 亿元,水利事业费 290 亿元,总计 763 亿元,社队自筹及劳动积累没有包括在内。建成了大量的防洪、灌溉、排涝、发电等工程设施。"水利建设的效益是很明显的,在以下四个方面得到集中体现:一是初步控制了一般的洪水灾害。二是发展灌溉,除涝治碱,为农业增产创造了条件。全国灌溉面积由解放初的 2.38 亿亩,发展到 7.1 亿多亩,灌溉耕地的粮食产量约占全国总产的 2/3。原有易涝面积 3.4 亿亩,已经初步治理了 2.6 亿亩,占 76%;原有盐碱地面积 1.1 亿亩,已经初步改良了 6 200 万亩,占 56%。三是为工业和城市提供了用水。北京、天津、长春、沈阳、抚顺等城市,每年平均提供水量共约几百亿立方米。同时还解决了边远山区水源困难的 4 000 多万人、2 100 多万头牲畜饮水问题。四是综合利用,提供了能源。1 500 个县建设了小水电站、1979

---

① 钱正英:《全国水利厅(局)长会议总结讲话》,见《历次全国水利会议报告文件(1979—1987)》,《当代中国的水利事业》编辑部,1987 年,第 92 页。

② 《水利部关于三十年来水利工作的基本经验和今后意见的报告》,见《历次全国水利会议报告文件(1979—1987)》,《当代中国的水利事业》编辑部,1987 年,第 123 - 124 页。

年全国小水电发电 119 亿度,占全国农用电量的 1/3。① 这其中有相当部分的成绩是在农业学大寨运动中取得的。

综上所述,农业学大寨运动中的农田水利基本建设,初期搞得较好,后期搞得较差;多数搞得较好,少数搞得较差。之所以搞得差,是因为把大寨经验形式化、绝对化,没有做到因地制宜,学大寨运动后期的确出现了不顾条件的"大干"农田水利建设,这是劳民伤财、得不偿失的。这实际上是极"左"思潮的反映,但不能因此否定大寨经验及大寨精神,更不能因此抹杀农田水利建设的成绩。农业学大寨运动中卓有成效的农田水利基本建设,不但促进了当时农业生产的发展,而且有些直至今天仍然发挥着重要作用。因此,对学大寨高潮中农田水利建设的总体评价应该是:规模很大,成绩不小;浪费也大,问题不少。

第四节　河南省林县红旗渠的修建

林县② 地处太行山东麓,自然条件十分恶劣,水源奇缺,交通阻塞,人民生活困苦,历史上就以吃糠咽菜和逃荒著名。根据县志记载,从明朝正统元年(1436 年)到新中国成立之间 513 年,林县曾发生大旱绝收 30 次,其中人相食者 5 次。③ "除夕之夜儿媳妇因为一担水悬梁自尽"的真实故事,至今听来还让人心酸。新中国成立初,全县 550 个村庄有 307 个村远道取水。其中,5 里远的 181 个村,10 里远的 94 个村,20 里远的 30 个村,30 里以上的 2 个村。当地民谣唱道:"水缺贵如油,十年九不收,豪门逼租债,穷人日夜愁。"④ 人们盼望有一天能把北面漳河的水引到林县来。

早在抗日战争时期,中国共产党就领导林县人民兴修水利。八路军皮

---

① 水利部:《中国三十年的水利建设》,见中国农业年鉴编辑委员会编《中国农业年鉴 1980》,中国农业出版社,1981 年,第 25－26 页。

② 林县于 1994 年 1 月改为林州市(县级)。

③ 《林县志》编纂委员会:《林县志》,河南人民出版社,1989 年,第 208 页。

④ 郝建生口述、侯隽采访整理:《叔伯们修出了"人造天河"》,《中国经济周刊》,2009 年 9 月 27 日。

定钧司令员就曾率领军民在合涧浙河岸上修建过一条小型渠道,后称为"爱民渠"。新中国成立后,县政府继续领导林县人民大力兴修水利。1954 年 8 月,26 岁的杨贵担任林县县委书记,他深入群众调查研究,"摸大自然的脾气",抓住了林县干旱缺水这个主要矛盾。1955 年起相继兴建了"天桥渠"、"英雄渠"、"抗日渠"和"弓上"、"要街"、"南谷洞"三大水库。

林县水利建设取得的成果,引起了河南省委和中共中央的关心重视。1957 年,杨贵作为全国 10 名县委书记之一参加了国务院召开的全国山区建设座谈会;1958 年 5 月,杨贵又作为特邀代表参加了党的八大二次会议。9 月,在全国水土保持会议上,国务院水土保持委员会授予中共林县县委、林县人民委员会一面锦旗。11 月 1 日,毛泽东赴郑州召开中央工作会议(即第一次郑州会议),在新乡火车站接见豫北的县委书记。他对杨贵等人说:"水利是农业的命脉,要把农业搞上去,必须大搞水利。"12 月,国务院总理周恩来又亲自签署奖状,授予林县人民委员会。①

随后,在 12 月召开的中共林县二届二次党代会上,杨贵代表林县县委在会上作了《全党动手,全民动员,苦战五年,重新安排林县河山》的报告,进一步明确了全县水利建设的任务与要求,提出"下定决心,让太行山低头,令淇、浙、洹、露水河听用,逼着太行山给钱,强迫河水给粮,从根本上改变林县面貌"的口号②,号召全县人民以"愚公移山"的精神治山治水。

到 1959 年底,林县已建成中小型渠道 1 364 条、水库 36 座、池塘 2 397 个、旱井 27 120 眼、水井 5 652 眼,引山泉 650 个,有效灌溉面积 20.1 万亩,比 5 年前增加了近 20 倍,干旱缺水的状况得到很大程度地缓解。

林县县委设想凭着这些水利工程把雨水大量蓄积起来解决吃水、浇地等问题,可是 1959 年大旱,无水可蓄,群众生活和生产用水的问题仍然解决不了。1959 年夏收作物喜获丰收时,林县遇到前所未有的大旱。流经林县境内的淇、浙、露、洹 4 条河流干涸,已建成的水渠无水可引,水库无水可蓄,很多村庄的群众只好翻山越岭远道取水吃,整个林县仿佛又回到滴水贵如油的从前。林县群众说:"挖山泉,打水井,地下不给水;挖旱池,打旱井,天上不给水;修水渠,修水库,依然蓄不住水。活人总不能让尿憋死呀!"

---

① 杨贵:《红旗渠建设回忆》,《当代中国史研究》,1995 年第 3 期。
② 同①。

　　杨贵和林县县委总结了这些年来的经验教训,得出了结论,单靠在林县境内解决水源问题已经不可能,要从根本上解决水的问题,必须把漳河水引到林县。于是,他们决定组织三个调查组到山西境内考察水源。当杨贵一行步行到山西平顺县石城镇附近时,只听峡谷中回响着巨大的水流声,他们简直不相信自己的眼睛,眼前竟是翻滚着波涛的浊漳河!据当地干部和水利人员介绍,浊漳河流经此地时,常年有 25 立方米/秒的流量,一到汛期流量更在 1 000 立方米/秒以上。

　　掌握了浊漳河的第一手资料,杨贵等人产生了"引漳入林"的构想,并专门研究"引漳入林"工程。"引漳入林"工程就是要到山西境内去劈山导河,把浊漳河拦腰斩断,逼水上山,把水引到林县的分水岭,再由分水岭修建三条干渠,连通南谷洞、弓上、要子街三个水库,将三个水库变为"引漳入林"的调蓄水库,彻底解决林县水源不足的问题。1959 年 11 月 28 日,县委举行常委会议,决定从山西平顺辛安引水,按此方案设计工程。12 月以后,县里层层上报兴建引漳入林工程问题,得到新乡地委和河南省委的支持。河南省委、省人委除了发出公函同山西省委、省人委进行协商外,省委史向生副书记和省委秘书长戴苏理还以个人名义给山西省委第一书记陶鲁笳、书记处书记王谦写信,请求他们同意引水。山西省委、省政府领导同志对此也非常重视和支持,经研究后很快作出答复,同意从侯壁断下引水。1960 年 2 月,根本改变林县干旱缺水面貌的艰苦卓绝的"引漳入林"工程建设,即红旗渠的建设,就这样开始了。①

　　1960 年 2 月 10 日,林县"引漳入林"总指挥部召开全县广播誓师大会,《"引漳入林"动员令》通过有线广播迅速传遍林县的每一个角落。2 月 11 日正值农历正月十五,但 3.7 万民工顶着严寒、自带干粮、肩扛工具挺进太行山,开始修建红旗渠。工程开工不久,杨贵建议将"引漳入林"改称"红旗渠"工程。

　　当时正值三年自然灾害时期,国家物资特别是粮食非常紧张,每人每天只有 0.6 斤粗粮,以野菜、树皮、树叶充饥,最困难时 10 公里以内树皮被扒光。面对这样大规模而又复杂的工程,有人提出:能不能向国家要一些开山机器呢?更多人的响亮回答是:不能,国家这么大,大家都向国家伸手

---

①　杨贵:《红旗渠建设回忆》,《当代中国史研究》,1995 年第 3 期。

还行！流自己的汗，修自己的渠。①

工程刚开始的时候，要在山西省平顺县境内施工。几万名男女青年社员组成的修渠大军，背着干粮和行李，扛着铁锤和大镐，奔赴百里以外的施工工地。工地附近村庄小民房少，住不下，很多民工便靠山沿渠搭草棚、挖窑洞，住了下来，有的就住在石缝里。秋天阴雨连绵，草棚、帐篷漏雨，民工们卷起铺盖，大家背靠背顶着雨布睡。那时，沿渠线的道路只有太行山旁一条羊肠小道，运输相当不便，有时运不来粮食、蔬菜，民工们也不埋怨，照样施工。②

1960 年 11 月上级通知：全国经济困难，基本建设全部下马。红旗渠是停还是干？一时间，前后左右都是顶头风。杨贵和县委认为：全国经济困难和粮食紧张是客观事实，上级的指示必须执行。但群众修渠积极性高，眼看水到了家门口却用不上既可惜又浪费。从实际出发，林县还有几千万斤储备粮，大部分民工返回生产队百日休整，只留 300 人凿洞，发动青年党团员自愿报名。留在渠道工地上继续施工的青年们生活相当艰苦。他们早晨傍晚上山去采集野菜，掺上公社送来的粮食吃；白天就挺起腰杆，抡起十几磅重的大锤打钎，爆破岩石，开凿山洞。

青年洞是红旗渠最艰巨的工程之一。岩石十分坚硬，锤一次钢钎只能留下一个白印。在开凿这条总长 616 米的青年洞时，把钢钻打在石英岩上，直冒火星，光见白点，就是凿不进去。他们从洛阳矿山机械厂借来了一部风钻，用这部风钻打炮眼不是卷了头，就是摧了尖，只钻了 3 厘米，就毁了 45 个钻头。所有的钻头都用完了，钻不动坚硬的石头。300 多名男女青年豪迈地提出："石头再硬，也硬不过我们的决心，就是铁山也要钻个窟窿。"他们一直坚持用手打钎，震得双手麻木，胳膊酸痛，而工效一天比一天高，洞一日比一日深。一锤一钎苦战 500 多天，硬是在悬崖峭壁上打通了咽喉工程。时任林县县委书记的杨贵后来回忆说："青年洞开凿时，缺粮少菜，大家忍着饥饿苦干，硬是用蚂蚁啃骨头的精神，干了一年零五个月，才把洞打通。"③

1961 年 7 月，在河南新乡豫北宾馆召开的纠正"左"倾错误的会议上有人反映说："杨贵和林县县委'左'的阴魂不散，现在还在修建红旗渠！"7

① 于长钦等：《建设社会主义农业的光辉道路》，《人民日报》，1965 年 11 月 1 日。
② 《毛泽东思想指引林县人民修成了红旗渠》，《人民日报》，1966 年 4 月 21 日。
③ 杨贵：《红旗渠建设回忆》，《当代中国史研究》，1995 年第 3 期。

月15日,当时在河南省新乡蹲点的谭震林副总理主持大会,杨贵在会上力陈利害:林县人民深受缺水之苦,近几年又连续干旱,目前还有16万人翻山越岭担水吃,迫切要求修建红旗渠。我们贯彻中央指示,只留了300人打隧洞。"如果有错,我是第一书记,可以撤我的职。希望领导调查研究。"当即,谭震林副总理派调查组到林县查明情况后,支持红旗渠建设。杨贵后来多次讲:"谭震林副总理勇于坚持真理,及时纠正错误。我们要永远学习谭震林等老一辈革命家的高尚风范!"

在红旗渠施工过程中,有许多公社、生产大队的干部和社员一直远离家乡,长年在工地上战斗。县城东南的东姚公社,距离红旗渠渠首最远,受渠水灌溉效益最迟,但这个公社的社员却是一支积极参加修渠的"远征军"。有段时期,他们被调到二干渠上修渠,而东姚受灌溉效益的是一干渠的水。有人问他们:"二干渠的水浇不到东姚的地,你们白费那个劲干什么?"东姚的民工说:"只要能把漳河水引到林县,即使先浇其他公社的地,咱林县不也是多为国家打粮食吗?"像东姚这样的风格也是红旗渠工地上的普遍风格。许多民工都公而忘家、公而忘私。河顺公社50多岁的老石匠魏端阳,几年来一直离家在水利工程上干活。他家孩子多、劳力弱,他老伴问他:"自留地没人种,咋办?"魏端阳说:"红旗渠水不过来,全县大田不能多打粮,光种咱小片自留地,顶啥用?"横水公社生产队副队长王雪保,两年没回家。他爱人捎十几次信来说:"家里人多,房少,粮食没处放。你回来盖房子吧!"王雪保说:"全县人民的幸福渠没修好,咋能先盖自己的房?"许多公社、生产队社员,按受益面积所承担的修渠任务早提前完成了,也不回家,又自动去支援别的队。他们说:"红旗渠如果有一段没有修通,水也流不过来,一定要大家都完成任务,共同带水回家。""就是铁山也要钻个窟窿!"[①]

在红旗渠全长343里的总干渠和三条干渠上,林县人民斩断了51座高达200多米以上的悬崖峭壁,开凿了总长近18里的59个山洞,修建了总长5里多的59座渡槽。三干渠上长达8华里的曙光洞是从一条石岭下开通的。在这里施工,遇到了排烟、排水、塌方等重重困难。为了排除困难,民工们一共打了34个竖井,最深的达62米,最浅的也在20米以上。洞里渗水,他们用水桶等工具向外提;洞顶塌方,他们用木料支撑,以料石

---

① 《毛泽东思想指引林县人民修成了红旗渠》,《人民日报》,1966年4月21日。

圈砌;放炮的硝烟排不出去,他们就下到洞里用衣服向外扇。洞里放了炮,排不出烟,他们摘核桃枝插到筐上,在竖井里上下提动,扇风排烟。正是靠着自力更生、艰苦奋斗的精神,经过一年零四个月的苦战,漳河水终于沿着红旗渠流过了 8 里长的曙光洞。

在一干渠建筑 24 米高桃园渡桥时,需要 3 000 根木料搭脚手架,而总指挥部只能解决 1 000 根。这时,在这里施工的民工们吸取了民间建房上梁的经验,设计一个简易的拱架法,克服了木料不足的困难。二干渠上 413 米长、4 米宽的大渡槽全由一块块料石垒砌起来的,被后人誉为红旗渠的一个巨大的"工艺品"。①

红旗渠是林县人民依靠人民公社集体经济力量,发扬自力更生的革命精神建成的。修建总干渠和三个干渠所用的资金共 4 236 万多元,其中79.8% 是由县、公社和大队、生产队自筹的。这条渠道工程动工的时候,正是中国遭受严重自然灾害的时期。但是,林县人民不伸手向国家要投资要材料,而是发扬自力更生的革命精神,依靠集体力量自己筹划。他们在施工过程中使用自己仅有的一点资金时总是精打细算,把小钱当"碾盘"使。非生产性费用,一钱不花;自己能制造的,坚决不买;非花不可的,也要算了又算,抠了又抠。为了节约资金,工地上把匠人们组织起来办了炸药加工厂、木工厂、铁匠炉、石灰窑、木工修缮队和编筐小组。他们创造了省钱的"明窑烧灰"办法,烧灰近 3 亿斤石灰,比买现成的节约资金一半以上;修渠用的一半以上的炸药也是自己制造的,买一斤炸药的资金就能制造 10 斤炸药。他们还自己编制了 2.1 万多个抬筐,纺了 3.8 万多斤麻绳,利用废木料制造 2 000 多辆小车;手锤、大锤等工具全部由工地制造,总共节约开支 200 多万元。②

为了组织资金,县委充分发挥了林县群众有外出搞建筑的传统优势,各社、队组织了很多工程队到全国各大、中城市承揽工程,县里负责联系工程,指导技术,征收管理费,直接上缴县财政。社队建筑队收入绝大部分也归集体,补充水利建设投入,开山炸药除了省里给的 500 吨外,其余都由自己造,仅此一项就节约 140 余万元。整个总干渠、三条干渠及支渠配套工程,共投工 3 793 万个,投资 6 918 万元,其中国家补助 1 026 万元,占

① 《毛泽东思想指引林县人民修成了红旗渠》,《人民日报》,1966 年 4 月 21 日。
② 同①。

14.83%,自筹资金5 892万元,占85.17%。①

红旗渠是越省境、跨县界建成的。红旗渠从侯壁断下开始,有40里渠线穿过山西省平顺县境内的太行山。山西省委和平顺县委毅然更改了修建两座水电站的规划;平顺县石城和王家庄两个公社的社员让出了近千亩耕地,迁移了祖坟,砍掉了大批树木,让林县人修渠。石城大队老贫农孔东新说:"咱天下农民是一家,不能看着林县的阶级兄弟受干旱的害,过苦日子,咱平顺县毁几百亩地就能救林县几十万亩地,这是一步丢卒保车的好棋。"王家庄大队王伦说:"毁了树可以再栽,咱少吃点花椒和水果是小事,让林县几十万人喝上水是大事!"当林县修渠大军来到平顺县时,石城和王家庄两个公社的很多社员让出自己的好房子供民工住;有的把自己的毯子铺在民工的床上;有的用家里准备过节的白面和鸡蛋慰问生病的民工。②

1965年4月5日,林县举行红旗渠总干渠通水典礼。长达140里的红旗渠总干渠胜利通水,从山西省平顺县侯家壁下引进湍急的漳河水,横穿石壁,飞渡群山,直奔河南省林县境内到达林县北部的坟头岭,接着的是三条干渠:一干渠向南同原有的英雄渠汇合;二干渠朝东南直指安阳县边境;向东北去的三干渠,由支渠接连、达到河北省涉县。③ 红旗渠总干渠的竣工通水,把原有英雄渠、抗日渠等许多渠道和30多个中小型水库以及成千上万的旱池、旱井全都串联起来,形成了一个能蓄能灌的水利网。全县11个公社的40多万人民祖祖辈辈"吃远水"的苦日子从此结束。

1965年10月30日,周恩来、朱德、陈毅、李先念、谭震林等中央领导人在北京农展馆参观红旗渠图片展。12月18日,《人民日报》刊载长篇通讯《党的领导无所不在》,向全国人民报道了林县红旗渠修建工程,对其取得的成绩给予充分肯定和赞扬:林县人民劈开了太行山的千寻石壁,修建了一条长达140里的红旗渠,远从山西省平顺县境,把浩浩荡荡的漳河水引入林县;另外建成了全长1 500里左右的渠道34条,修成中、小水库37座和蓄水池2 000多个、旱井3.4万多眼。全县的水浇地已经由新中国成立前的1万多亩增加到30多万亩。④

党和国家领导人的表扬以及《人民日报》的称赞,极大地鼓舞了林县

---

① 杨贵:《红旗渠建设回忆》,《当代中国史研究》,1995年第3期。
② 《毛泽东思想指引林县人民修成了红旗渠》,《人民日报》,1966年4月21日。
③ 本报通讯员、本报记者:《一颗红心两只手,自力更生绘新图》,《人民日报》,1970年9月7日。
④ 宋玎:《党的领导无所不在》,《人民日报》,1965年12月18日。

县委和林县人民,原定 203 里的 3 条干渠要 3 年完成,结果用一年时间就竣工了。艰苦卓绝的奋斗中,有 80 位同志献出了宝贵的生命。1966 年 4 月 20 日,林县人民举行盛大集会,热烈庆祝红旗渠 3 条干渠竣工通水。中共河南省委第二书记、河南省省长文敏生,省委书记处书记赵文甫、杨蔚屏等省委负责人,以及全省各地委、县委的负责人,山西省晋东南地委、晋东南专署和平顺县委负责人,参加了庆祝大会。中心会场设在合涧公社红英汇流的地方。安阳地委副书记兼林县县委书记杨贵,在庆祝大会上热情地赞扬了用毛泽东思想武装起来的林县人民战天斗地的革命精神。河南省委第二书记、河南省省长文敏生和山西省晋东南地委、平顺县委代表,在大会上向林县人民致以热烈的祝贺。修建红旗渠工程的劳动模范代表杨双喜也在会上讲了话。

在庆祝会上,中共河南省委和省人民委员会授予林县人民一面锦旗,并发给修建红旗渠的劳动模范每人一套《毛泽东选集》。中共安阳地委和安阳专署向林县人民颁发了奖状。中共林县县委和县人民委员会向修建红旗渠的 33 个特等模范单位、42 个特等劳动模范颁发了奖状。

随后,在全国农业学大寨的高潮中,杨贵带领林县人民在建成红旗渠总干渠和三条干渠的基础上,又开始了红旗渠干、支、斗渠配套工程的建设。1969 年 7 月,红旗渠的全面配套建设竣工。林县人民在太行山麓修建了 481 条总长 1 896 里的渠道,绕过 1 004 个山头,跨越 1 850 条沟河,穿过 75 个隧洞,经过 77 个渡槽,像红线串珠,像长藤结瓜,把 5 万多眼旱井、3 000 多个池塘、37 座水库、4 座电站、154 个电力排灌站连成一个整体,构成一幅气势磅礴的水利网。[①] 灌溉面积由 37 万亩扩大到 60 万亩,彻底改变了林县世代苦旱的面貌。在红旗渠整个配套工程的总投资中,社员和集体投资占了 98.5%,国家投资仅占 1.5%。[②]

1969 年 7 月 6 日上午,林县有 20 多万干部群众汇集到红旗渠支渠建设各主要工程周围,热烈庆祝红旗渠建设胜利竣工。7 月 9 日,《人民日报》一版头条发表了《林县人民十年艰苦奋斗,红旗渠工程已全部建成》的消息,四版刊发了新华社记者采写的《独立自主、自力更生的一曲凯歌——记河南省林县人民以愚公移山的精神,劈山导河,完成红旗渠道配套工程

---

① 新华社通讯员、新华社记者:《独立自主、自力更生方针的一曲凯歌——记河南省林县人民以愚公移山的精神,劈山导河,完成红旗渠配套工程的事迹》,《人民日报》,1969 年 7 月 9 日。

② 《林县人民十年艰苦奋斗,红旗渠工程已全部建成》,《人民日报》,1969 年 7 月 9 日。

的事迹》的长篇通讯。红旗渠支渠配套工程的竣工,使全县从山坡到梯田,从丘陵到盆地,成了一个水利灌溉网,全县水浇地面积已由新中国成立前的不到1万亩扩大到60万亩。历史上"水贵如油,十年九旱"的林县,如今变成了"渠道绕山头,清水到处流,旱涝都不怕,年年保丰收"的富饶山区。①

至此,历时10年、被称为"人造天河"的"引漳入林"工程——红旗渠全线竣工。新华社刊发撰文称赞:"红旗渠是一面自力更生的红旗,红旗渠配套工程是林县人民在自力更生道路上谱写的战斗新篇章。"②

在这条总长1 525.6公里的红旗渠施工过程中,林县人民削平了1 250座山头,开凿悬崖绝壁50余处,斩断山崖264座,凿通隧洞211个,跨越沟涧274条,架设渡槽152座,修建各种建筑物12 408座,总投工3 470.2万个,共动用土石方2 229万立方米。如果把这些土石垒筑成高2米、宽3米的墙,可纵贯祖国南北,把广州与哈尔滨连接起来。红旗渠创造出了水利建设史上的奇迹,与南京长江大桥一起被周恩来总理自豪地誉为"新中国的两大奇迹"。③

红旗渠总干渠设计加大流量23立方米每秒。总干渠从分水岭分为三条干渠:第一干渠向西南,经姚村镇、城郊乡到合涧镇与英雄渠汇合,长39.7公里,渠底宽6.5米,渠墙高3.5米,纵坡1/5 000,设计加大流量14立方米每秒,灌溉面积35.2万亩;第二干渠向东南,经姚村镇、河顺镇到横水镇马店村,全长47.6公里,渠底宽3.5米,渠墙高2.5米,纵坡1/2 000,设计加大流量7.7立方米每秒,灌溉面积11.6万亩;第三干渠向东到东岗乡东芦寨村,全长10.9公里,渠底宽2.5米,渠墙高2.2米,纵坡1/3 000,设计加大流量3.3立方米每秒,灌溉面积4.6万亩。红旗渠灌区共有干渠、分干渠10条,总长304.1公里;支渠51条,总长524.1公里;斗渠290条,总长697.3公里;农渠4 281条,总长2 488公里;沿渠兴建小型一、二类水库48座,塘堰346座,共有兴利库容2 381万立方米,已成为"引、蓄、提、灌、排、电、景"成龙配套的大型体系。

---

① 新华社通讯员、新华社记者:《独立自主、自力更生方针的一曲凯歌》,《人民日报》,1969年7月9日。

② 郝建生等:《杨贵与红旗渠》,中央文献出版社,2004年,第281页。

③ 《工农业生产持续发展,城乡人民生活逐步改善,我国人民储蓄又有较大幅度增长》,《人民日报》,1974年1月23日。

　　红旗渠的建成,彻底改善了林县人民靠天等雨的恶劣生存环境,解决了56.7万人和37万头家畜吃水问题,被林县人民称为"生命渠"、"幸福渠"。林县人民靠着自己修建的红旗渠,大旱之年夺得了大增产。从1966年红旗渠修成到1973年,林县农业总产值增长了1.3倍,粮食平均亩产量增长了74%,社员在信用社的存款增长了2倍。①

　　红旗渠通水后,至1993年,已创经济效益5.8亿元。其社会效益更是有目共睹,不仅基本上解决了林县的干旱问题,而且成了林县人民艰苦创业精神的象征。②

　　在红旗渠修建过程中孕育形成了"自力更生、艰苦创业、团结协作、无私奉献"的红旗渠精神。《人民日报》称赞说:"红旗渠带来的不仅是一渠水,一渠粮食,而且是一渠自力更生、奋发图强的革命精神。"③红旗渠的兴建是林县人民在中国共产党的领导下才能做到的生存能量的一次集中释放,改变了林县历史上严重缺水的状况,使最基本的生存条件得到改善,促进了经济和社会的发展,创造了巨大的物质财富。红旗渠的兴建是林县人民优秀品质的集中体现,是林县在新中国成立后艰苦创业历程中的"第一部曲"。

　　中央新闻制片厂跟随红旗渠修建的步伐,陆续实地拍摄了纪录片《红旗渠》,1971年元旦在全国上映,随即在全国引起了巨大的反响。这部影片以饱满的政治热情,以动人的艺术手法和充沛的战斗激情,生动地纪录了河南省林县人民自力更生、奋发图强、苦战十年,在太行山的悬崖峭壁上,修起一条近3 000里长的"人造天河"的英雄业绩。

　　中国政府把影片《红旗渠》作为新中国的重要成就,与《南京长江大桥》等影片一起作为招待外国友人的礼物。1971年3月,中国驻刚果人民共和国大使王雨田举行电影招待会,放映了纪录影片《红旗渠》和《南京长江大桥》。观看电影后,许多刚果朋友热情赞扬中国人民自力更生和艰苦奋斗的革命精神。9月10日,中国驻坦桑尼亚大使仲曦东在中国大使馆举行的仪式上,代表中华人民共和国政府把纪录片《红旗渠》赠送给坦桑尼亚第二副总统卡瓦瓦。在举行仪式之前,仲曦东大使放映了影片《红旗渠》以招待坦桑尼亚第二副总统卡瓦瓦。卡瓦瓦在观看电影后说:"有了

---

① 杨贵:《红旗渠建设回忆》,《当代中国史研究》,1995年第3期。

② 本报通讯员、本报记者:《一颗红心两只手,自力更生绘新图》,《人民日报》,1970年9月7日。

③ 同②。

自力更生的精神,人民就能创造奇迹。"①

　　1974 年 5 月,邓小平率团参加六届特别联合国大会,病中的周恩来特地嘱托他,带 10 部电影纪录片到联合国展示新中国的建设成就,第一部放映的就是《红旗渠》。美联社当日评论说:"红旗渠的人工修建,是红色中国的典范,看后令世界震惊!"著名美籍华人赵浩生看了电影激动地说:"中国有一条万里长城,红旗渠是一条水的长城。参观红旗渠,我实在忍不住自己的热泪。新中国有这种自力更生、艰苦奋斗的精神来改造林县,一定能改造全中国!"②

---

① 《我驻坦桑大使向卡瓦瓦副总统赠送影片》,《人民日报》,1971 年 9 月 14 日。

② 转引自郝建生口述、侯隽采访整理:《叔伯们修出了"人造天河"》,《中国经济周刊》,2009年 9 月 27 日。

第五章

改革开放初期的农田水利建设

第一节　工作重心转向注重发挥
水利工程效益

　　自新中国成立之日起,水利建设经过 30 年的高速发展后,遗留下了很多需要解决的问题,如水库保安、灌区配套、设备更新、健全机构、加强管理等,有很大的工作量需要完成,也有很大的潜力亟待挖掘,这需要在一段时间内把主要精力放在现有工程的整治巩固上。① 1979 年 4 月,中共中央提出对国民经济实行“调整、改革、整顿、提高”的方针,重点是清理长期以来经济工作中的“左”倾错误影响。在“左”的思想影响下,很多水利工程只算政治账,不算经济账,或者规划不周,边规划、边设计、边施工,仓促上马,盲目大干,只顾建设数量,不讲实效,结果做了一些无效工程,造成劳民伤财的恶果。水利部门经过对农业学大寨时期水利建设的深刻反思,对水利的地位、作用和成绩作了初步评估,并作出决策:水利一定要办,办法一定要改,要依法治水。

　　1981 年 5 月,全国水利管理会议召开,明确提出我国水利建设事业的新方针,即把全国水利工作的着重点从抓建设新工程转移到抓管理,首先是搞好已有工程管理方面来。根据中共中央关于国民经济调整的方针,各级水利部门必须把工作重点转移到已有工程的管理上来,大力巩固已有水利基础,使每项工程都能确保安全,充分发挥效益,并积极开展综合经营。②

　　工程建成运行以后,必须通过经营管理的手段才能转化为经济效益。管理单位管理不善,工程效益就不能很好发挥。水利部门将水利建设的重点放在经营管理方面,主要是根据当时水利工作客观存在的问题决定的。当时水利工作存在的主要问题集中表现在重建设轻管理、重大型轻小型、重骨干轻配套、重工程轻实效等方面。

---

　　①　高如山、朱树人:《中国的灌溉排水》,见钱正英主编《中国水利》,中国水利电力出版社,1991 年,第 165 页。

　　②　周其甫:《全国水利管理会议提出水利建设新方针,首先搞好现有工程管理》,《人民日报》,1981 年 5 月 23 日。

以河北省水利事业发展为例,到 1979 年底,全省已建成万亩以上灌区 184 处,每年实灌面积 1 400 万亩左右。但这些工程并没有充分发挥效益,存在着三方面的问题:

一是工程不配套。既有的 184 处万亩以上灌区,设计灌溉面积 2 445 万亩,工程配套面积只有 822 万亩,仅占设计面积的 34%。由于工程不配套,灌溉时从干、支渠上扒临时缺口浇地,水量不能控制,形成大水漫灌,有的灌区每亩次灌水量都高达一两百立方米。

二是渠系渗漏损失大。灌区大部渠道没有衬砌,灌溉水的有效利用率只有 40% 多。全省万亩以上灌区一般年总引水量 60 多亿立方米,这样每年就有 30 多亿立方米水量渗漏掉了。

三是灌区管理人员不足。河北省当时有国家管理的灌区 157 处,共有在编的管理人员 1 570 人,按有效灌溉面积平均 1 万亩地只有 1 个管理人员。参照有关规定和当时的管理水平,全省灌区至少缺少管理人员 3 600 多人。有的灌区为了应付日常管理,从受益社队招了一些属集体所有制的职工。这些职工有的已经工作一、二十年,他们人熟、地熟、情况熟,有的已成为灌区管理工作的骨干,甚至担任了灌区的领导工作。可是他们的编制问题一直解决不了,劳保福利和退职、退休问题得不到合理解决。据统计,全省有这样的管理人员 2 400 多人,占管理人员的 60%。造成这些问题的主要原因,是水利建设上的“四重四轻”,即重建设轻管理,重大型轻小型,重骨干轻配套,重工程轻实效。修建灌区时,基建只修干、支渠,不管斗、农、毛渠,结果工程长期配不了套;建设时没有一个切合实际的规划设计,有盲目建设的现象,造成水源和灌溉面积不适应,长期达不到设计效益。在管理上有瞎指挥的现象,业务部门制定的规章制度没有法律的约束,起不了作用。人员编制问题,水利部门虽有规定,但只是一纸空文,落实不了。[①]

可见,必须注重水利工程管理,才能发挥工程实效。从 1979 年开始,全国水利工作的指导思想是:逐步转移到以提高经济效益为中心上来,充分管好用好已有水利设施,搞好已有工程的续建配套和病险水库的加固处理,大力发展小型水利,积极做好基础工作,为更大的发展做好准备。

中共中央制定“调整、改革、整顿、提高”的八字方针后,全国各地水利

---

① 孟令村:《改变水利建设上的“四重四轻”》,《人民日报》,1980 年 10 月 26 日。

部门逐渐将水利工作的重点转移到管理上来,开始注重发挥已有水利工程的效益。各地加强了对已有灌排工程的维修配套和技术改造,都江堰、淠史杭和宁夏引黄等大型灌区的扩建配套和技术改造,陆浑、陈村等大型水库下游灌溉渠系的修建,黄河下游豫、鲁两省引黄灌区的扩建,都是在该时期完成的。同时,在引进和推广先进灌排技术和设备上也有长足发展。如低压管道输水、喷灌、微灌、膜上灌等先进节水灌溉技术都得到大面积推广,并取得了宝贵经验。

在此,以 20 世纪 80 年代河南省水利事业的发展状况为例略作阐述。

根据 1979 年中共中央制定的"调整、改革、整顿、提高"的八字方针,从 1980 年开始,河南省水利基本建设的投入大幅度削减。1979 年至 1988 年 10 年间,全省水利基建投资情况是:1979 年 1.68 亿元;1980 年 0.9 亿元;1981 年 0.4 亿元;1982 年 0.38 亿元;1983 年 0.53 亿元;1984 年 0.56 亿元;1985 年 0.72 亿元;1986 年 0.79 亿元;1987 年 0.80 亿元;1988 年 1.05 亿元。在水利基建投资大幅度减少的条件下,水利工作只能量力而行,择优安排一些水库除险加固、内河除涝和沿淮堤防处理工程,希望尽可能地减少洪涝灾害对人民生命财产的威胁。同时,通过加强对已建工程的管理和建立乡村水利站,希望稳定水利效益。

1980 年,河南省确定停缓建的水利基建项目达 29 项,列入水电部复建的板桥水库也列为停缓建项目。1981 年 1 月,河南省计划会议决定省水利基本建设投资比上年减少 56%。1981 年 2 月,副省长崔光华在全省地市水利局长会议总结时明确指出:"搞好水利工作调整的主要任务是把水利工作重点转移到配套管理发挥效益上来,要多搞一些投资少、见效快的小型水利,搞好现有工程配套,要重视研究和扩广小型水利工程管理责任制。"1979 年至 1982 年底,河南省农村实行包干到户的生产队已达 93.0%,由于基层水利管理不适应变化了的情况,因而有些工程老化失修或人为损坏,水利效益暂时衰减的问题突出。

在水库加固除险方面,1978 年到 1983 年,水利部门对薄山水库进行除险加固,主要工程包括:大坝加高 7.66 米,上筑 1 米高砼防浪墙,使最大坝高达 48.41 米;新建溢洪道泄洪闸 5 孔;加固输水洞等,总投资 4 541 万元。从 1979 年到 1982 年,续建南湾水库除险加固工程,主要工程包括:大坝加高 3.3 米,坝顶高程达到 114.1 米,防浪墙顶高程达 115.3 米;土门非常溢洪道堵坝加高,高程达到 113.8 米;新建泄洪洞,全长 533.05 米,内径 5

米,完成土方 1.07 万立方米,石方 14.49 万立方米,投资 411.5 万元。1983 年 4 月到 1985 年底,对昭平台水库进行了除险加固,总库容由 6.45 亿立方米增加到 7.27 亿立方米,使水库防洪标准提高到千年一遇,投资 439.5 万元。宿鸭湖水库经几次扩建加固,防洪能力虽有提高,但标准仍然偏低。1986 年春开始,按百年一遇洪水设计、千年一遇洪水校核,校核水位为 58.75 米,总库容 16 亿立方米。为此,将大坝加高 1.2 米,并在其上筑 1.4 米高的防浪墙,坝顶加宽至 8 米,修复加固 5 孔及 7 孔泄洪闸,总投资 9 100 万元,1989 年基本完成。1985 年 10 月至 1987 年 6 月,完成了尖岗水库抗震加固工程,该工程包括大坝上游坡抗震台、护坡翻修、大坝下游坡脚基础振冲、排水砂带、坝顶防浪墙、排水沟、泄洪闸改装、副坝溢洪道堵坝加固等,投资 310 万元。

在内涝河道治理方面,从 1982 年 9 月起至 1986 年 1 月,对人民胜利渠入卫口至老观咀的全长 140 公里的河道进行清淤,共完成清淤土方 928.1 万立方米,块石护坡 9 183 延米,建桥 11 座,排泥场土方 154.9 万立方米,投资 6 011 万元。虬龙沟是沱河最大支流,上下级河道均已治理,但其本身除涝能力只为五年一遇除涝标准的 22.1%,防洪能力只及二十年一遇防洪流量的 31.8%。1982 年 11 月,按三年一遇除涝标准开挖河道断面,治理了虞城县三里河至入沱口,全长 70.2 公里,建桥 17 座,扩建桥 9 座,共完成土方 648.18 万立方米,投工 620 万个,投资 978 万元。洪洼临时处理工程位于新蔡县境,建设项目有分洪道堤防除险加固 32 公里、建筑物和截岗沟排涝闸 9 处、提灌站 8 处、输变电站工程 24.3 公里、10 千伏线路 49 公里等。1983 年 3 月开工,年底基本完成,投资 410 万元。[①]

1980 年,为了适应水利基本建设投资大幅度缩减的形势,中共河南省委、省政府开始提出水利工作的重点是抓好管理。1982 年全国水利管理工作会议后,又作为战略决策明确提出把水利工作的重点转移到管理上来。根据这一指导思想,全省主要从建立各项规章制度、对已有国有水利工程进行查定和普遍建立农村水利站来加强工程管理。

1980 年至 1982 年,河南省政府先后颁布了《河南省水利基本建设工程概(预)算定额和施工定额》、《河南省水利事业技术档案管理办法》、《河南省水利工程单位财务包干试行办法》、《河南省水利事业单位试行企业

① 李日旭:《当代河南的水利事业(1949—1992 年)》,当代中国出版社,1996 年,第 237 页。

管理方案》、《关于划分桥梁阻水界限的暂行规定》、《关于清除河道阻水障碍的联合通知》、《河南省水利工程水费征收试行办法》、《河南省机电排灌站 10 条标准》、《河南省大中型灌区工作意见》、《河南省人民公社水利站工作条例》、《河南省农田水利工程建设责任制试行办法》、《河南省农田水利管理办法》、《河南省河道护堤人员联产计酬岗位责任制度暂行办法》等,从水利工程管理的各个方向提出了明确的规定和要求,使各水利工程管理单位在实际工作中有章可循。①

1981 年 7 月到 1984 年底,河南省水利部门组织 26 000 多人对全省892 个工程管理单位管理的国有各类工程 2 664 座,进行了"五查五定"。"五查五定"的内容是:查安全、定标准;查效益、定措施;查综合经营、定发展规划;查机构、定编制;查管理、定制度。通过查定,要求国家管理的大中型工程达到 6 条标准:第一,摸清情况、澄清问题;第二,针对存在问题,提出工程安全、效益发挥和多种经营发展规划和实施方案;第三,对现有机构和人员进行必要的调整,并根据部颁定编定员标准,提出机构调整近期和最终编制定员方案,报上级主管部门;第四,根据水电部、河南省人民政府和河南省水利厅颁发的各项工程管理通则和办法,修改现行规章制度,制定各项水利设施管理细则和办法;第五,制定各项经济技术指标和推行经济责任制的办法,把管理责任制落实到科室、班组和个人;第六,进行思想、组织、纪律三整顿,克服领导软弱涣散状态和组织纪律松弛现象,建立职工代表大会制度,实行民主管理。查定的结果是:至 1981 年底,实有管理人员 20 170 人;查定工程国家投资 30.797 亿元,集体投劳折资11.363亿元,固定资产原值总额为 9.9 亿元;工程设计灌溉面积查定前为6 730.79万亩,查定后审定为 4 245.17 万亩;有效灌溉面积查定前为 2 390 万亩,查定后审定为 2 162 万亩;国家管理的堤防查定后总长 11 218 公里,已达设计标准的有 4 805 公里,可保护耕地面积4 646万亩,人口4 796万;水库总库容 136.87 亿立方米。

"五查五定"之后,根据分级管理的原则,按照工程规模的大小,将工程分为 6 类进行管理:第一,效益或影响涉及两省的工程,拟请水电部或流域机构管理;第二,涉及两地区的大型工程由省管;第三,效益范围虽属一地,但位置重要的大型工程,由省、地共管,以省为主;第四,一般大型工程,

---

① 李日旭:《当代河南的水利事业(1949—1992 年)》,当代中国出版社,1996 年,第 238 页。

由省、地共管,以地管为主;第五,效益或影响范围涉及两县以上的中型工程,由地、市管理;第六,中型工程或涉及两社以上,位置重要的小型工程,由县管。一般小型工程,社队管理。按照这些原则,白沙水库、白龟山水库、陆浑水库、惠济河管理处由省收回管理,"文化大革命"期间撤销的洪汝河、唐白河、颍河、黑河、涡河、沱河、淇河、天然文岩渠等管理机构相续恢复,周口地区新建立汾泉河管理处。①

水利工程的效益很大程度上是通过农田的"遇旱有水、遇涝能排"来体现的,因此农田水利工程大部分都分布在乡间田野。用好管好这些数量庞大而又极为分散的水利工程,不能单纯依靠国有水利工程管理单位,必须走专业管理和群众管理相结合的道路。新郑县梨河公社对辖区范围内的水利工程,创造了"一专"、"三统一"、"五定一奖加经济田"②的管理办法,对小型农田水利工程的管护起了积极作用。1981 年 4 月 28 日,河南省政府批转《关于在农村人民公社建立水利站问题的报告》,同意在全省农村人民公社建立水利站,担负管理本公社范围水利工程的任务,并对水利站人员编制、任务和领导关系作了明确规定。至 1987 年底,全省 2 097 个乡(镇)已建乡水利站 2 047 个,工作人员 9 398 人,国家职工占 29%。③

实行家庭联产承包责任制以后,由于水利工程保护措施没有及时跟上,致使一些地方在调整生产体制分队划组中,出现了毁林开荒、平渠填沟、破堤取土以及拆分变卖机、泵、管、带,偷拆梯田石块等现象,使不少水利设施遭到破坏,水利工程效益急剧衰减。1979 年至 1984 年,河南全省减少灌溉面积 838 万亩,平均每年减少 140 万亩;1985 年新增灌溉面积 48 万亩,同期衰减了 196 万亩,相抵净减 148 万亩;1985 年新增旱涝保收田 125 万亩,衰减 104 万亩,相抵只新增 21 万亩;1985 年大旱,全省有效灌溉面积 5 786 万亩,比 1980 年实有的 5 806 万亩还少 20 万亩,也就是说,1980 年至 1985 年 6 年时间每年新增的有效灌溉面积,尚抵偿不了这些年的衰减。全省有 9 座大型水库、30 座中型水库、600 多座小型水库的安全问题没有

---

① 李日旭:《当代河南的水利事业(1949—1992 年)》,当代中国出版社,1996 年,第 239 页。
② "一专"是指组织管理专业队或固定管理人员。"三统一"是指根据工程任务和效益范围,由公社、大队或生产队统一规划、统一修建、统一管理使用;"五定一奖加经济田"是指对管理人员实行定任务、定时间、定质量、定报酬、定消耗和维修费用,完成任务受奖,另外在工程管护的适当地点,划出一定数量的土地,作为管护人员的经济田,以确保管理人员的经济收入不低于当地农民的平均收入。
③ 同①。

解决,只好低水位运行。水利工程效益的降低,直接影响着农业生产的发展。1984 年全省曾春灌小麦 4 242 万亩,而 1986 年全省上下齐动员,才浇 2 800 万亩,足见水利工程效益衰减对农业生产影响之大。①

20 世纪 80 年代中期以后,全国水利事业面临两大危机:(1)工程老化失修,效益衰减;(2)北方水资源紧缺,影响经济发展和人民生活。针对农村水利存在的工程老化失修、效益衰减、水污染严重、水资源紧缺以及农田水利建设规模偏小、投资下降等问题,中共中央提出要进一步发展农田水利,增强农业后劲。要建立劳动积累工,增加投入,建立区乡水利管理站、工程专管机构和群众管水组织三个层次的基层服务体系,稳定农村水利下滑的趋势。1988 年,全国人大通过了《中华人民共和国水法》,1989 年国务院发布《关于大力开展农田水利基本建设的决定》,重申"水利是农业的命脉",将农田水利基本建设列入农村的中心工作。这样,全国各地水利事业开始出现新气象。在此仍以河南省为例略加阐述。

1985 年后,河南省委、省政府采取了增加水利投入、对基建工程实行项目管理、农田水利工程建设实行"以奖代补"、建立健全水利执法体系、开展"红旗渠精神杯"竞赛和达标晋级活动等改革措施,对水利效益衰减的问题,提出要"二年修复、三年发展、五年打下一个好基础"。1989 年,河南省委、省政府发布《河南省水利建设发展规划纲要》,加大了水利改革的力度和步伐。

水利建设的投资,过去较长时期内大都由国家支付,养成了"国家出钱、农民种田"和"喝大锅水"的习惯。依靠国家办大型水利,虽属必须,但水利是造福于全社会的事业,只有动员全社会的力量,才能不断发展、不断前进。1987 年,河南省委、河南省政府提出关于增加水利投入的意见。意见指出,为了加快农田水利建设步伐,提高抗御自然灾害能力,增强农业后劲,促进农业生产持续稳定增长,必须增加对水利建设的投入,并提出 10 条意见:(1)实行农民办水利。中小型农田水利建设主要依靠群众自身积累兴办。农民为此集资,是必要的生产投入。(2)对省、市、地、县安排的引黄灌区、大中型灌区、重点除涝和旱涝保收田建设项目,在建设配套期间,按受益耕地面积每年每亩集资 4 ~ 5 元、补源区 2 ~ 3 元,作为建设配套投资。(3)耕地占用税各级留成部分,应主要用于发展水利和中低产田改

---

① 李日旭:《当代河南的水利事业(1949—1992 年)》,当代中国出版社,1996 年,第 241 页。

造,按照水利建设规划,统筹安排使用。(4)各县财政要从征收的乡镇企业税收增长部分中拿出30%用于粮食发展基金,其中大部分要用于农田水利建设。(5)在水土保持区,凡因开矿建厂破坏水土保持工程,造成或加剧水土流失的,要补偿水土流失治理费。凡因开矿建厂或其他基建造成水源变化、水质污染、引起农民吃水困难的,谁破坏谁负责、谁污染谁负责,重建费用由水利部门会同物价部门按实际需要核订收取。(6)地方政府应在每年增加的财政收入中,拿出较大比例用于农业,水利投入要相应增加。(7)用农业贷款兴办的效益显著、见效快、有偿还能力的水利项目,可从农田水利补助费中给予适当贴息。(8)农田水利补助费等专项资金的有偿使用部分,今后可由各级财政委托水利主管部门投放、回收,专户存储,周转使用。(9)经济效益好、有偿还能力的水利工程更新改造项目,可列入各级计经委统管的更新改造计划。(10)水利系统经营的生产项目和企业,任何单位不得平调,有关部门按照政策,在税收等方面给予优惠照顾。10条意见的出台,拓宽了人们的思路,提供了解决水利投资长期紧缺的有效途径,并从政策上明确了对水利建设的优惠。①

　　要发挥水利的效益,不但需要一批骨干工程,而且还需要面广、量多的配套工程相辅助。为了解决水利的劳务投入,1987年河南省政府颁布了《关于农村水利劳动积累工管理使用的试行意见》,指出:农村水利劳动积累工,是指由群众义务承担,主要用于县、乡范围内水利建设所需的工日。水利劳动积累工取之于民、用之于民,体现了谁受益、谁负担和双层经营、统分结合的原则。它要求各地根据当地的需要与可能,本着按劳出工、取之有度、用之得当的原则,每年每个农村劳动力投入的水利积累工数一般为10～20个。水利劳动积累工制度的建立和实行,为冬春大搞农田水利基本建设提供了劳力的保证,促进了群众性农田水利建设的发展。1988年冬修,河南省最高出勤劳动力达1 046万人,累计完成劳动积累工2.7亿个,完成土石方3.3亿立方米。1989年冬修,河南省累计投入水利劳动积累工4.2亿个,完成土石方4.48亿立方米。1990年冬修,全省日出勤劳动力1 440万,累计完成劳动积累工4.86亿个,完成土石方5.68亿立方米。1991年冬修,全省出勤劳动力最高达1 589万人,投入水利劳动积累工5.3

---

① 李日旭:《当代河南的水利事业(1949—1992年)》,当代中国出版社,1996年,第247－248页。

亿个,完成土石方 5.9 亿立方米。1992 年冬修期间,全省日最高上工人数
1 861 万人,是历史上最多的一年,在全国名列第二,累计完成劳动积累工
6.4 亿个,完成土石方 7.2 亿立方米。每年冬春季节,全省各地都出现县
县有计划、乡乡有工程、人人有任务的水利建设热潮。①

1988 年,为了使水利资金投入稳定增加,河南省政府增加水利经费
6 000 万元,使全省水利投入达 3.45 亿元。在此基础上,1989 年河南省水
利投入再增加 4 000 万元,并且发出《省政府系统 1989 年目标管理 122 项
主要工作的通知》,进一步提出各级财政在计划安排上应积极增加对水利
建设的投入,市、县、乡财政用于水利的投资应达到本级财政力的 5% ~
10%;黄淮海平原农业综合开发资金中要确保 60% 用于农田水利建设;农
行要多渠道筹措资金,保证 5 000 万元农贷支持机井配套建设。1989 年 7
月 8 日,河南省政府发出《关于建立农业发展基金有关问题的通知》,要求
各级政府从 1989 年起,都要建立农业发展基金,主要用于兴修小型农田水
利及现有中小型工程配套。

1992 年 3 月 14 日河南省政府颁布的《河南省水利建设专项资金筹集
办法》指出:"八五"计划期间,要加快淮河治理步伐,兴修一批防洪、蓄水、
排水等骨干水利工程,提高抗御自然灾害的能力,必须动员全社会力量,多
渠道筹集资金,增加对水利建设的投入,并对资金筹集渠道及筹集对象、资
金筹集办法、资金的分配和使用管理等问题作了具体的规定。通过连续颁
布的水利集资、增加水利投入的办法,国家投入和市(地)县乡的投入逐年
增加。1987 年至 1992 年,国家每年投入情况依次是 2.93 亿元、3.45 亿
元、4.36 亿元、4.83 亿元、6.75 亿元和 8.28 亿元。1989 年至 1992 年市
(地)县乡集资投入每年依次是 0.8 亿元、1.6 亿元、1.7 亿元、1.8 亿元。②

河南省委、省政府颁布的这些增加水利投入的政策,调动和激励了各
地增加水利投入的积极性,创造了许多自愿集资兴办小型农田水利的办
法。新郑县龙王乡实行有偿转让、以田代资等办法,从打井配套到经营管
理都由农户自愿承包,每眼机井划给 2 ~ 6 亩养井田,不交提留,承包期
15 ~ 20 年不变,共回收资金 600 余万元,全部用于新建农田水利工程;长葛
县实行"以资引资"的政策,利用三年来获得的省里奖给的以奖代补的奖

---

① 李日旭:《当代河南的水利事业(1949—1992 年)》,当代中国出版社,1996 年,第 248 -
249 页。

② 同①,第 249 - 250 页。

金 86 万元,加上县自筹 28.5 万元,也采用以奖代补的办法,共引出乡村自筹和群众集资 2 171 万元;郑州市管城区圃田乡大王村,采用自愿储蓄集资,从增产效益中还本付息,基本做到了谁受益、谁负担;夏邑县采用类似的办法,仅 1988 年冬季就新配套机井 4 800 眼。

为加快水利建设步伐,从 1986 年开始,河南省从省管农田水利补助费中拿出一部分,奖励当年农村水利建设搞得好的县,这些奖金只能用于得奖县农田水利工程的补助。1987 年,河南省政府颁布《河南省农村水利建设实行以奖代补的评奖办法》,规定了以当年水利建设和管理成效、综合效益为基础的 5 条评选条件:一是县乡两级有科学合理、切实可行的农田水利基本建设规划和实施计划,完成或超额完成当年工程计划,工程效益无衰减,当年粮食增产,实灌面积达到有效灌溉面积的 80%;二是坚持自力更生办水利,积极落实省政府关于增加水利投入的政策,劳动积累工管理、使用得好;三是乡村两级服务体系健全,工程管理达到规定要求;四是财务管理制度健全、地方配合投资兑现,水利资金使用得好,无挪用、挤占、浪费等违纪问题;五是综合经营、增收节支有成效。每年全省评选出农村水利基本建设与管理先进县 38 个,其中一等奖 4 个,每县奖金 20 万元;二等奖 8 个,每县奖金 15 万元;三等奖 26 个,每县奖金 10 万元;先进辖区 6 个,每区奖金 5 万元。为表彰奖励在年度水利建设管理中有突出贡献的个人,《办法》还设置个人奖:一等奖县 1 万元、二等奖县 0.8 万元、三等奖县 0.6 万元、先进辖区 0.3 万元。1986 年评选出一等奖的县 4 个(商水县、长葛县、新郑县、虞城县)、二等奖 4 个、三等奖 10 个、四等奖 25 个。1987 年评选出一等奖的县 4 个、二等奖 8 个、三等奖 27 个、先进辖区 5 个。1988 年评选出一等奖的县 5 个(原阳县、孟县、长葛县、郾城县、固始县)、二等奖 8 个、三等奖 25 个、先进辖区 6 个。1989 年,以奖代补活动与各市地责任目标管理相结合,共评选出一等奖的县 5 个(原阳县、修武县、中牟县、尉氏县、汝南县)、二等奖 8 个、三等奖 26 个、先进辖区 3 个,并且评选出在农村水利建设中有突出贡献的县(市、区)党政一把手 56 名。[1]

以奖代补活动的开展,极大地激励了县、乡、村建设农田水利的热忱。1988 年获得一等先进县的原阳县,认真总结遭受涝灾教训,不等、不靠、不要,发动群众自力更生清挖文岩渠,共计长 33 公里,完成土方 71 万立方

---

[1] 李日旭:《当代河南的水利事业(1949—1992 年)》,当代中国出版社,1996 年,第 253 页。

米。一等先进县孟县,采用多种形式筹集资金 557 万元,投工 148 万个,完成工程量 207 万立方米。每年的冬春农闲季节,全省各地都出现千军万马治理千沟万壑、打井修渠、挖沟排涝的动人景象。①

1989 年 4 月 3 日,为了搞好水利服务体系建设,实现农田水利工作的经常化、制度化、规范化,河南省政府批转省水利厅《关于我省农田水利达标晋级的意见》,要求全省各地认真研究执行。这项活动是将现代企业实行的科学管理的办法,用于农田水利管理的一种新的尝试。它基于先进性、效益性、系统性、激励性等原则,选择一系列能反映农田水利建设特点和水平的指标,对一个县(市、区)的农田水利综合能力和整体水平进行定量分析、综合评价、严格验收,对达标、晋级的县给予奖励,把群众性的农田水利建设和管理纳入科学的轨道。达标晋级按平原县和山区县分别进行。平原县的考评内容为:有效灌溉面积占总耕地面积 70% 为达标、80% 为三级、85% 为二级、90% 为一级;旱涝保收田占总耕地面积 65% 为达标、75% 为三级、80% 为二级、85% 为一级;工程完好率由省水利厅按工程类别和有关技术要求具体制定。山区县的考评内容为:治理水土流失面积占应治理面积 70% 为达标、75% 为三级,80% 为二级、85% 为一级;坡耕地改梯田面积占坡耕地 60% 为达标、70% 为二级、75% 为一级;工程完好率由省水利厅按工程类别另有详细规定。对于达标县,省政府发给证书和 20 万元以奖代补资金,三级县发给铜牌和 30 万元,二级县发给银牌和 40 万元,一级县发给金牌和 50 万元。至 1991 年,经过严格的验收,共有新郑县、新乡县、辉县市、孟县、温县、卫辉市、长葛县、获嘉县、郾城县、通许县、新乡市郊区等 11 个县(区)达标。通过达标晋级,强化了各级领导,尤其是县、乡领导的水利意识,真正把水利列入政府工作序列,调动了广大干部、群众大力办水利的积极性,促进了农田水利建设和管理,解决了一些长期没有认识到或不好解决的老大难问题。②

随着水利投入渠道的拓宽和国家对水利事业的逐渐重视,水利基本建设投资在 20 世纪 80 年代中期以后开始增加。1987 年,河南省基建投资 8 038 万元,接近 1980 年的投资水平,安排了陆浑水库加固、淮干堤防等 34 项基建工程,完成基建土方 1 125 万立方米、石方 46 万立方米。从 1988 年

① 李日旭:《当代河南的水利事业(1949—1992 年)》,当代中国出版社,1996 年,第 253 - 254 页。

② 同①,第 254 - 255 页。

开始,水利基本建设的投入逐年增加。1988 年至 1992 年,年投入分别为 10 300 万元、13 531 万元、21 083 万元、18 557 万元和 29 305 万元。安排的项目逐年增加,1988 年 48 项、1989 年 64 项、1990 年 71 项、1991 年 73 项、1992 年 74 项。这一阶段的水利基本建设,不是单纯安排除险加固、防洪除涝,而是逐步增加兴利工程建设项目。灌区及其他兴利项目的安排,1988 年 9 项、1989 年 12 项、1990 年 16 项、1991 年 23 项、1992 年 24 项。水利基建投入的增加、建设项目的增多、灌区及兴利工程建设的比例加重,表明水利事业出现了新转变,表明水利建设又从主要注重防洪除涝,转到同时注重兴利,"旱涝两手抓"。[①]

　　1988 年至 1992 年,河南省水利基本建设共安排重点水库的除险加固工程 34 项、重点河道的防洪除涝 53 项、重点灌区及其他兴利工程 84 项。其中,大型水库除险加固工程主要有 5 项:即对宿野湖水库、鲇鱼山水库、鸭河口水库、小南海水库、彰武水库等进行了除险加固。

第二节　水利管理工作的展开及存在的问题

　　20 世纪 80 年代初,在国家大幅压缩基本建设投资的情况下,全国各地积极改革水利投入方式,实行分级负担,依靠社会力量多层次、多渠道集资办水利的办法,并全面恢复基建程序和技术论证制度。针对当时存在的问题,加强已建工程的配套和更新改造,狠抓经营管理和相应工程的同步实施,着力推进系统水平和综合能力的提高。以水利大省江苏为例,在水利基本建设方面,江苏省先后进行了新沂河和里运河除险加固、续建太湖大堤、长江南京镇扬段整治、入江水道三河拦河坝加固,以及兴建淮阴、皂河抽水站,改造芝麻、房山抽水站和新建渠北大套翻水站等防洪保安、扩大水资源工程;浚挖了总六塘河、叮哨河、胜利河、烧香河、北凌河、张渚西河等区域性引水排水河道。

　　从 1982 年到 1985 年,江苏省水利部门对全省 4 199 处国家管理的工程分期分批进行了"三查三定"(查安全、定标准,查效益、定措施,查综合

---

① 李日旭:《当代河南的水利事业(1949—1992 年)》,当代中国出版社,1996 年,第 267 页。

经营、定发展规划）。对农村水利设施全面进行普查、建档、发证,落实管理责任制,先后颁布了《江苏省水利工程管理条例》、《江苏省水利工程水费核订、计收和使用管理办法》、《关于分级负担合作兴办水利工程的暂行办法》、《江苏省保护水文测报设施的暂行规定》等,使治水事业逐步纳入法制轨道。①

农村普遍推行联产承包责任制后,江苏少数地方对新形势下继续搞好农田水利认识不足,放松领导,放任自流,个别地方出现平沟毁渠、拆站分机等新情况和新问题。1981 年 9 月,江苏省水利厅提出《关于加强和完善农业生产责任制后如何搞好农田水利的意见》。1983 年 8 月,江苏省水利厅向省政府作了《关于切实加强农田水利工程设施管理工作的报告》。该报告提出了加强水利管理的 7 项意见:(1) 农田水利工程设施不得任意侵占或破坏。已经破坏的,要按"谁破坏,谁赔偿;谁设障,谁清除"的原则,限期修复,限期清障,违者要按级追究责任。造成严重后果的,要依法惩处。(2) 建立健全农田水利工程管理组织。各市、县水利部门要设置专门组织或配备专人,负责农田水利工程的管理工作。在机构改革中,公社(或乡)水利站只能充实、加强,不能削弱。(3) 建立工程保护区。不论哪一级管理的工程,都要因地制宜按工程性质,明确工程管理范围和工程保护区。各类工程管理区和保护区的土地所有权不变。在管理区和保护区内,任何单位或个人,都不得进行任何有害工程安全或影响工程效益的活动。(4)健全多种形式的管理承包责任制。农田水利工程管理要按专管与群管相结合的原则,在统一规划标准、统一规格要求、统一调度运用、统一政策的前提下,围绕"责、权、利",明确"定、包、奖",签订合同,联系各项工程效益,建立管理承包责任制。(5) 水库、自流、机电、井灌、喷灌等灌区的管理,可参照企业管理办法,独立核算,自负盈亏。(6) 沟、河、堤、渠、路的坡面、青坎和滩面的综合利用,潜力很大,各地必须在保护工程安全、充分发挥效益的前提下,由水利部门统一规划,选择适宜的优良树种、草种,建设防护林网,增加植被覆盖,既保持水土,保护工程安全,又可为国家和集体创造物质财富,为群众增加收益。(7) 各市、县要切实加强对农田水利工程设施管理工作的领导。9 月 22 日,省政府及时将这一报告批转各地贯彻执行,要求各级政府把加强农田水利工程设施的管理作为完善农业生产

---

① 江苏省地方志编纂委员会编:《江苏省志·水利志》,江苏古籍出版社,2001 年,第 16 页。

责任制的一项重要任务来抓。要像落实农业生产责任制那样,切实抓好农田水利工程管理责任制的落实。坚决刹住破坏农田水利工程设施的歪风,确保工程的完好,充分发挥工程效益,更好地为工农业生产和国民经济服务。[①]

由于江苏省对水利建设的指导思想和方针更加明确,因而比较牢固地树立了水利为国民经济、为翻番服务的指导思想,把水利建设的目标和国民经济发展的总目标紧密联系起来,创造条件,搞好服务。在为农业服务方面,已经开始冲破"以粮为纲"的思想束缚,使水利更好地为整个农村经济的发展服务,为农、林、牧、副、渔、乡镇工业各个方面服务。有些地方已明确提出农田水利建设不仅是抗灾,而是要致富,这是一个飞跃。在建设方针上,贯彻落实赵紫阳总理提出的"加强经营管理,讲究经济效益"的总方针,并在 1983 年冬 1984 年春的工程建设和经营管理工作中,付之行动,取得成效。在工程建设上,不管是基建、农田水利,还是防汛岁修,更加重视经济效益,以续建配套、更新改造为主,少铺摊子。技术经济论证的工作正在逐步走上正规,管理工作得到加强。1984 年,破坏水利工程设施的状况有所好转,一些围湖、设障和破坏堤防等事件得到严肃处理。水利综合经营也有新的进展,1979 总产值仅 2 800 万元,1980 年为 4 100 万元,1983 年达到 1.22 亿元,是 1979 年的 4.3 倍,居全国第一位。[②]

1985 年 8 月,江苏省水利厅又提出《关于进一步加强农田水利工程管理的意见》,强调加强农田水利工程的管理,关键在县,基础在乡,重点是建设好乡水利站。乡水利站是农田水利建设和管理的基层单位,要在乡政府领导和县水利局指导下,对全乡范围内的站、机、沟、渠、井、涵闸、圩堤等水利工程设施,以及灌溉、排水、绿化、水土保持、综合经营、征收水费等工作实行统一领导,加强管理。所有农田水利工程设施,都要按其性质、作用划定工程设施保护区,在此区域内不得进行有碍工程设施安全的活动;区域内的土地和工程设施要搞好多种形式的管理承包责任制。[③] 经过几年的

---

① 江苏省人民政府:《批转江苏省水利厅〈关于切实加强农田水利工程设施管理工作的报告〉的通知》,江苏省档案馆:水利厅—永久—71(1982)。

② 《陈克天同志在全省水利工作会议上的讲话》,江苏省档案馆:水利厅—永久—109(1984)。

③ 江苏省地方志编纂委员会编:《江苏省志·水利志》,江苏古籍出版社,2001 年,第 392 - 393 页。

努力,江苏省农田水利工程设施的管理工作得到进一步加强。

1986 年,国务院作出决定,肯定了乡镇水利站的重要作用,明确了它的权属和职责。这对推进乡镇水利站的建设和管理服务工作起到积极的作用。同年,根据国家劳动人事部、水利电力部对基层水利管理服务机构实行定编的要求,江苏省水利厅立即制订方案,报请省编委批准,确定了定员编制,明确乡水利管理服务站为县水利局的派出机构。各地按照省水利厅、人事局、劳动局的要求,充实调整乡水利站人员,加强领导。在此基础上,村一级的水利管理服务组织也相应有了发展。从而,在全省农村建起了上下相连、左右相通,比较专业的、系统的水利管理服务体系。至 1987年,全省已建立乡镇水利管理服务站 2 028 个、村一级的各种水利管理服务组织 6 万多个,共有专业和群众性管理人员 50 多万人,是全省农田水利工程建设和管理服务的重要力量。①

从总体上看,20 世纪 80 年代的灌溉排水事业虽取得一定成就,但还存在不少问题,突出的表现是 80 年代以后灌溉排水工程效益出现明显的衰减。新中国成立后的前 30 年间,我国的灌溉面积以平均每年 3.5% 的较高速增长,而进入 80 年代以后,全国有效灌溉面积一直徘徊在 7.2 亿亩左右,不仅没有增长,不少省份的灌溉面积甚至连年下降。据水利部年报统计,1981 年至 1989 年全国累计新增灌溉面积 1.13 亿亩,而同期累计减少1.21 亿亩,增减相抵后,1989 年较 1980 年净减了 800 万亩。1989 年后,全国又形成了一个重视农业、支援农业、发展农业的热潮,水利又受到重视,全国灌溉面积净减的局面开始扭转,但仍未恢复到 1980 年的水平。1949年至 1989 年全国灌溉面积与粮食产量增减情况,详见表 9。②

表 9　1949 年至 1989 年全国灌溉面积与粮食产量增长情况统计表

年　份	有效灌溉面积(万亩)	人均占有(亩/人)	粮食总产	人均占有(公斤/人)
1949	23 893		11 320	209
1952	29 003	0.5	16 390	288
1957	37 507	0.58	19 505	306

---

① 江苏省地方志编纂委员会编:《江苏省志·水利志》,江苏古籍出版社,2001 年,第 394 页。
② 高如山、朱树人:《中国的灌溉排水》,见钱正英主编《中国水利》,中国水利电力出版社,1991 年,第 162 – 163 页。

续表

年　份	有效灌溉面积(万亩)	人均占有(亩/人)	粮食总产	人均占有(公斤/人)
1962	43 045	0.64	16 000	240
1965	48 054	0.66	19 455	272
1975	69 181	0.75	28 450	311
1980	73 332	0.74	32 056	324
1984	72 600	0.70	40 731	396
1988	71 871	0.66	39 408	363
1989	72 124	0.65	40 755	370

　　资料来源:高如山、朱树人:《中国的灌溉排水》,见钱正英主编《中国水利》,中国水利电力出版社,1991年,第163页。

　　在已有的灌溉面积中,经济效益也是很不平衡的。在全国7.2亿亩的灌溉面积中,只有70%是旱涝保收农田,稳产高产农田则更少一些。同样条件的灌区,农作物产量很不相同,如同属江西省的自流引水平原灌区——赣抚平原灌区和其他有些灌区,水源和其他自然条件基本相同,但粮食产量相差很大。1989年赣抚平原灌区实灌面积82.23万亩,粮食总产69.34万吨,平均亩产842公斤,而其他有些灌区的平均亩产不足400公斤。每立方米水的经济效益更大不相同,山东省曾对省内8个市的14座大中型水库灌区作调查,每立方米水的经济效益:小麦为0.12元,玉米为0.19元,经济作物为0.29元,我国灌区的经济效益整体偏低。造成这种情况的根本原因,是粗放建设和粗放经营,具体表现为:(1)有些工程设计灌溉面积偏大,过去统计不准。(2)有些工程或因施工质量有缺陷,或因配套工程未建成,从而不能达到设计标准。有的虽用一些临时措施或大水漫灌曾达到设计面积,但不能持久,更不能做到高产稳产。(3)很多工程已经使用、运行了二三十年,但因为在运行中没有提取大修和折旧资金,不能及时进行更新改造,以致工程老化,效益衰减。(4)每年都有一些中、小型水利工程被洪水冲毁,由于水利经费不足,不能及时修复,以致报废。(5)工业和城市建设每年占用灌溉面积,甚至挤占灌溉水源,而且对水利建设还不及时补偿。(6)很多灌区管理粗放,甚至收不抵支,缺少自我维持的能力。(7)1978年农村实行家庭联产承包责任制后,水利管理体制的改革没有相应的跟上去。原来的基层管水组织和管理办法已不能适应千家万户分散用水的需要。原来的群众管水组织很多已经解体,有的徒有其名,已不能发挥作用,以致过去建立的统一社会化服务体系受到削弱。[①]因此,在 20 世纪 80 年代末,水利工程面临老化失修的状况,效益衰减和北方水资源短缺的两个危机仍未解除,水利形势不容乐观。

第三节 小流域的综合治理

小流域一般指以一条小河为主干,由四周高地联成的一封闭地域。在丘陵山区,每个小流域内均是产生径流和泥沙的基本自然单元,也是一个水土流失的基本单元。把小流域当成一个水土流失的治理单元,符合水土流失的自然规律,有利于规划,可以从根本上控制水土流失,改善生态环境。

早在 20 世纪 50 年代,山西、陕西等省水利部门为探索有效的治理方法和途径,就有计划地进行小流域治理的试点工作,取得了显著成效。山西省在中阳县金罗乡楼外沟(支毛沟流域)进行生物措施与工程措施相结合的集中综合治理,受到国务院表彰。1956 年的山西省秋季林业与水土保持工作会议,肯定了"实行以支毛沟为单位的综合治理"为方向性经验。据统计,山西省中阳、离石、隰县、石楼、平顺、阳高、应县等 83 个县进行综合集中连续治理的支毛沟流域有 14 192 处,出现了一批费工少、治理快、收效大、群众支持的典型,促进了全省水土保持工作的大规模开展。陕西省水保部门在水土流失严重的黄土高原丘陵沟壑区,选定了绥德韭园沟和延安碾庄沟进行规划、观测、试验示范、综合治理和研究工作。后又选择绥德辛店沟、延安大砭沟、彬县鸣玉池、洛川上、下黑木沟、安康陈家沟等进行扩大试点。60 年代,陕西省水利部门选择榆林大梁、米脂榆林沟、富平赵老峪、耀县孙原、千阳文家坡、长武、芋园、白水凤凰沟、澄城茨沟等建立流域综合治理科研样板,为大规模治理提供经验和科学依据。1970 年至 1974 年,陕西省水土保持局抓清涧红旗沟、绥德郝家桥和永寿马坊郭门等

---

① 高如山、朱树人:《中国的灌溉排水》,见钱正英主编《中国水利》,中国水利电力出版社,1991 年,第 163 - 164 页。

小流域治理工作并总结经验,为大规模的流域治理积累第一手资料。1979年11月,陕西省水电局在子长县召开陕西省重点小流域治理经验交流会,讨论修订《小流域治理管理条例》,明确小流域治理任务和分区治理标准。

从总体上看,20世纪60年代后,山西、陕西两省水土保持转向了以建设基本农田为主要内容的治理,把水地、坝地、滩地和梯田建设作为主攻目标,改变了农业生产条件,提高了单位面积产量,粮食状况逐步好转,但是忽略了以流域为单元的综合治理,有的地方东治一坡、西治一沟,单纯进行工程建设,不搞生物措施治理,缺乏流域性整体建设,使建设起来的坝、滩地不断受到严重损毁。[1]

70年代中期以后,全国各地总结过去水土保持工作的经验,摸索出一条按小流域综合治理的路子。这是水土保持工作的一个新发展,是经过长期摸索、付出相当代价才取得的。过去,有的地方只重视治沟,轻视治坡,坡面的大量洪水泥沙不能拦蓄,沟谷修建的工程、坝地也很不保险,一些水库淤积严重;有的只强调工程措施,忽视造林种草,因而修建的工程不好巩固,自然面貌改变很少;有的强调种树种草,但不是有计划地逐步退耕坡地,农业受到影响,种的树和草也保不住;还有的这里修梯田,那里种草,东沟打坝,西沟造林,单项措施,分散治理,效果很不理想。而采取小流域综合治理,各方面的矛盾就可以比较妥善地得到解决。我国山区幅员辽阔,自然资源丰富,发展林、牧业和农业生产潜力很大。过去许多地方不注意搞多种经营,大面积荒山荒沟没有利用,水土流失严重,山区优势不能发挥,以致群众生活长期处于贫困状态。搞好小流域综合治理,对于控制山区水土流失,推动山区多种经营的发展,会起到很好的作用。[2]

尤其是在1978年以后,中国的水土保持工作随着中国改革开放的步伐,迎来了新的生机,特别是黄河中上游的水土保持工作受到党和国家的高度重视。

1979年5月,在山西省汾西县召开的西山地区重点流域治理会议强调,按流域进行综合集中连续治理是开展水土保持工作的最好途径。会上通过了《西山地区重点流域治理实施方案》,对重点流域的规划、治理标准、经费使用、检查验收都作了具体规定。1980年又部署了全省列项小流

---

[1] 山西省史志研究院编:《山西通志》第10卷《水利志》,中华书局,1999年,第383页。
[2] 《综合治理的办法好》,《人民日报》,1980年7月19日。

域的规划工作。一批由省、地、县分级列项分级治理、管理的重点流域在全省范围内全面铺开。从此,重点小流域由西山地区发展到东山地区,从省到县形成三级齐抓共管治理小流域的局面。水土保持也由此彻底扭转了单项措施分散治理的倾向,走上了全方位大面积综合集中治理的道路。通过总结各地经验,山西省下达了《山西省水土保持重点流域治理试行办法(草案)》,对重点流域治理的目的和要求、选择流域的条件和当前适宜开展的范围,对规划指导思想、原则和方法、治理经费的使用管理、有关政策和规章制度等都作出了具体详尽的规定。①

地处吕梁山南端的山西省吉县,沟壑峁梁交错,植被稀少,严重的水土流失破坏了生态平衡,农业生产十分落后。十一届三中全会以后,吉县组织了普查队伍摸清了本县的自然特点和资源。他们在调查中发现,位于马家河流域沟头的中垛公社山后大队,近十几年坚持在宜林宜牧的坡地造林种草,坡上有了林有了草,沟底打坝也保险了,人们精耕细作种植沟坝地,全大队的粮食单位面积产量由每亩 56 斤提高到 194 斤,总产增加两倍多。城关公社东方红大队的小府河流域,两面山坡上栽满了洋槐和牧草,下面是一块块成方的沟坝地。一个小流域内,有坡、有塬、有沟、有川,按照不同地形、条件,有的种树,有的种草,有的种庄稼。这种情况说明,一个小流域不进行治理,水土就可能大量流失,但如果改造好了,就会成为发展农林牧生产的一个经济区域。②

1979 年上半年,吉县在根据山区自然特点提出全县调整农业经济结构规划的同时,下决心集中资金、人力、物力,按小流域综合治山治水。全县确定以柳沟流域为重点,进行全流域的综合治理、集中治理、连续治理。柳沟流域全长 45 里,全流域梁峁起伏、沟壑纵横、地形复杂。治理前进行了实地勘察,本着因地制宜、趋利避害、因害设防的原则,制订了全流域治理规划。在流域两边的山梁上,大造油松、刺槐混交林,使一座座山头戴上帽子;在两岸的塬地上,建设方田林网,搞好基本农田;在塬边沟圈种植槐条和桑条,搞好沟头防护;在大梁缓坡上,大种核桃和苹果等经济林木;在陡坡上整修水平阶和鱼鳞坑,栽种刺槐和其他灌木,建设牧坡林;在支毛沟底栽种杨树、柳树、泡桐等速生丰产林;在主沟和几条干沟底打坝建库淤

---

① 山西省史志研究院编:《山西通志》第 10 卷《水利志》,中华书局,1999 年,第 384 页。

② 陈凤鸣:《控制水土流失有了新路子——山西省吉县小流域综合治理调查》,《人民日报》,1980 年 7 月 19 日。

地,建设高产的沟坝地。从 1979 年 7 月动工开始,他们在柳沟流域一次就栽种核桃约 12 万株;荒坡整修水平阶,栽刺槐一万多亩;种草 7 200 亩,种植 5 米宽的柠条带 40 里,打土坝 8 条,淤地 200 多亩,固塬整地打椽帮堰 600 亩。由于上下游统一集中治理,水保工程和植树种草等生物防护措施紧密结合,水林农牧各项工程配了套,工程发挥效益快,水保作用明显增强。据水文观测记载,日降雨 30 毫米的情况下,塬面方田、缓坡核桃地基本可以全拦全蓄,陡坡刺槐地径流减少 30% 左右,牧草地径流也减少 25%。这一事实证明,每条沟壑虽是一个自然的水土流失单位,但只要针对一个小流域水土流失发生、发展和危害的具体情况,在一个流域内从上到下,由坡到沟,因害设防,合理安排生物措施和工程措施,层层拦蓄山洪、泥沙,就能在较短的时间内基本做到泥不出沟、水尽其用,收到减少水土流失的效益。①

1979 年,吉县运用小流域综合治理的方法,初步治理了清水河、听水河两个水系的 8 个小流域。在生物措施上,采取造林、种草;在工程措施上,采取垣面建方田,坡面修水平阶,挖鱼鳞坑,沟底打坝,造沟坝地。全县初步治理面积达到 33 万多亩,占到原有水土流失面积的 26%。大地保持水土能力增加,给发展农林牧副提供了有利条件,1979 年这个县的粮食总产比 1978 年增长 18%,可见进行小流域治理是起了一定作用的。吉县在进行小流域综合治理中,注意把社队当前生产和长远利益很好结合起来,对近期受益的措施提前做出安排,发展大面积的核桃、苹果、桑条等经济林木,实行林粮、林草间作,大搞人工牧草,兴办牛场,以短养长,长短结合,为长期建设积累财富,减轻社员负担,因而深受群众欢迎。他们贯彻了"谁治理,谁管护,谁受益"的政策,注意使流域内每个生产队都能不同程度地受益。并且重视管理工作,每治完一片,就由流域内的社队组织起管理委员会,订立管理制度,由各队按受益大小抽调管理人员,认真维护。这样水土保持工程就能办成一处,管好一处。②

山西省开展重点流域治理受到了水利部和国家农委的高度重视。1980 年 2 月水利部召开的华北地区水土保持座谈会,肯定了山西省采取仿照基本建设管理程序,实行投资补助性质,按省、地、县分级管理的办法

---

① 陈凤鸣:《控制水土流失有了新路子——山西省吉县小流域综合治理调查》,《人民日报》,1980 年 7 月 19 日。

② 同①。

开展小流域治理的经验。1980 年 4 月,水利部在山西省吉县召开了"十三省(区)水土保持小流域座谈会",会议认为以小流域为单元对水土流失进行综合治理、集中治理、连续治理,符合自然规律和经济规律,是一种较为科学的治理方法。会议制订了《水土保持小流域治理办法(草案)》。座谈会再次肯定山西省在小流域治理中的从组织领导到培养典型,从治理方向到具体措施,并将离石县的茂塔沟、吉县的柳沟等 10 条流域作为水利部部管试点小流域。

这次会议之后,山西、陕西、河北、河南、安徽、江西等省随之先后召开了全省农田基本建设会议和林业会议,要求在全省范围内推广以小流域为单元的综合治理工作,自此,水土保持进入了以小流域为单元进行综合治理的新阶段,将水土流失区划分为若干个小流域,然后对小流域全面规划,将生物措施、工程措施、农业耕作措施结合起来综合治理,并取得了明显的效益。

与 13 省(区)水土保持小流域座谈会衔接,同时召开的山西省水土保持流域治理会议重新部署了小流域治理任务,拟在不同类型地区建一批既改变自然面貌、保证增产增收,又有拦泥减沙效果的小流域治理样板。根据以续建为主、狠抓配套受益、量力而行、循序渐进的原则,对少数面积过大的流域,通过切块划段分期分批治理,力争三五年内治完见到实效。

1982 年 8 月,全国第四次水土保持工作会议确定的全国水土保持第一批治理的 8 个重点地区,包括黄河流域的无定河、皇甫川、三川河,甘肃省的定西县,辽河流域的柳河,海河流域的永定河上游,长江流域的湖北省葛洲坝库区,江西省兴国县,涉及 9 个省区的 43 个县(旗)。这些地方绝大多数是贫困山区和革命老根据地,在 9.2 万平方公里的总面积中,水土流失面积占 2/3 以上。由于生态环境恶化、生产条件太差,群众生活长期处于贫困状态。从 1983 年起,国家进行重点扶持,三年中已拨出专项投资一亿元;并放宽政策,在规划、技术上加以指导,从而避免了分散治理耗资不少、成效较低的弊病,加快了治理的步伐。到 1985 年 9 月止,已有 8 000 多平方公里得到初步治理,年平均治理速度高于在这之前的任何一年,治理面积相当于这些地区以前治理总和的一半。据统计,8 个重点治理区内,第一批集中治理的小流域地区达 900 多处,承包治理小流域的农户占到总农户的 40% 左右。近三年已造林、种草 1 130 多万亩,建设基本农田 76 万亩,修建起一批谷坊、塘坝、涝池等保水保土工程。这些措施对改变生产条件,发展农、林、牧业生产,根治江河,改善生态环境,将起到积极的作用。

通过小流域治理,许多地方正逐步建设起一批农、林、牧、果、药和其他土特产品基地,仅发展经济林木即达 62 万多亩,从而把治理水土流失与合理开发利用结合起来。①

1986 年至 1995 年的 10 年间,在山西省政府领导组织下,省水利厅副厅长孙建轩、省农村经济研究所所长侯文正及各地有关领导、专家,多次深入小流域治理现场调查研究,确立了治水、治旱、治穷之本在于治山的战略思想,把治山治水同治穷致富紧密地结合起来,寓治山治水的宏伟目标于千家万户治穷致富的微观经济活动之中。10 年中,山西省政府每两年召开一次小流域工作会议,前后共开了 5 次。全国政协副主席钱正英三次亲临会议指导。山西省人民政府还根据小流域出现的新情况、新问题、新经验,先后发出小流域治理开发 5 个政策性文件。针对水土流失严重威胁黄河、海河防洪安全和改变山区老区的贫困面貌,1982 年水利部将三川河流域、永定河上游 4 县(区)列入全国水土保持重点治理区,海河水利委员会和黄河中游治理局相继在东西两山安排了一批试点小流域。为减少汾河水库淤积、保证太原市防洪、供水和下游农田灌溉,从 1988 年起将汾河水库上游 4 县列入全省治理示范区。三大流域治理第一期任务的安排,仍以小流域为单元进行治理,三川河选定 71 条、永定河上游 56 条、汾河水库上游 72 条。这样,全省构成国家、省、地、县四级管理的大、中、小流域相结合的治理网络,向流域治理的系列化迈进了一步。从 1987 年至 1992 年,经省标准局批准先后颁布了《山西省水土保持重点流域治理管护规范》、《淤地坝技术规范》、《水土保持林技术规范》、《工矿和工程建设区水土保持技术规范》等 6 个规范性文件,使流域治理更加科学化、规范化和标准化。②

随着小流域治理的发展,各级政府和水保部门把开展小流域治理摆上重要议事日程,从省、地到县各自都抓有重点小流域治理。省级重点流域同时又是各地(市)县的重点流域。各地(市)县在省下达的切块水土保持经费中又确定一批各自的重点流域进行重点治理。根据不完全统计,进入 20 世纪 80 年代后,省、地、县三级每年开展的重点治理的流域有 550 余条,每年完成初步治理面积 5.3 万公顷,其中已有 250 条治理度达到 50%～70%。

①　阎泽:《全国八个水土保持重点地区治理效果好》,《人民日报》,1985 年 10 月 27 日。
②　山西省史志研究院编:《山西通志》第 10 卷《水利志》,中华书局,1999 年,第 385 页。

山西省西山地区包括左云、右玉、河曲、保德、临县、离石、隰县、汾西、娄烦等28个县,总面积4.6万平方公里,占全省土地面积的29.6%,是黄河中游土壤侵蚀最严重的地区。西山28县流入黄河13条一级支流及其区间的泥沙达2.9亿吨,占全省总输沙量的63%。从1979年到1994年,前后共有150多条小流域经过治理,完成治理面积150万余亩,其中建设基本农田33万亩,营造水土保持林106万亩;完成基本建设投资3 300余万元。偏关县英儿沟流域是第一批列入西山建设流域项目的,经过治理,土地利用率由51.2%提高到90.7%,农业内部结构得到调整:林草覆盖率达到72%,1986年农林牧业收入比1980年提高近两倍。该流域治理成果于1987年获省科技进步成果二等奖。五寨县北沟流域是1984年第二批安排的西山建设流域,在治理中以地区水保所牵头,组织地、县、乡、村和承包户成立科研经济联合体,实现科研、开发、治理、经营、示范一体化。该流域经过4年连续综合治理,土地利用率由58%提高到80.3%,初步改变了单一农业经营的局面。林草覆盖率由1.1%提高到50.4%,输沙量减少85.6%,流域内农业总产值由1984年的22.66万元提高到1988年的102.2万元,增加3.5倍。吉县在小流域治理中用商品经济的观点搞治理和开发,建设水保基地,把小流域的治理成果推向市场,形成独立的经济实体。从1990年以来,乡宁县阳家山流域、蒲县磁窑河流域、偏关县桑林坡流域、保德县罗汉沟流域以及岢岚、神池等县的流域相继经过省级验收,成为西山地区一批治理成效明显的好典型。

1980年,山西全省有11个小流域列入黄河中游地区试点流域治理,集中分布于三川河流域和吉县柳沟流域。1983年,黄河中游治理局在山西省安排第二批试点小流域11个,除吉县柳沟流域连续治理外,其余均为新开展流域,分布于吕梁、临汾、忻州和太原市4个地区(市)的12个县,总流域面积711平方公里。经过5年治理,基本完成预期治理任务,先后进行了验收。1988年,黄河中游治理局在山西安排第三批试点小流域10个,其中新开展7个,连续治理的3个。1986年,海河水利委员会在雁北、忻州两地区安排了3个试点流域。从1980年全省先后开展试点小流域治理34个,其中13个流域已全部治理,进行了验收。①

1993年,山西省提出高效小流域的建设,其标准是:综合治理程度、土

---

① 山西省史志研究院编:《山西通志》第10卷《水利志》,中华书局,1999年,第386页。

地利用率、商品率分别达到 70%，80% 和 60% 以上，基本农田亩产 400 公斤，人均纯收入超过 1 000 元。山西省政府在全省树立了 10 个高效小流域，并立石碑表彰。据统计，"八五"期间全省共建成高效小流域 300 余个。平顺县留村高效小流域、清徐县白石沟小流域和平定县理家庄小流域、灵石县椒沟矿高效小流域、岢岚县石塔沟小流域，成为山西省高效小流域建设的先进典型。①

1979 年 11 月，陕西省水利电力局在子长县召开陕西省重点小流域治理经验交流会，讨论修订《小流域治理管理条例》，明确小流域治理任务和分区治理标准，确定重点小流域 53 个，其中黄河流域 48 个重点县各 1 个，西安、铜川和长江流域的 3 个地区各 1 个，最后落实为 50 个（缺汉中、黄龙、清涧），涉及 9 个地（市）、48 个县（市区）、125 个乡（镇）、826 个村、559 729 人，流域总面积 3 480.3 平方公里，水土流失面积 3 145.9 平方公里。其中陕北榆林、延安地区 24 个，流域面积 1 702.8 平方公里，占全省小流域总面积的48.9%；陕南安康、商洛地区两个，流域面积 55 平方公里；关中的西安市、宝鸡市、铜川市和咸阳、渭南地区 24 个，流域面积 1 722.5 平方公里。②

1980 年，陕西省财政下达专项资金 100 万元扶持小流域治理工作。1981 年，榆林、延安地区，除富县、黄龙县外，每县都有 1~2 个重点小流域。8 月 18 日，省水电局决定给陕南三地区各增加两个流域，开始进行综合、集中、连续治理。③

1982 年 8 月，全国第四次水土保持工作会议确定黄河流域陕西的无定河、皇甫川为全国 8 个重点治理区之一。无定河、皇甫川首批列入的重点小流域共 177 个，其中无定河 169 个、皇甫川 8 个。无定河治理区第一期工程 169 个重点小流域，总面积 8 609.55 平方公里，其中流域面积大于 300 平方公里的两个，200~300 平方公里的 4 个，100~200 平方公里的 15 个，50~100 平方公里的 35 个，小于 50 平方公里的 113 个（其中小于 5 平方公里的 8 个）。共涉及延安地区子长、安塞、吴旗和榆林地区定边、靖边、横山、榆林、子洲、米脂、清涧、绥德 11 个县（市）的 141 个乡（镇）、1 129 个村、5 573 个组、127 403 户，农业人口 558 440 人。1983 年至 1987 年已治

---

① 山西省史志研究院编：《山西通志》第 10 卷《水利志》，中华书局，1999 年，第 387 页。
② 陕西省地方志编纂委员会编：《陕西省志》第 13 卷《水利志》，陕西人民出版社，1999 年，第 331 页。
③ 同②。

理水土流失面积 3 974.5 平方公里。1992 年累计治理 5 424.02 平方公里,占总面积的 63.0%。1995 年累计治理面积达 8 337.96 平方公里。

皇甫川流域总面积 3 264 平方公里,其中陕西境内 473 平方公里。列入第一期国家重点区的小流域共计 8 个,面积 173 平方公里,涉及府谷县的 3 个公社、22 个村、69 个组、1 984 户、8 312 人。8 个流域中面积最大的 38 平方公里,20~38 平方公里的 4 个,10~16 平方公里的 3 个。至 1987 年,5 年治理水土流失面积 67.1 平方公里,1992 年累计治理面积 209.13 平方公里,占陕境水土流失总面积的 44.2%。

1983 年,陕西省省列重点流域南移,重点小流域发展到 88 个,其中,陕南三地区增加到 27 个,为上年的两倍。1985 年,省列重点流域达到 110 个。从 1986 年开始省列重点流域治理投资逐年下降,至 1990 年,全省重点治理小流域已降至 75 个,治理面积仅为 2 231.27 平方公里。1982 年 5 月 10 日,陕西省水土保持局制定的《陕西省水土保持小流域治理暂行条例(试行)》规定,重点小流域面积以 30 平方公里为宜,一般不超过 50 平方公里,3~5 年达到综合治理。1986 年,《陕西省水土保持小流域综合治理标准》提出治理面积以 20 平方公里为宜,一般不超过 30 平方公里。1986 年 4 月 21 日,陕西省标准局发布《小流域水土保持综合治理标准(试行)》又详细规定治理标准。1988 年春,陕西省水保局规定:"今后新上流域以 3~5 年治理水土流失面积 70% 以上为准,流域内的水土流失面积不宜过大,一般 15 平方公里左右,最少不小于 5 平方公里。"1990 年陕西省水保局对小流域治理的标准又一次进行完善,要求完成规划指标及治理任务、治理措施配制合理、治理程度达到 70% 以上;水、土、植物等资源得到合理开发、利用和保护,林草保存面积达到宜林宜草面积的 80% 以上,基本农田人均 2.5~3 亩,人均生产粮食 400 公斤以上,经济收入比治理前提高 80% 以上;减沙效益达 70% 以上,生态环境有明显好转。①

1988 年 5 月,第 25 届罗马会议正式批准将延安地区杏子河流域综合治理列入世界粮食计划署援助项目(项目代号 WFP3225),共 45 个重点小流域,面积为 268.5 平方公里,援助小麦 58 025 吨,折价 9 923 052 美元(折合人民币 3 641.76 万元),治理期限 5 年。1989 年 1 月 1 日正式开工。以

---

① 陕西省地方志编纂委员会编:《陕西省志》第 13 卷《水利志》,陕西人民出版社,1999 年,第 332 页。

就地拦蓄、防治水土流失为中心,以土地合理利用为前提,建设基本农田,恢复植被,发展经济林、养殖业,建立水土保持型农业体系,实现农林牧综合协调发展和生态经济良性循环。经过4年努力,提前一年到1992年底完成了原计划任务。共兴修水平梯田4 201.4公顷,新增坝地100.1公顷,造林21 475公顷(其中经济林3 492.4公顷),种草4 179.5公顷,退耕11 843公顷,农林牧用地的比例已调整到2.9∶2.8∶4.3,渐趋合理。治理速度、模式、标准及效益,均受到世界粮食计划署官员的高度评价。①

1989年1月28日,水利部将嘉陵江流域的陕西镇巴、宁强、略阳列为第一批重点防治区,并增补陕西为长江上游水土保持委员会成员单位。宁强、镇巴、略阳三县共列7个小流域,总面积1 870.7平方公里,占三县嘉陵江流域面积的30.6%,其中水土流失面积1 005.4平方公里,占流域面积的53.75%。共涉及9区、31乡、189村和农业人口124 596人。流域面积最大的略阳县八渡河流域为433.833 2平方公里;其次是镇巴县伊家河流域,为424.62平方公里;最小的宁强县木槽沟流域,面积为56.57平方公里。1990年,长江水土保持局在甘肃武都召开第二次长江上游重点防治区工作会议,决定进一步扩大防治区投资和范围。二期增加宝鸡市的凤县为重点防治区。4县共列小流域39个,涉及二地(市)、4县的21乡(其中与第一期重复的5乡)、116村、16 761户和农业人口76 393人,流域面积1 272.92平方公里,占4县嘉陵江流域总面积的14.7%,其中水土流失面积740.3平方公里。②

1993年11月,延河、佳芦河流域水土保持世行贷款项目通过正式评估,贷款额为3 700万美元,实施期8年,涉及延安、榆林2地区的5个县(市)、45个乡(镇)。至1995年底,完成治理面积488平方公里,占计划的107%,其中兴修水平梯田10.78万亩,造林36.89万亩,建果园7.8万亩,种草16.98万亩。世行行长沃尔芬森称赞该项目为世行援助的最优秀项目之一。③

1983年,安徽省水土保持办公室拟定了《关于小流域水土保持规划提纲》,省水土保持委员会发出《关于做好水土流失严重地区水土保持规划

---

① 陕西省地方志编纂委员会编:《陕西省志》第13卷《水利志》,陕西人民出版社,1999年,第333页。

② 同①,第332－333页。

③ 同①。

的通知》,并决定在六安地区大别山五大水库上游、安庆地区大沙河上游、歙县南乡新安江水库上游等三大水土流失重点片内,各选定1~2个小流域,按规划提纲要求编制小流域综合治理规划进行治理试点。另外,对长江流域(安徽部分)和淮河流域(安徽部分)先后完成了小流域综合治理规划。全省需要综合治理的小流域有400余个。金寨县梅山水库上游黄榜小流域是安徽省水土保持小流域综合治理的第一个试点。1983年春,由淮河水利委员会确定黄榜小流域为水土保持试点,至1986年完成,并提交验收。三年时间完成了各项治理措施,达到水土流失面积减少42%,泥沙流失量减少34%,取得了明显水土保持效果,通过了淮委组织的河南、山东、江苏、安徽4省专家验收。随之,安庆地区大沙河上游的黄柏河、巍岭,徽州地区新安江流域伏岭、华源河等一批小流域开展综合治理。完成一批,再上一批,至1998年累计开展治理的小流域已达170多个。小流域综合治理已成为全省水土流失治理的主要形式。①

20世纪80年代以后,在重点流失区开展以小流域为单元的综合治理,坚持"预防为主,全面规划,综合治理,因地制宜,加强管理,注重效益"的防治方针,以改革为动力,紧紧围绕增加农业后劲、保护水土资源和可持续发展、改善生态环境、促进脱贫致富这个总目标,展开了大规模综合防治水土流失和预防监督的水土保持工作,取得了生态效益、经济效益、社会效益,其主要成就表现为:(1)水土流失得到有效控制,改善了生态环境,增强了抗御自然灾害能力;(2)调整产业结构,促进各业协调发展山丘区土地资源利用,扭转了长期存在的不合理现象;(3)开发治理,推动了区域经济的发展。②

从20世纪80年代初开始,江苏省山区水土保持进入以小流域为单元治理的新阶段,实行山、水、田、林、路全面规划,洪、涝、旱、渍、水土流失综合治理,建设工程、生产、经营、防护和服务5个体系(以水资源开发利用的工程体系,以坡改梯、旱改水为主的高标准农业生产体系,以经济林为主深度开发的多种经营体系,以乔、灌、草相结合的生态防护体系,以水保试验、预防监督为主的服务体系),治理与开发相结合,为山丘区脱贫致富创造条件。1984年,江苏省水土保持办公室选择铜山县汉王乡二十五里沟,东海

---

① 安徽省水利厅编:《安徽水利50年》,中国水利电力出版社,1999年,第167-168页。
② 同①,第169-170页。

县温泉乡朱沟、李埝乡高山河以及赣榆县金山乡怀仁山4个小流域进行综合治理试点,当时共有水土流失面积47.7平方公里,占总面积的89%。经过三年集中、连续治理,至1986年,共修建梯田18 630亩,修扩建小水库、塘坝81座,营造水保林和用材林6 675亩、经济林4 705亩,疏林补密9 265亩,种草541亩,封山育林1 700亩,共治理水土流失面积35.6平方公里,占原有水土流失面积的75%。1986年与1983年相比,植被率由19%增加到34%;粮食总产由939.5万公斤增加到1 341万公斤,增长43%;人均收入增加290~404元,增长40%~195%。其中,东海县李埝乡高山河小流域治理试点,也是淮委的试点项目,原有19.5平方公里的水土流失面积,已治理16.6平方公里,占85%,人均收入增长114%。1987年3月,江苏省水土保持办公室组织有关市县对这4个小流域综合治理试点进行检查验收,认为4个试点基本完成了规划任务,效果较好,治理成功,并为今后小流域综合治理提供了经验。[①]

江西省以小流域为单元进行水土保持综合治理,始于赣州地区。1978年初,赣州地区确定以兴国县龙口公社(今龙口乡)塘背河小流域为综合治理的试点。兴国是全国有名的水土流失严重县,也是省内水土保持工作开展最早的地区。1951年,江西省水利局选定兴国渣江河小流域为实验区,开始水土保持工作,并一直连续不断治理,取得了较好成绩。1980年,水利部将塘背河小流域列为部管综合治理试验区,区内流域面积为16.38平方公里,水土流失总面积为11.53平方公里,占山地总面积的99.9%。其中水土流失程度:剧烈7.7平方公里,强度1.8平方公里,中度0.83平方公里,轻度1.2平方公里。流域内大部分表土已流失,生态环境恶化,1979年人均口粮386斤,人均纯收入41元。1980年由长江流域规划办公室牵头,省、地、县合作共同治理,经过8年连续综合治理,建山塘4座,开隧洞3处,挖渠道1 500米,建水陂7座,造林8.3平方公里,共治理水土流失面积8.7平方公里,并修筑公路、适当调整作物布局等,取得了明显的生态效益、社会效益和经济效益。全流域植被覆盖率由10%提高到53.5%。活立木蓄积量由原来的2 000立方米增加到8 422.5立方米。全流域修建了208个沼气池,555户改建成省柴灶,烧柴问题基本解决,土壤肥力提高,河道水库淤沙减少,过去干涸的山泉复活。粮食总产量比治理前增长52%,

---

① 江苏省地方志编纂委员会编:《江苏省志·水利志》,江苏古籍出版社,2001年,第376页。

人均口粮增加到 548.6 斤,人均纯收入增加到 320.88 元。1989 年,在中国水土保持学会的科学讨论会上,塘背河小流域综合治理被称为南方小流域规划、治理的模式。

兴国县推广塘背河小流域综合治理经验,在芦溪、龙口、永丰等 24 个小流域进行综合治理,以点带面,推动全县的水土保持工作。这 24 个小流域都是水土流失严重区,涉及 16 个乡、115 个村,人口 14.99 万,总面积 1 072 平方公里,水土流失面积 613.5 平方公里,占山地面积 79.9%,占全县水土流失总面积 1 899 平方公里的 32.3%。1983 年,兴国县被列为全国八大片水土保持重点治理区(南方仅两片),国家连续 10 年每年投资 120 万元用于兴国的水土保持。兴国县根据全面预防、重点治理的原则,采取一系列工程措施、林草措施和防护措施,以工程促生物,以生物保工程。秋冬在坡面上修水平沟、梯田,在崩岗和侵蚀沟筑拦沙坝、谷坊,春季植树造林种草,力求当年治理当年见效。在防护方面,制订了《暂行规定》《实施细则》等水土保持法规和乡规民约,全面建立封禁管护体系和县乡两级监督组织,加强防护工作,制止破坏森林植被。同时,广泛宣传贯彻水土保持有关法规及其重要意义,先后举办水保政策法规和技术讲座 540 期,建立宣传栏 31 个,出专刊 395 期,放映影像 804 场,印发法规手册 4 000 本,张贴布告 7 170 张,封禁管护公约 30 多万份等,受教育的干部群众达 95% 以上。从 1983 年至 1990 年,全县共治理水土流失面积 900 平方公里,占 1982 年全县实有水土流失总面积的 56.5%,全县平均年径流系数由 1982 年的 0.626 下降至 0.429,泥沙流失率减少 57.7%,土壤肥力流失减少 49.9%。山地植被覆盖率由治理前 28.75% 上升到 58%,活立木蓄积量由 53 万立方米增加到 200 万立方米,年平均为每个农民提供薪柴 1 200 斤以上,基本解决了烧柴问题。工农业生产获得发展,群众生活得到改善和提高。①

1985 年 8 月,长江流域规划办公室、南京土壤研究所、北京林学院和川、黔、陕、甘、豫、鄂、湘、闽、赣的专家、学者来江西省考察兴国县塘背河小流域水土保持综合治理,给予了高度评价。该流域到 1985 年完成工程防治 1.3 万亩,造林 1.5 万亩,植被覆盖率由不足 10% 增加到 25%,1990 年上升到 55.3%,生态环境明显改善。1990 年长江水利委员会等单位专家

---

① 江西省水利厅编:《江西省水利志》,江西科学技术出版社,1995 年,第 402 页。

又进一步考察,认为该流域各项指标均达到或超过部颁标准,达到国内先进水平。[①]

水利部在山西省吉县召开了"十三省(区)水土保持小流域座谈会"之后,河北省召开了全省农田基本建设会议和林业会议,要求在全省范围内推广以小流域为单元的综合治理工作,自此,水土保持进入了以小流域为单元进行综合治理的新阶段——将水土流失区划分为若干个小流域,然后对小流域全面规划,将生物措施、工程措施、农业耕作措施结合起来综合治理,并取得了明显的效益。仅1981年、1982年两年,河北省就从地方财政中拿出406万元用于小流域治理。为摸索小流域治理的最佳模式,水利电力部海河水利委员会在河北省建立了5个水土保持小流域综合治理试点,分别是邢台县的折户沟、灵寿县北庄以上小流域、武安县常社川、行唐县的庙岭沟、曲阳县的北台沟。从1981年到1985年,中央拨给河北省水土保持资金共计1 678.5万元,支持河北省的水土保持工作。

随着小流域综合治理工作的开展,以单户或联户承包治理小流域的形式越来越多,到1985年底,河北全省承包治理小流域的单户已有14万户,联户3 422组(29 903户),共承包面积3 200平方公里,折480多万亩,约占1983年以前总治理面积的60%。小流域治理的经济效益显著,全省已建成一批万元以上的经济沟,同时出现了一批先进典型,邢台县胡家楼大队寺沟是其中之一。寺沟沟长3.5里,流域面积1 470亩,治理前是一条穷沟。1955年冬,胡家楼公社为了改变贫穷面貌,在县水利技术人员的指导下,按照"全面规划、综合开发、集中治理"的水土保持工作方针,进行连续治理,在坡面上刨鱼鳞坑16.4万个,挖水平沟719条,修梯田埂648条、谷坊601道、小塘坝7座。在坡面上种刺槐、橡树40万棵,果树1.8万棵,基本控制了水土流失,1958年以后,由12人组成的专业队长期负责封山、看护、抚育、随时补植树木,修理工程。经过治理后,水保措施发挥了明显的防洪缓沙作用,并产生了明显的经济效益。1982年,寺沟的粮食亩产由20世纪50年代的50多公斤,增加到700多公斤,加上油料、果晶、蜂蜜、饲草等项收入,年收入达40 000多元,而治理寺沟投入的资金只有2 400元,效益比为16.6,从此"穷寺沟"改叫"经济沟"。[②]

---

① 江西省水利厅编:《江西省水利志》,江西科学技术出版社,1995年,第117页。
② 河北省地方志编纂委员会编:《河北省志》第20卷《水利志》,河北人民出版社,1995年版,第292页。

地处燕山南部的河北省昌黎县两山乡正明山村,也是一个综合治理小流域的典型。正明山村地处昌黎城北碣石山东麓,属花岗岩山区,海拔高程 50~100 米,总面积 3.21 平方公里,耕地 1 800 亩。境内有 12 条沟,分东、西两个自然村,366 户、1 452 人、600 名劳力。过去由于受"左"的思想影响,乱砍滥伐,加上松毛虫危害,全部松林被毁,覆被率仅 10% 左右,生态失去平衡,水土流失严重,耕地肥力下降,亩产仅 100 公斤,全村每年吃国家返销粮 10 万公斤,人畜饮水也很困难,这些都直接影响着群众的生产生活。为改变全村贫困面貌,使群众走上富裕道路,村党支部认真分析了造成贫困的原因,总结了经验教训,认准脱贫致富的途径是坚持以科学的方法治山治水,搞好水土保持。从 1983 年起,他们开始了以水土保持为中心的山村建设。首先,村党支部在县水利局水保技术人员的指导下,做好治理规划,每年治理两条沟。在治理过程中,以治山、治水为中心,山、水、林、田、路综合治理。海拔 100 米以上的荒山地带,封山育林育草,增加坡面植被。在绿化荒山工作中,村党支部建立了承包责任制,将任务承包到户,承包治理 30 年不变,群众自己栽种自己管理,村设两名护林员,统一看护,并订立了护林公约,建立了奖惩制度,规定任何人不得以任何理由上山砍伐林木和放牧。他们在小流域治理过程中,把治理措施和注重发挥近期效益结合起来,在抓好栽植水保林、封山育林育草的同时,将 25 度以上的坡耕地退耕还林,部分土地平整后栽种果树,建成收益较快的经济林。同时,在沟底打坝,拦洪蓄水,截潜流,修建蓄水工程。1983 年当年就修成了人们盼望多年的人畜饮水工程,并派两名电工管理,定时供水,定期维修。多年的人畜饮水问题解决了,群众得了实惠,尝到了甜头,积极筹资投劳,仅 1983 年、1984 年两年,村集体就筹资 3 万元,群众个人自筹 2.5 万元,用于水利水保工程,加快了退耕还林和水保工程建设速度。经过 4 年的努力,到 1986 年底,全村封山育林 1 895 亩,油松造林 600 亩,种松子 4 800 斤;坡地退耕还林栽植杏树 8 000 株、苹果树 10 800 株,补植蜜梨 5 000 棵,沟旁栽栗树 5 000 棵、山楂树 7 000 棵,宅前院后栽桃树 16 000 棵,结合植树挖鱼鳞坑 86 000 个、果树坪 12 000 个;修建梯田 540 亩,打谷坊坝 60 道,建塘坝 2 座,小型水库 2 座,截潜流 1 座,建蓄水池 2 个,水塔 2 座,铺设引水管道 5 000 米,总计可蓄水 122 万立方米;新修 2 条山间小路,建小桥 2 座,整修了 1 条 2.5 公里长的大路。这些措施在治理的小流域内形成了一个完整的水土保持工程体系,起到了拦沙、缓洪、涵养水源的综合作用。使山区有限的水源得到充分利用,建成的截流坝和水池工程,除解决了全村人畜饮水问题外,还增加了果树灌溉面积180亩。水果产量由1980年的20万公斤增加到1986年的165万公斤,增长135%;总收入由1980年的54万元增加到1988年的120万元,增长122%;年人均收入由1980年的385元,增加到826元。全村单位面积经济效益达37.4万元每平方公里。①

全国第四次水土保持会议以后,水土保持工作中以户或联户承包治理小流域迅速发展。1984年、1985两年,河北全省共下放"自留山"、"责任山"3 295万亩,占宜林荒山的80%左右。随着荒山荒坡下放和户包小流域治理的发展,集体林地承包给户或联户的2 063万亩。为了给承包者更大的经营自主权,各地狠抓了责任制的落实。在政策上明确谁承包,准治理,谁管护,谁受益,允许继承和转让。多数农户在订立合同的基础上,还做了公证。有的县政府发给了使用证,有效地解决了群众怕变的思想。户包治理责任制的形式,把水土保持和生态效益与承包户的经济利益结合起来,较好地解决了承包者责、权、利之间的关系,使社会效益、生态效益与承包户的经济利益相结合,大大激发了千家万户承包治理小流域和发展山区生产的积极性,很多承包户舍得在承包的小流域内投劳投资,有的还贷(借)款进行治理。1985年开始对户包治理进行了巩固、调整、提高。对分而未治的荒山,有的地区进行了"三统"、"三分"。即统一规划、统一组织、统一服务,分层投资,分户管理,收益分成,加快了治理进度。对大片的荒山、荒坡在分户治理有困难的地方,组织专业队或集体进行治理,治理后分户管护,有的由专人管护,效果也很好。②

河北省水土保持责任制的形式主要有:专业队承包,受益分成;集体治理,专人管护,集体受益;集体治理,分户管护,分户受益或效益分成;统一规划,分户治理管护,收益归户;单户或联户承包,单户受益,联户分成。各种形式的责任制,使责、权、利明确,有效地促进了水土保持工作的进展。

1984年,河北省水利厅制定了《河北省〈水土保持工作条例〉实施细则》,并翻印小册子2.5万份,张贴布告12万份。各地根据不同情况采取广播、电视、印发宣传材料及宣传画等多种形式宣传了水土保持工作,提高

---

① 河北省地方志编纂委员会编:《河北省志》第20卷《水利志》,河北人民出版社,1995年,第293页。

② 同①。

了人们对水土保持工作的认识,加强了水土保持方面的法制观念,在一定程度上限制了陡坡开荒、乱砍滥伐等不良现象的发生。从总体来看,河北全省山区水土保持经济效益是明显的。从 1951 年始,截止到 1985 年底,全省用于山区水土保持的资金为 44 800 万元,投工折款 118 617.2 万元,产生的经济效益为 533 992.7 万元。同时,山区水土流失治理后,解决了群众烧柴难的问题,也解决了部分村庄的人畜饮水问题,促进了山区经济发展,加快了脱贫步伐。经过治理的地方粮食单产都提高了两成以上,林果收入成倍增长,牧业、副业及其他生产收入也明显提高。地处燕山深处长城脚下的宽城县尖宝山大队,是一个九山半水半分田的穷山村,从 1967 年开始,对山、水、林、田、路进行综合治理,1979 年林地面积已达 8 834 亩,森林覆盖率为 90% 以上,用材林蓄积量达 3 500 多立方米,每人拥有 5 立方米;350 亩坡耕地也成了高标准梯田,栗树、苹果、核桃、红果等果品收入,蚕桑收入、畜牧收入等一年共计 17 万 ~ 18 万元,粮食亩产也超过了 500 公斤。

水土保持使山区植被率普遍增加,生态环境日益改善。据典型调查,林草覆盖率比治理前提高 20% 以上,缓洪拦沙效益达 50% 以上。邢台县的折户、灵寿县的北庄等地小流域,林草覆盖率平均上升到 79%,基本形成了"山顶防护林草戴帽,山坡果树缠腰,沟道水利水保工程护脚"的综合防护体系。一些多年不见的鸟兽在一些治理较好的地方重新繁殖。同时,河流泥沙减少,水库寿命延长。官厅水库是 1953 年在永定河上修建的第一座大型水库,据 1950 年至 1959 年官厅站资料分析,其最大输沙量为 1.2 亿吨,10 年平均年入库泥沙 8 276 万吨,到 1959 年,运行 7 年就淤积 3.43 亿立方米。若照此速度推算,30 年官厅水库应淤积 15 亿立方米,但实际淤积量只有 6 亿立方米。分析其原因,除雨量偏枯外,主要是上游水利和水土保持工程发挥了较显著的拦截泥沙的作用,据分析,各支流水库拦截入库泥沙 2.3 亿立方米,引洪淤灌拦沙 3.5 亿立方米,水土保持工程减少入库泥沙 6 000 万立方米,总计为官厅减少淤积 6 亿立方米以上,大大延长了官厅水库的使用寿命。同时,水土的保持也减少了洪涝灾害及风沙危害。河北省山区水土保持治理任务很重,人为破坏水土保持设施的现象仍然存在,部分地区的水土流失有加重的趋势。从面积上看,全省尚有近半数应治未治的水土流失面积,其中大部分是立地条件差、植被稀疏、水土流失严重的地方。在已治理的面积中,有 1/3 以上的地方标准很低,需要补治。其次,由于管理不善,有些地方不顾山林破坏,陡坡开荒,过度放牧和乱砍滥伐现象仍然存在;在山区采矿、开石、修路等建设中,造成新的水土流失问题十分严重。1984 年全省年报统计,当年新增水土保持面积为1 763平方公里,但当年减少的治理面积达 1 219 平方公里,占治理面积的69%。[1] 到 1988 年底,河北省累计治理 3.8 万平方公里,占原有水土流失面积的 60%;累计修建水平梯田和沟坝地 495 万亩,营造水土保持林 3 211万亩,还修建了大量塘坝、水池、水窖等蓄水工程,为加速山区开发治理打下了坚实基础。[2]

---

[1]　河北省地方志编纂委员会编:《河北省志》第 20 卷《水利志》,河北人民出版社,1995 年,第 295 页。

[2]　同[1],第 286 页。

第六章

市场经济条件下的水利事业

第一节 水利事业面临的新问题
及取得的新成就

1991 年春,根据"水利是国民经济基础产业"的指导方针,水利部修订了 10 年水利发展目标:一是有计划建设一批大型水利工程,将兴建黄河小浪底、万家寨、大柳树等水利枢纽工程,开始建设岷江紫坪铺、澧水江垭等综合利用水利枢纽,还有珠江飞来峡、大藤峡、百色、韩江永定、滦河桃林口、嫩江尼尔基、海南大广坝等一批骨干水利枢纽工程。二是继续加强大江大河治理,重点放在长江、黄河等流域的治理开发,兴建引黄入淀、引黄入晋等一批跨流域引水工程,解决重点缺水城市、工矿区缺水问题和农村饮水困难。三是加强三江平原、松嫩平原、豫皖平原、四川盆地、长江中下游平原粮棉基地水利建设,加强新疆、内蒙古、宁夏、青海的灌区建设,加强牧区水利建设;抓紧水库库区经济开发,帮助水库移民脱贫;加强贫困地区水利、水电、水土保持等基础设施建设。①

1991 年夏季的严重水灾,唤起了各地的水患意识和抗灾意识。人们认识到:水利不仅是农业的命脉,而且也是国民经济的命脉,只有平时多投入,汛时才能少损失。因此,国家统一安排了淮河和太湖流域整治工程。各省区根据本地实际确定了一批重点工程。江苏省提出:下决心过几年紧日子,省出钱来搞水利。安徽省动员 1 000 万劳动力进行水利建设,安排的治淮工程投资额、骨干项目数量和工程规模都是近年来最大的。浙江省杭嘉湖水利建设 1991 年冬的总投资达一亿多元。湖北省决定,要像抓防汛抗灾那样抓水利建设,形成冬春修、夏秋防、常年管的一条龙局面。北京市以开挖凉水河带动 10 条河的治理;天津市确定治理涉及全市安全的永定新河、海河干流等主要河道及滞洪区;山东省动员 1 200 万劳动力,大力整治盐碱地,改造低中产田;贵州省建设灌溉 10.5 万亩的天柱鱼塘水库;云南省要把 2 300 多公里的主要土渠改造成"三面光"的防渗护砌渠道;内

---

① 赵鹏、高保生:《我国将建一批大型水利工程,增加农田灌溉面积一亿亩》,《人民日报》,1991 年 4 月 25 日。

蒙古自治区河套水利枢纽工程进入施工高峰;西藏自治区的水利建设集中在拉萨河及年楚河流域。①

为了利用冬春有利时机掀起扎扎实实的水利建设高潮,1991 年 9 月,国务院专门召开电话会议进行部署。会后,很多省区召开水利工作会议,进行了动员部署。黑龙江省像抓抗洪抢险那样实行首长负责制,分工包片、包战区、包重点工程。陕西省确定从秋收基本结束到第二年元月中旬,大干百天,干出实效。各省区市冬春水利建设也把本地区的江河湖泊的治理作为重点,特别把修复水毁工程、加固病险水库、河道清障、加高加固河海堤防和疏浚河道等放在首要位置。②

1992 年中共十四大报告提出水利与农业、能源、交通、原材料并列成为基础产业,强调要重视农田水利建设和大江大河治理,要加快三峡工程和南水北调工程建设。水利既然是产业,就要经济核算。对于兴利水利事业,必须在财务上有利,也就是水费、电费、航运费和其他服务费的收入,能够偿还投资本息,支付维修养护费、大修费、管理费、税利费等。用于农田水利建设的国家财政补贴应该是公开的,而且逐步减少。用于防洪等水利除害事业的费用,一般由国家和地方政府负担,但也要经济合理,尽可能收些费用,以减少国家和地方的负担。

党和国家高度重视新时期水利的地位和作用,高度重视农田水利基本建设,以每年冬春修为标志的农田水利基本建设产生了巨大的社会、经济效益。由于领导重视、投入增加和政策对头,20 世纪 90 年代我国农田水利建设成绩显著。全国灌溉面积结束了 10 年徘徊的局面,城乡供水和节水灌溉更有长足发展,治理水土流失速度加快,灌区工程续建配套、技术改造,机电井和机电排灌也有了较大进展,建成或基本建成了引黄入卫、引大入秦、引碧入连、四川武都引水、陕甘宁盐环定扬程以及洞庭湖整治等一大批骨干供水排水工程。各地采取多元化、多渠道、多层次的办法,增加农田水利建设投入。在投资总额中群众自筹和社会集资的比重逐年提高,并将市场机制引入农田水利基本建设,为在市场经济条件下开展卓有成效的农田水利基本建设进行了有益探索。

20 世纪 90 年代以后,中国治水的难度越来越大。由于长期以来不重

---

① 《统筹安排,重点突出,因地制宜,讲求实效,全国冬修水利建设拉开序幕》,《人民日报》,1991 年 10 月 23 日。

② 同①。

视人与环境的和睦相处,人与水争地的问题日益突出。全国被开垦的湖泊至少有 2 000 多万亩,减少蓄洪容量 350 多亿立方米。仅以洞庭湖为例,其大小号称 8 百里,是长江洪水的重要调蓄地,但围垦使之面积缩小了 1/3,严重影响了调蓄长江洪水的能力。山区过度开垦造成水土流失,大量泥沙进入河道湖泊,使河床抬高湖泊变浅,更加重了治水难度。仅黄河每年就有 4 亿吨泥沙淤积在河道内,而长江的泥沙含量也在增加。①

从总体上看,20 世纪 90 年代水利建设与利用中存在的主要问题表现为:(1)防洪标准低,洪涝灾害频繁,对经济发展和社会稳定的威胁大。90 年代初以来,我国几大江河发生了 5 次比较大的洪水,损失近 9 000 亿元。特别是 1998 年发生的长江、嫩江和松花江流域的特大洪水,暴露了我国江河堤防薄弱、湖泊调蓄能力降低等问题。(2)干旱缺水日趋严重。农业、工业以及城市都普遍存在缺水问题。70 年代全国农田年均受旱面积 1.7 亿亩,到 90 年代增加到 4 亿亩,农村有 3 000 多万人和数千万头牲畜长年饮水困难。全国 600 多个城市中,有 400 多个供水不足。(3)水生态环境恶化。在全国水资源质量评价约 10 万公里的河长中,受污染的河长占 46.5%。全国 90% 以上的城市水域受到不同程度的污染。目前,全国水土流失面积 367 万平方公里,占国土面积的 38%。北方河流干枯断流情况愈来愈严重,黄河进入 90 年代后年年断流,平均达 107 天。此外,河湖萎缩,森林、草原退化,土地沙化,部分地区地下水超量开采等问题,严重影响了水环境。因此,水利建设的重点是搞好以主要江河堤防为主的防洪建设,把中央提出的灾后重建、整治江湖、兴修水利的任务落实好,特别要抓好工程质量,逐步建成以堤防为基础,干支流水库、蓄滞洪区、河道整治、水土保持、植树造林及非工程措施相结合的综合防洪体系。②

1993 年 5 月,水利部召开专题办公会议,确定了水利部 14 项重点工程项目。它们是:小浪底水利枢纽工程,前期准备工程已全面展开;治理淮河骨干工程;治理太湖骨干工程,该工程利用世行贷款两亿美元,是水利部直属的第一个利用世行贷款的大型工程;万家寨水利枢纽工程,静态总投资 21.1 亿元;观音阁水库工程;引大入秦工程,利用世行贷款 1.32 亿美元;故县水库工程,工程建设进入尾工阶段;克孜尔水库工程;黄河下游治理工

---

① 李尚志,等:《灾后反思话水利》,《人民日报》,1996 年 10 月 9 日。
② 汪恕诚:《节约和保护水资源是一项重大国策》,《人民日报》,1999 年 3 月 30 日。

程;荆江大堤工程;桃林口水库;引黄入卫工程;飞来峡水利枢纽工程;松滋江堤加高加固工程。①

1994 年 9 月的全国水利工作会议,是新中国成立以来首次以国务院名义召开的全国水利工作会议,当时在北京的国务院主要领导同志全部到会。这次会议成为我国水利建设步入崭新阶段的标志。会后,各省纷纷落实领导责任,落实资金投入。广东省当年就拿出 40 亿元投入水利。在1994 年冬的水利基本建设中投入劳动积累工 37.5 亿个,投入资金 100 亿元,都达到了历史最高水平。此后,国家对大江大河大湖的治理进度明显加快。长江三峡工程、黄河小浪底工程正式开工兴建,治淮、治太工程进入了攻坚阶段,万家寨、飞来峡、引大入秦、观音阁、引黄入卫等一大批重点工程取得了很大进展。1995 年以后,国家投入从财政、信贷几个渠道向农业倾斜,其中农业基建投资的大头是用在水利上的。在国家财政不宽裕的情况下,1995 年水利基本建设预算内投资仍比上年增加 30%。②

1995 年,我国再次遭受大水灾,党中央在讨论"九五"计划和 2010 年国民经济和社会发展远景目标规划时,吸取 1991 年、1994 年和 1995 年大水灾给中国带来的教训,决定进一步提高水利建设的地位,将水利置于国民经济基础设施建设的首要地位。水利部总结了水利工作的经验教训,采取了一系列措施:制订《九十年代中国水利改革与发展纲要》,规划出了一个时期水利的奋斗目标;提出了建立适应社会主义市场经济的水利新体制的改革目标和建立五大体系的改革措施;水利行业开始实施目标管理责任制,明确责任。这些措施有力地促进了水利事业的发展。"九五"期间,要抓好五项工程:一是加快大江大河大湖治理,提高防洪抗灾能力。二是大力发展供水和节水灌溉,新增供水能力 600 亿~800 亿立方米,新增有效灌溉面积 5 000 万亩。三是加强七大流域水土保持工程建设,改善水环境,完成治理水土流失面积 25 万平方公里,全面加强以流域为系统的水资源保护工作。四是积极发展水力发电。五是加强水利前期和基础工作,实施"科教兴水"战略。除害兴利是治水的双重任务。当代水之利,莫如利用水能发电和兴灌溉之利。我国农田水利建设规模之大、成效之高,在世界上是罕见的。到 1995 年,全国已建成各类大中小型水库 8 万多座,蓄水总

---

① 刘鲜日、李明生:《我国确定十四项水利治理重点工程》,《人民日报》,1993 年 5 月 9 日。

② 江夏:《水利,与我们息息相关——世界水日访水利部长钮茂生》,《人民日报》,1995 年3 月 23 日。

库容达到 4 750 亿立方米,农田灌溉面积发展到 7.5 亿亩,占我国耕地的一半左右。①

由于我国人均水资源占有量偏低,时空分布不均衡,加上粗放型经济增长方式和传统计划经济体制的影响,党的十四大以来 5 年的水利发展中还存在着一系列亟待解决的问题。突出的问题是:水利的战略地位还不够突出,其发展相对滞后于整个国民经济的发展要求;在水利产业发展上,中央与地方的分工仍不很清晰;水利产业化的进程比较慢,社会公益型和经济效益型建设项目的界限模糊;水价及水利管理体制仍没理顺;水资源保护和水污染治理严重滞后。这些问题,不仅制约着水利自身的发展,也严重制约着整个国民经济的发展。根据建立社会主义市场经济体制和加快水利产业发展的客观要求,国务院及时组织制定并颁布了水利产业政策。这项政策针对水利产业发展中的突出问题,进一步确立了水利作为国民经济基础设施和基础产业的重要地位,明确了水利建设的方针、重点和优先发展水利产业的政策,合理划分水利建设项目的类型以及中央与地方的分工,规范了各类项目的资金来源、管理模式,提出了多渠道扩大资金来源的措施;并从水利的生态、社会、经济、环境目标有机结合的原则出发,对水资源保护、水土保持、水污染防治、节约用水等方面作出了政策规定,从而为使水利产业走上良性循环和可持续发展提供了有力的保障。②

各地对于小型农田水利工程根据"谁建、谁管、谁有"的原则,采取股份合作、拍卖、承包以及建立水利建设基金等多种形式,广泛吸收民间资金投入农田水利建设。一些大型灌区落实和扩大民主管理体制,成立用水户协会,把斗渠以下工程承包给用水户,吸引群众参加灌区建设和管理。在一些地方还出现了民办水利的热潮。以乡镇水利站为主的服务体系建设取得显著成绩,全国 90% 的乡镇都建立了水利水保站,乡镇供水建设有了长足的进展。以建设高标准的节水增产重点县和示范区为标志,农业节水灌溉取得了重要进展和突破。一些新技术、新工艺、新材料广泛地用于农业节水灌溉和农田水利基本建设。农村水利科技的推广,农村水利人员的培训,农田水利的国际交流与合作也得到了进一步加强。农田水利工程的数量、效益面积和抗御水旱灾害的能力都有很大提高。截至 1998 年底,全

---

① 钮茂生:《中国的水》,《人民日报》,1996 年 3 月 22 日。

② 本报评论员:《面向二十一世纪水利发展的重大政策》,《人民日报》,1997 年 12 月 4 日。

国共建成水库 8.48 万座,总库容 4 583 亿立方米;万亩以上灌区 5 579 处,有效灌溉面积 3.37 亿亩;全国农业年供水量由 1 000 亿立方米增加到 3 920亿立方米;有效灌溉面积达到 7.84 亿亩,占耕地面积的 55%,灌溉保证率也有了明显提高。节水灌溉面积达到 2.28 亿亩。① "九五"期间是新中国成立以来水利投资规模最大时期,全国共完成水利基建投资 2 716 亿元,是"八五"期间的 4 倍。②

第二节　新世纪的水利建设

　　1998 年长江发生了 1954 年以来全流域的大洪水,松花江、嫩江发生了超历史纪录的特大洪水。这次洪水中暴露出来的问题,说明了用系统工程整治江河的重要性。长江发生全流域大洪水的主要原因是大气环流异常,暴雨强度大、历时长、雨区分布范围广,造成洪水量级大、来势猛,上游干流洪水和中游洞庭湖、鄱阳湖水系洪水相遇叠加形成大洪水。同时,也暴露出很多问题:上游生态破坏严重,森林过量采伐,植被破坏,水土流失加剧;中下游河道人为设障,泄洪能力减弱;中下游湖泊由于泥沙淤积和围垦,面积缩小,调蓄洪水的能力降低;沿江不少江段堤防标准偏低,质量较差等。这些问题说明我国整治江河的系统工程尚不完善,整治江河的任务还很繁重。③

　　进入新世纪后,2000 年 10 月 11 日,中共十五届五中全会通过《中共中央关于制定国民经济和社会发展第十个五年计划的建议》,其中第五条明确指出:"进一步加强水利、交通、能源等基础设施建设"。它规定:水利建设要全面规划,统筹兼顾,标本兼治,综合治理。坚持兴利除害结合,开源节流并重,防洪抗旱并举,下大力气解决洪涝灾害、水资源不足和水污染问题。科学制定并积极实施全国水利建设总体规划和各大江河流域规划。

---

　　① 鹿永建,等:《黄河四大水利枢纽建设进入关键时期,数万名中外建设者加紧施工》,《人民日报》,1999 年 2 月 22 日。
　　② 王慧敏、张毅:《全国水利规划计划工作会议提出水利发展要适应经济社会发展的需求》,《人民日报》,2001 年 2 月 22 日。
　　③ 郑守仁:《整治江河是系统工程》,《人民日报》,1998 年 10 月 19 日。

加快大江大河大湖治理,抓紧主要江河控制性工程建设和病险水库加固,提高防洪调蓄能力。搞好中小水利工程维护和建设。加强城市防洪工程建设。搞好水利设施配套建设和经营管理,加快现有灌区改造。水资源可持续利用是我国经济社会发展的战略问题,核心是提高用水效率,把节水放在突出位置。要加强水资源的规划与管理,搞好江河全流域水资源的合理配置,协调生活、生产和生态用水。城市建设和工农业生产布局要充分考虑水资源的承受能力。大力推行节约用水措施,发展节水型农业、工业和服务业,建立节水型社会。抓紧治理水污染源。改革水的管理体制,建立合理的水价形成机制,调动全社会节水和防治水污染的积极性。采取多种方式缓解地区缺水矛盾,加紧南水北调工程的前期工作,尽早开工建设。①

2001年2月,在昆明召开的全国水利规划计划工作会议上,水利部部长汪恕诚强调,今后水利规划的思路要作相应的调整,要根据经济社会发展对水利的需求确定水利发展的任务和重点,在注重水利自身发展的同时,更要重视水利和经济社会发展的紧密联系,做到水资源、环境和社会的协调发展;在注重工程项目建设的同时,更要加强管理等非工程措施的运用,达到统筹兼顾、标本兼治的目的;在注重水资源开发利用的同时,更要重视水资源的节约和保护,实现水资源的可持续利用;在注重工程技术、安全问题的同时,更要重视环境、经济、体制等问题,全面提高水利工程建设水平。这次会议确定的"十五"期间水利建设的主要目标和任务:一是加强以大江大河治理为重点的防洪工程建设;二是加快南水北调等水资源配置工程建设;三是加大农业节水、工业节水和城市节水力度;四是搞好水土保持与水资源的保护;五是加强农村水利建设,提高农业生产能力;六是大力发展中小水电,建设农村水电电气化县;七是实施西部大开发战略,加快西部水利建设。②

2001年3月初,朱镕基总理提交九届全国人大四次会议审议的《中华人民共和国国民经济和社会发展第十个五年计划纲要》(草案)提出,"十五"期间将兴建黄河沙坡头、嫩江尼尔基、淮河临淮岗、岷江紫坪铺、澧水皂

---

① 《中共中央关于制定国民经济和社会发展第十个五年计划的建议》,《人民日报》,2000年10月19日。

② 王慧敏、张毅:《全国水利规划计划工作会议提出,水利发展要适应经济社会发展的需求》,《人民日报》,2001年2月22日。

市、右江百色等一批水利工程。同时,加紧南水北调工程的前期工作,力争"十五"期间尽早开工建设。《纲要》(草案)强调,水利建设要全面规划,统筹兼顾,标本兼治,综合治理。要坚持兴利除害结合,防洪抗旱并举,在加强防洪减灾的同时,把解决水资源不足和水污染问题放到更突出的位置。要科学制定并积极实施全国水利建设总体规划和大江大河流域规划。《纲要》(草案)要求,"十五"期间要重点加强大江大河大湖防洪工程体系建设和综合治理,对淤积严重的河湖进行整治和疏浚。加强以长江、黄河为重点的堤防建设。继续建设长江三峡、黄河小浪底等水利枢纽。加强蓄滞洪区安全建设,强化城市防洪,抓紧病险水库的除险加固。搞好水利设施配套建设和经营管理。适时建设其他跨流域调水工程,采取多种方式缓解北方地区缺水矛盾。①

2001年3月15日,第九届全国人民代表大会第四次会议批准《中华人民共和国国民经济和社会发展第十个五年计划纲要》。该纲要明确指出,水利建设的重点是加强大江大河大湖防洪工程体系建设和综合治理,对淤积严重的河湖进行整治和疏浚;加强以长江、黄河为重点的堤防建设;继续建设长江三峡、黄河小浪底等水利枢纽,兴建黄河沙坡头、嫩江尼尔基、淮河临淮岗、岷江紫坪铺、澧水皂市、右江百色、塔里木河及黑河整治等水利工程;加强蓄滞洪区安全建设,强化城市防洪,抓紧病险水库的除险加固;搞好水利设施配套建设和经营管理。

2003年初,国家确立了到2010年水利发展的10个主要目标:一是全国大江大河干流堤防建设全面按规划达标,现有重点病险水库全部得到除险加固,基本建成大江大河防洪减灾体系,确保重点城市和重点地区的防洪安全。二是南水北调东线和中线的一期工程建成并发挥效益,基本缓解北京、天津等华北地区和胶东半岛城市缺水问题。三是解决全国农村饮水困难问题,村镇自来水普及率由目前的40%提高到60%。四是基本完成主要大型灌区的节水改造,灌溉水利用系数由2000年的0.43提高到0.5以上,基本实现全国灌溉用水总量零增长。五是发展灌溉草饲料基地1 600万亩,恢复天然草场7亿亩,为建设经济发展、牧民富裕、生态良好的牧区小康社会提供水资源保障。六是治理水土流失面积50万平方公里,实施封育保护面积100万平方公里,在黄土高原建设淤地坝6万座,大部

---

① 《兴建一批水利工程》,《人民日报》,2001年3月6日。

分水土流失地区的生态明显好转。七是水资源质量状况基本满足水功能区的要求,生态脆弱河流、主要湿地和地下水超采区的生态状况得到改善。八是新增农村水电装机 2 000 万千瓦,建成 800 个农村电气化县,通过实施小水电代燃料生态保护工程,解决 3 700 万农村居民的生活燃料和农村能源。九是初步建立全国重要河流初始水权的分配机制,初步建立水资源的宏观控制和定额管理指标体系,基本形成合理的水价形成机制,节水防污型社会建设取得经验。十是水利系统电子政务建设全面加强,全面建成覆盖全国的水利信息网络和防汛抗旱、水资源管理、水土保持等重点应用系统。①

2003 年,全国落实中央水利投资超过 300 亿元,其中国债投资 238 亿元,投资规模与 2002 年基本持平。围绕投资规模结构调整,2003 年水利建设重点工程项目为:(1) 确保南水北调工程和其他水利“十五”重点控制性工程的顺利实施;(2) 加快治淮重点工程、黄河下游治理等大江大河堤防建设和病险水库除险加固的建设进度;(3) 进一步保障农村人畜饮水工程和灌区节水改造,积极推动牧区水利建设、淤地坝建设和小水电代燃料试点工程;(4) 加快塔里木河、黑河生态综合治理和首都水资源保护工程。②

1999 年到 2003 年 12 月的 5 年间,我国水利建设实现了大发展。5 年间仅中央水利基建投资总额达 1 786 亿元,是 1949 年至 1997 年水利基建投资的 2.36 倍。1998 年长江大水后,全国掀起了新一轮水利建设高潮。长江综合防洪体系建设全面加强,长江中下游 3 578 公里干流堤防基本达标。松花江、辽河、海河、淮河、珠江等各大江河的干流堤防建设明显加快。全国已有 236 座城市达到国家防洪标准。继黄河小浪底、万家寨、湖南江垭、广东飞来峡、新疆乌鲁瓦提、西藏满拉等重点水利枢纽工程投入运行以来,淮河临淮岗、嫩江尼尔基、广西百色、宁夏沙坡头、四川紫坪铺等“十五”标志性工程相继开工建设。治淮 19 项骨干工程中,已有入江水道、分淮入沂、洪泽湖大堤加固和包浍河初步治理等 4 项工程竣工验收,怀洪新河、入海水道、汾泉河初步治理以及沂沭泗河洪水东调南下一期工程已基本完成。治太骨干工程基本完成。大型灌区续建配套与节水改造、农村人畜饮水解困工程取得重大进展。举世瞩目的南水北调工程 2002 年正式开

---

① 朱隽:《我国确立水利发展十大目标》,《人民日报》,2003 年 1 月 6 日。

② 朱隽:《今年水利建设重点项目确定,四类基础性水利规划发展蓝图绘就》,《人民日报》,2003 年 2 月 26 日。

工建设,进入全面实施阶段。塔河、黑河治理和首都水资源保护等生态改善工程,取得了良好的效益。黄土高原淤地坝建设、小水电代燃料生态保护工程和牧区水利建设已启动实施。[①]

第三节　建立节水防污型社会

我国水资源严重短缺,但用水效率不高,节水潜力很大。节约用水不仅可以减轻供水压力,而且可以减少污水排放。因此,要在全国范围内强化节约用水,不论是水资源短缺的地区,还是相对丰富的地区,不论是枯水年,还是丰水年,不论是农业和农村,还是工业和城市,都要节约用水,提高用水效率。

早在1972年,周恩来总理就批准成立了官厅水库水污染治理办公室,成为中国水污染治理起步的标志。从那时起,尽管我国在水污染防治方面做了很多工作,但水污染的发展趋势仍未得到有效控制,许多江、河、湖泊、水库的水质仍在下降。水环境面临的严峻形势,引起了党中央、国务院的高度重视。1996年全国人大通过的《国民经济和社会发展"九五"计划和2010年远景目标纲要》中,将淮河、海河、辽河、太湖、巢湖、滇池(简称"三河三湖")的水污染防治列为"九五"期间我国环保工作的重点。随后,国务院颁布《关于环境保护若干问题的决定》,进一步对2000年以前我国的水污染防治工作提出了4项具体要求:全国所有工业污染源达标排放;非农业人口50万以上的城市建设污水处理设施;淮河、太湖实现水体变清,海河、辽河、滇池、巢湖的地面水水质应有明显改善;直辖市及省会城市、经济特区城市、沿海开放城市和重点旅游城市的地面水环境质量,要做到按功能分区分别达到国家规定的有关标准。[②]

进入新世纪,全球水资源面临资源短缺、污染严重和生态失衡的严峻挑战。随着工业化、城市化加快,水污染和水生态恶化日益严重,成为制约全球可持续发展的重要因素。我国是一个严重缺水的国家,水污染恶化更

---

①　江夏:《水利部负责人宣布中央水利基建五年投资逾一千七百亿元》,《人民日报》,2003年12月11日。

②　王竟文:《三十一年治水路,长途漫漫挽清流》,《人民日报》,2003年6月6日。

使水资源短缺雪上加霜。我国政府高度重视水环境保护,把水污染防治作为环保工作重点。特别是"九五"以来,结合经济结构调整,依法关闭、淘汰了一批技术落后、资源浪费、污染严重的小企业,积极推行清洁生产,加快城市污水处理厂建设;重点流域水污染防治取得了阶段性成果,淮河、太湖、巢湖水体中有机污染逐步降低。上海、杭州、宁波、成都等城市河段水质和景观有所改善。但我国水环境形势依然严峻,环境污染仍然严重,主要污染物排放量远远超过水环境容量。水环境污染和水生态失衡严重制约了经济社会的可持续发展,带来了严重的经济损失,危及人民群众饮用水安全。① "九五"期间,我国在农业用水不增加的情况下,发展灌溉面积6 400万亩,约相当于节水250亿立方米。②

　　一般认为,中国水利面临的问题是:水多、水少、水脏。但根据中国工程院2000年关于我国水资源问题的战略研究中发现,我国水利面临的主要问题不是水多或水少,而是由于水质污染和水资源过度开发造成的水环境退化的趋势。水多,指的是洪水问题。在历史上,洪水是中国的大患。但是在2000年中国工程院提出的中国水资源战略研究中指出,江河洪水是一种自然现象,而江河洪灾则是由于人类在开发江河冲积平原的过程中,进入洪泛的高风险区而产生的问题。因此,应当实行战略转变,从"以建设防洪工程体系为主"的战略,转到在防洪工程体系的基础上,建成全面的防洪减灾工作体系,在遭遇特大洪水时,有计划地开放蓄洪和行洪区,达到人与洪水协调共处。

　　2000年,中国工程院在关于我国水资源问题的战略研究中,提出了以需水管理为基础的水资源供需平衡战略。其要义是,对水资源的供需平衡,要从过去的"以需定供"转变为"在加强需水管理、提高用水效率的基础上,保证供水"。该报告明确指出,我国水利面临的真正危机是:由于水质污染和水资源过度开发造成的水环境退化。其主要表现为:不少地方水质恶化、地下水位下降、河湖干涸、湿地消失。如果不及时扭转,将威胁到我国水资源的可持续利用。为此,水利工作必须转变发展方式,从以开发水资源为重点转变为以管理水资源为重点,进入一个加强水资源管理、全面建设节水防污型社会的新时期。从传统的以供水管理为主转向以需水

---

① 解振华:《让人民喝上干净的水》,《人民日报》,2003年6月6日。
② 汪恕诚:《以水资源可持续利用保障经济社会的发展》,《人民日报》,2001年3月22日。

管理为基础,是水利工作中一个历史性的战略转变。①

　　根据当前的实际情况,中国工程院对新世纪的水利工作提出建议:各级、各地水利部门必须对以开发水资源为重点转到以管理水资源为重点的战略转变取得明确的共识。加强需水管理、提高用水效率和效益、保护和防治水环境退化,应作为考察水利部门工作成绩的重要内容。中国工程院还建议:(1)对水利系统的干部,要统筹规划,组织有关需水管理知识的学习和培训,大学和专科的教学也应充实相关内容。(2)为了实行水利发展方式的转变,必须以科研、规划为先导。(3)整个水利工作都应贯彻先节水、后调水,先治污、后通水,先环保、后用水的"三先三后"精神,将水资源投资的重点转向节水、防污和环保。对各地的水利投资,要改变"中央投资用于开源,地方投资用于节水"的做法。(4)积极、有步骤地推行水价改革。(5)认真学习研究国外有关水权问题的理论和实践经验,以及在典型流域和区域推行生态补偿的办法,继续开展试点工作。(6)主动配合环保等有关部门,切实加强水污染防治、生态系统保护等工作。中国工程院在2000年中国水资源战略研究的结论中提出,提高用水效率是一场涉及生产力和生产关系的革命,水资源战略的核心是提高用水效率,建成节水防污型社会。②

　　中国工程院关于我国水资源问题的战略研究的报告,剖析了我国水利建设取得的伟大成绩、建设思路正在发生的变化以及仍然存在的认识误区和工作差距。报告深刻阐述了以提高用水效率和效益、保护水环境为目标,实行从传统的供水管理为主转向以需水管理为基础的必要性和紧迫性,对水利部门转变水利观念起了重要作用。③

　　2000年10月,《中共中央关于制定国民经济和社会发展第十个五年计划的建议》中首次提出建立节水型社会。2001年3月,水利部部长汪恕诚再次倡导"建立节水型社会",要求以水资源可持续利用保障经济社会的发展,加强水污染防治和水资源保护。2002年颁布的《水法》明确规定:"国家厉行节约用水,大力推行节约用水措施,发展节水型工业、农业和服务业,建立节水型社会。"各地进行了一系列实践探索,建设节水型社会。2001年3月,水利部确定甘肃省张掖市为全国首家节水型社会建设试点。

---

　　① 钱正英:《中国水利的战略选择:转变发展方式》,《文汇报》,2009年3月21日。

　　②③ 同①。

到 2006 年 5 月,已确立国家和省级节水型社会建设试点 100 多个。张掖市初步形成了"总量控制、定额管理、以水定地(产)、配水到户、公众参与、水量交易、水票流转、城乡一体"的节水型社会建设运行机制和体制,试点取得明显成效,积累了宝贵经验。①

2001 年 9 月,全国人大常委会执法检查组分别赴重庆、湖北、江苏对当地贯彻执行水污染防治法的情况进行了检查,重点检查了工业污染治理达标、城市生活水污染处理、农业面源污染防治、三峡水库环境治理、长江流域生态环境保护和建设、南水北调工程中线和东线取水处水质等情况。9 月 9 日至 17 日,邹家华副委员长率全国人大常委会水污染防治法执法检查组,在湖北开展水污染防治法执行情况的执法检查。执法检查组在武汉听取了湖北省和武汉市有关水污染防治法落实情况的汇报。检查组重点检查了武汉城市水环境及污水处理情况、丹江口南水北调中线工程取水口水质情况、宜昌三峡施工区水污染环境治理情况等。邹家华在重点考察了武汉市东湖水质及环湖工业污染治理达标、城市生活污水处理等情况后指出,水资源是人类社会赖以生存的前提,直接关系到社会的可持续发展。当前,我国重点江河流域水污染问题比较突出,对经济和社会的可持续发展带来很大影响。地方人大和政府在保护环境资源上也做出了积极努力,采取了整治江湖、制止乱砍滥伐森林等一些措施,取得显著成效。但随着经济的快速发展和人口的增加,水污染的总量也在增加。面对这一严峻的水资源环境形势,我们必须保持清醒的头脑。保护水资源,防止水污染,是遵从人民的意志,保护人民的切身利益,实现为人民服务宗旨的重要体现。②

此外,贵州、云南、四川、湖南、江西、安徽和上海等省市也按全国人大常委会的要求进行了自查。这次检查的重点是长江流域水资源保护和水污染防治方面的情况。检查组在了解当前我国水资源总体形势和问题后提出建议:(1)加强领导,提高认识,增强水资源保护的责任感和紧迫感。各级领导干部应当以对历史、对人民群众、对子孙后代高度负责的精神,把水资源保护和水污染防治工作摆上重要的议事日程。(2)分类指导,标本兼治,加快水污染防治的步伐。首先,对于生活污水的治理,可行的办法是

---

① 汪恕诚:《建设节水型社会,保障经济社会可持续发展》,《人民日报》,2006 年 5 月 23 日。

② 江山:《邹家华在湖北检查水污染防治法执行情况时强调,以"三个代表"要求贯彻实施水污染防治法》,《人民日报》,2001 年 9 月 18 日。

建污水处理厂或污水处理装置。第二,工业污水治理问题。在工业污水的防治方面,过去讲"谁污染、谁治理",现在这个原则应该拓宽一点,也可以讲"谁污染、谁负责、谁付费"和"谁治理、谁达标、谁收费"。第三,特殊单位污水治理问题。第四,农业面源污染治理,必须大力发展生态农业,推广高效、低毒、低残留农药,研制开发生物防虫害技术,实行测土配方施肥,提高施肥效率,积极推广使用有机肥,逐步降低农药、化肥的使用量,减轻对农田、渔业水域和农产品的污染。(3)拓宽渠道,增加投资,加快城镇环境基础设施建设。(4)调整布局,优化结构,推行清洁生产,建立节水型社会。(5)完善法律,强化执法,依法保护水资源,清洁水环境。(6)加快治理步伐,确保三峡工程和南水北调工程顺利实施。[①]

2001年10月31日,九届全国人大常委会水污染防治法执法检查组举行第二次全体会议,各执法检查小组负责同志分别汇报了执法检查情况,检查组部分成员也作了发言。听取汇报后,邹家华发表了讲话。他表示,从执法检查的情况看,全国执行水污染防治法的力度比过去有所加强,群众的水污染防治意识得到明显提高,各地制定了具体的实际措施并加以实行,全国总的排污量有所减少,可以说取得很大成绩,但同时也存在一些问题,水污染防治形势依然严峻。他针对当时有关环保的一些错误认识指出:环境保护和经济建设不是对立的,应走经济发展和环境保护双赢的道路;环境保护不只是政府行为,也是全社会的事情;环境保护不能只有环境效益、社会效益,应实现社会效益、环境效益、经济效益"三效"统一。他还指出,污水防治应近期、远期统筹考虑,要克服实际工作中的畏难情绪;要新账不再欠,老账逐年还,严格执行"三同时"制度,坚持走市场化、社会化、专业化、产业化的道路,使我国水资源保护真正落到实处。[②]

"十五"水利规划建设目标和主要任务之一,就是"把节约用水作为革命性措施来抓"。为此,要求积极调整产业结构,大力推广节水技术,提高水的利用效率和生产效率,实现水资源利用从粗放型向集约型方式的转变,发展节水型农业、工业和服务业,形成节水型社会。"十五"期间,全国新增节水灌溉面积一亿亩,灌溉水有效利用系数由目前的0.40提高到

---

① 《水污染防治法》,《人民日报》,2002年2月27日。

② 傅旭:《邹家华在人大常委会水污染防治法执法检查组全会上强调环保和经济建设要做到双赢》,《人民日报》,2001年11月1日。

0.45左右。全国工业用水重复利用率由目前的50%左右提高到60%。①

2002年7月,水利部副部长陈雷撰文指出,应强化管理、优化配置、高效用水。他认为,水资源短缺、洪涝灾害、水环境恶化和水土流失4大问题,已经成为我国经济社会可持续发展的主要制约因素。在水资源开发利用方面还存在四个滞后:一是水资源管理体制和运行机制的改革滞后,水资源分割管理和无序开发的问题较为突出。二是水资源工程和水利基础设施建设滞后,水资源配置能力和抗御水旱灾害能力低。三是水价形成机制的建立滞后,难以发挥水价的经济杠杆作用。四是水资源法律法规制定和政策研究滞后,水行政执法队伍建设亟待加强。为此,他提出了实现水资源可持续利用的主要对策:第一,调整经济结构和产业布局,根据水资源的承载能力,优化配置水资源,缓解水资源紧缺矛盾。第二,改革水管理体制,建立统一、权威、高效的水资源管理体系,加强水资源的统一管理。第三,制定和完善水法规和政策,加大依法行政、依法治水和依法管水的力度,推进水行政管理工作的法制化。第四,大力推进节约用水,建立节水型工业、农业、城市和社会,提高水资源利用效率。要制定国家节水政策,大力推广节水技术与设备,建立节水型社会。第五,加强水资源的保护和治污力度,不断改善水环境,提高水资源的承载能力。第六,加强水利基础设施建设,实施跨流域调水工程,合理开发和优化配置水资源。第七,建立新的水价形成机制,发挥水价对水资源优化配置和可持续利用的经济杠杆作用。第八,依靠科技创新和技术进步,提高水资源开发利用水平和科技在水资源管理中的贡献率。第九,全面推进水利管理体制改革,建立与社会主义市场经济相适应的水利运行机制。第十,建立多元化的水利投资机制,多渠道增加水利建设资金投入。第十一,充分利用雨洪资源,开发非传统水资源,搞好污水处理和中水回用。第十二,加强水资源开发、利用和管理人才的培养,建设高素质的水政监察执法队伍。②

1998年大水以后,以大江大河堤防为重点的防洪体系建设取得了突破性进展,水资源管理工作得到了加强,但从总体上看,水利工作仍面临长期、严峻的挑战:(1)洪涝灾害依然是中华民族的心腹之患,主要江河防洪保护区的防洪标准还普遍偏低。(2)水资源供需矛盾越来越突出。

① 江夏:《兴利除害开源节流》,《人民日报》,2001年8月20日。
② 陈雷:《强化管理,优化配置,高效用水》,《人民日报》,2002年7月1日。

（3）水土流失严重。（4）水污染尚未得到有效控制。根据中国2001年的水质评价结果，在调查评价的12.1万公里河长中，四类水河长占14.2%，五类或劣五类水河长仍占24.4%。解决洪涝灾害、干旱缺水、水土流失和水污染四大水问题的任务依然十分艰巨。[①]

水利部总结了历史上长期治水的经验教训，根据中共中央新时期治水方针，按照可持续发展的思路和要求，对水资源可持续利用问题进行了积极探索，对我国水问题的认识不断深化，开始从传统水利向现代水利、可持续发展水利转变。这一转变体现为：一是在治水中坚持按自然规律办事，在防止水对人的侵害的同时，特别注意防止人对水的侵害；重视生态与水的密切关系，对生态问题严重的河流流域，采取节水、防污、调水等措施予以修复；有计划地进行湿地补水，保护湿地；在地下水超采区，采取封井、限采等措施，保护地下水；重视并充分发挥自然的自我修复能力，保护生态系统，促进人与自然和谐相处。二是坚持推进资源利用与经济社会协调发展，从传统的"以需定供"转为"以供定需"；重视和加强对水资源的配置、节约和保护，努力提高用水效率和效益，提高水资源和水环境的承载能力，建设节水防污型社会。三是在治水过程中，坚持全面规划、统筹兼顾、标本兼治、综合治理，兴利除害结合、开源节流并重、防洪抗旱并举，工程措施与非工程措施相结合，充分发挥水的综合功能。[②]

水利部转变水利观念后，确定水利工作主要对策是：（1）努力提高防汛抗旱工作水平。防洪工作要从控制洪水向洪水管理转变，综合运用各种措施，把洪水灾害造成的损失减少到最低限度，同时充分利用雨洪资源。抗旱工作要牢固树立长期抗旱、抗大旱的思想，从以农业抗旱为主向城乡生活、生产和生态的全面抗旱转变。（2）继续加强水利建设。继续加强大江大河大湖治理，进一步完善防洪工程体系。搞好南水北调等重点工程建设。加强农村水利基础设施建设。加快解决农村群众的饮水困难，加强大中型灌区的节水改造，以灌溉饲草地建设为重点大力发展牧区水利，积极实施小水电代燃料生态建设，在黄土高原区全面推进淤地坝建设，努力改善农村生产、生活条件和生态环境，促进农业产业结构调整和农民脱贫致富。（3）大力推进水资源的可持续利用。实行城乡统筹，合理调配，搞好

---

① 汪恕诚：《实现水资源的可持续利用》，《人民日报》，2003年3月22日。

② 同①。

江河全流域水资源的优化配置,协调好生活、生产和生态用水。把节水工作贯穿于国民经济发展和群众生产生活的全过程,积极发展节水型产业,建设节水型城市和节水型社会,提高水资源的利用效率和使用效益。大力加强水资源保护和水土保持工作。积极推进流域和区域水资源的统一管理,努力建立权威、高效、协调的流域水资源统一管理体制。(4)进一步深化水利改革,努力建立新时期水利发展的新体制和新机制。加快投融资体制改革,多渠道筹集水利建设和管理资金。大力推进水利工程管理体制改革。深化农村小型水利工程建设和管理体制改革。改革水价形成机制,充分发挥价格在资源配置中的杠杆作用。(5)依法治水、科学治水。以新《水法》的实施为重点,全面推进依法治水。加大水政执法力度。依靠科技进步,不断提高水利建设水平和水资源管理水平。加快水利信息化步伐,以水利信息化促进和带动水利现代化。[①]

2003 年 3 月 22 日,第三届水论坛部长会议在日本京都开幕。水利部部长汪恕诚在会上阐述了中国在水资源领域开展国际合作的主张。关于水资源领域的国际合作问题,汪恕诚提出了三个主张:将解决水资源问题与经济社会发展、消除贫困、改善环境紧密结合起来,在经济发展中求得问题的解决;发达国家要发挥经济技术优势,以实际行动切实帮助发展中国家解决水资源问题,并注意加强发展中国家水资源领域的能力培养;水资源领域的国际规则制定应由各国平等协商,体现各国的意愿和利益。汪恕诚认为,中国水资源领域面临的挑战主要包括:洪涝灾害频繁,20 世纪 90 年代主要江河流域有 6 年发生大洪水;水资源严重短缺,按正常需要和不超采地下水,年缺水总量为 300 亿至 400 亿立方米;水土流失严重,水土流失面积达 356 万平方公里,流失土壤总量达 50 亿吨;水污染尚未得到有效控制。[②]

党的十六大明确提出全面建设小康社会的环境保护和可持续发展目标:可持续发展能力不断增强,生态环境得到改善,资源利用效率显著提高,促进人与自然的和谐,推动整个社会走上生产发展、生活富裕、生态良好的文明发展道路。

2004 年 3 月 10 日,胡锦涛在中央人口资源环境工作座谈会上的讲话

---

① 汪恕诚:《实现水资源的可持续利用》,《人民日报》,2003 年 3 月 22 日。
② 管克江:《我水利部长在世界水论坛上阐述中国主张》,《人民日报》,2003 年 3 月 23 日。

指出水利工作要切实抓好以下几项工作：（1）要加强供水工程建设，提高对水资源在时间和空间上的调控能力。南水北调是缓解我国北方水资源短缺和生态环境恶化状况、促进全国水资源整体优化配置的重要战略举措。现在东线、中线已经开工，要按照规划，精心设计、精心施工、严格管理，高水平、高质量地完成各项建设任务。在合理开发地表水和地下水的同时，要重视开发利用处理后的污水以及雨水、海水和微咸水等水资源。加强流域和区域的水资源统一调度，协调好生活、生产和生态用水，切实解决好群众的生活用水问题。（2）要积极建设节水型社会。要把节水作为一项必须长期坚持的战略方针，把节水工作贯穿于国民经济发展和群众生产生活的全过程。制定水资源规划，明确各地区、各行业、各部门乃至各单位的用水指标，确定产品生产或服务的科学用水定额。健全水权转让的政策法规，促进水资源的高效利用和优化配置。要推广先进实用的节水灌溉技术，大力开发和推广节水器具和节水的工业生产技术。（3）要切实做好防汛抗旱工作。要立足于防大汛、抗大旱，继续加快堤防建设和控制性工程建设，搞好重要河段的河道整治及蓄滞洪区建设，抓好病险水库除险加固，确保大江大河、大型水库、大中城市和重要设施的防洪安全。把淮河作为近期全国大江大河治理的重点，抓紧灾后重建，加快治理步伐。要进一步加强节水灌溉、人畜饮水、农村水电、水土保持、牧区水利和预防传染病项目等农村水利基础设施建设，保护和提高农业特别是粮食生产能力，促进农民增收。①

胡锦涛在中央人口资源环境工作座谈会上明确要求："环境保护工作要着眼于人民喝上干净的水、呼吸清洁的空气、吃上放心的食物，在良好的环境中生产生活。"确保人民喝上干净的水，是环境保护工作的首要任务。水利部门要重点采取以下五大措施：一是建立基于水环境功能区达标的污染物排放总量控制体系，将污染物排放总量削减任务落到实处。二是集中力量抓紧治理重点流域的污染，及早解决危害群众健康的环境问题。三是积极推进城市污水处理与资源化。四是科学合理调配水资源，确保生态用水。五是依法管理水环境，积极开展水污染防治工作。要坚决扭转一些地方有法不依、执法不严、违法不究的现象，严格执行《水污染防治法》，对违

---

① 胡锦涛：《在中央人口资源环境工作座谈会上的讲话》，《人民日报》，2004 年 4 月 5 日。

法排污、干扰执法、行政不作为的行为要严肃查处,违法的要绳之以法。①

　　鉴于我国用水效率之低、浪费水之严重、节水的潜力之大,专家们达成了共识:厉行节约,建设节水型社会,是解决中国水资源问题的根本出路。为此,国务院确定的南水北调工程三大原则之一就是"先节水,后调水"。2004 年全国各级水利部门积极探索和实践可持续发展水利,努力推进水资源节约、保护和合理利用,各项工作取得新的进展。其表现在三个方面;(1)节水型社会建设取得成效。在甘肃张掖等近百个地区开展了节水型社会建设试点,宁夏和内蒙古自治区进行了行业间水权转换,天津市积极推进市场配置节水,17 个省、自治区、直辖市制定了用水定额。强化了对建设项目取水、用水的论证和许可管理,从源头上抑制不合理的用水需求。对 213 个大型灌区和 23 个重点中型灌区进行续建配套节水改造,开展了150 个节水示范项目和 50 个牧区节水灌溉试点建设。全国节水灌溉面积已达 3.2 亿亩。(2)水资源和生态保护得到加强。推进水功能区管理,17个省、自治区、直辖市实施了水功能区管理制度。核定了三峡库区等水域纳污能力和限制排污总量。完成了全国入河排污口普查,加强了对入河排污口的监督管理。强化了对地下水的保护和对超采区的治理。通过水资源的综合管理和科学调度,实现黄河不断流,太湖水质改善,塔里木河下游、黑河下游生态得到一定修复,河北白洋淀、吉林向海等湿地恢复生机。水土流失治理步伐明显加快,在长江上游、黄河中游等水土流失严重地区实施重点治理 4.5 万平方公里,七大流域封育保护 11 万平方公里。(3)防汛抗旱和水利建设有新的进展。加强了对洪水的调度和管理,拓宽了抗旱工作领域,战胜了局部地区的严重洪涝灾害、强台风和部分地区的严重旱情,有效地减少了人员伤亡,大大减少了经济损失,维护了群众利益和社会稳定,为 2004 年的粮食增产和农民增收做出了积极贡献。实施了向北京集中输水、引黄济津、珠江流域压咸补淡应急调水,确保了北京、天津和珠江三角洲地区及澳门特别行政区的供水安全。南水北调、治淮等重点水利工程建设进展顺利。5 年累计解决了 5 700 多万人的饮水困难,提前完成了"十五"计划任务。②

　　2005 年 3 月 12 日,胡锦涛在中央人口资源环境工作座谈会上指出,要

---

① 解振华:《让人民喝上干净的水》,《人民日报》,2003 年 6 月 6 日。
② 汪恕诚:《保障饮水安全,维护生命健康》,《人民日报》,2005 年 3 月 22 日。

把建设节水型社会作为解决我国干旱缺水问题最根本的战略举措。十届人大四次会议通过的《国民经济和社会发展第十一个五年规划纲要》提出,要建设资源节约型和环境友好型社会。

同年7月,国务院颁布《国务院关于做好建设节约型社会近期重点工作的通知》。通知指出,建设节约型社会的指导思想是,以邓小平理论和"三个代表"重要思想为指导,认真贯彻党的十六大和十六届三中、四中全会精神,树立和落实以人为本、全面协调可持续的科学发展观,坚持资源开发与节约并重,把节约放在首位的方针,紧紧围绕实现经济增长方式的根本性转变,以提高资源利用效率为核心,以节能、节水、节材、节地、资源综合利用和发展循环经济为重点,加快结构调整,推进技术进步,加强法制建设,完善政策措施,强化节约意识,尽快建立健全促进节约型社会建设的体制和机制,逐步形成节约型的增长方式和消费模式,以资源的高效和循环利用,促进经济社会可持续发展。

《通知》做出5项规定:一是推动节水型社会建设。认真研究提出关于开展节水型社会建设的指导性文件,适时召开全国节水型社会建设工作会议。继续开展全国节水型社会建设试点工作,重点抓好南水北调东中线受水区和宁夏节水型社会建设示范区建设。二是推进城市节水工作。积极开展节水产品研发,加大节水设备和器具的推广力度,指导各地加快供水管网改造,降低管网漏失率。推动公共建筑、生活小区、住宅节水和中水回用设施建设。推进污水处理及再生利用,加快城市供水和污水处理市场的改革。三是推进农业节水。继续推进农业节水灌溉,推广农业节水灌溉设备应用,大力推进大中型灌区节水改造,积极开展农业末级渠系节水改造试点。四是推进节水技术改造和海水利用。五是加强地下水资源管理。严格控制超采、滥采地下水。防治水污染,缓解水质性缺水。①

2006年2月国务院发布的《关于落实科学发展观加强环境保护的决定》指出,我国环境保护虽然取得了积极进展,但环境形势严峻的状况仍然没有改变。要科学划定和调整饮用水水源保护区,切实加强饮用水水源保护,建设好城市备用水源,解决好农村饮水安全问题。坚决取缔水源保护区内的直接排污口,严防养殖业污染水源,禁止有毒有害物质进入饮用水水源保护区,强化水污染事故的预防和应急处理,确保群众饮水安全。把

---

① 《国务院关于做好建设节约型社会近期重点工作的通知》,《人民日报》,2005年7月6日。

淮河、海河、辽河、松花江、三峡水库库区及上游,黄河小浪底水库库区及上游,南水北调水源地及沿线,太湖、滇池、巢湖作为流域水污染治理的重点。把渤海等重点海域和河口地区作为海洋环保工作重点。严禁直接向江河湖海排放超标的工业污水。①

为何要全面推进节水型社会建设?水利部部长汪恕诚指出,人多水少,水资源时空分布不均,是我国的基本水情,全国有约 400 个城市缺水。我国用水效率不高,2004 年万元 GDP 用水量为 347 立方米,远高于世界平均水平,节水潜力很大。解决我国水资源短缺的根本矛盾要靠建设节水型社会。通过建设节水型社会,促进经济增长方式转变,改善生态环境,增强经济社会可持续发展能力。因此,建设节水型社会的意义绝不亚于三峡工程和南水北调工程。建设节水型社会的核心是提高用水效率。综合考虑水利发展的环境、趋势和条件,"十一五"时期农业灌溉水有效利用系数要由 0.45 提高到 0.5;万元工业增加值用水量要由 173 立方米降低到 120 立方米以下;在充分挖潜的基础上,新增年供水能力 400 亿立方米,水资源保障能力得到提高。②

通过什么方式节水呢?节水有几种手段,有技术手段、工程手段、行政手段、经济手段等。从长远看,今后应该不断加大经济手段的运用力度,明晰水权,通过价格杠杆调控用水行为,逐步建立水权交易市场,使节水成为全社会的自觉行动。缺水的城市相当一部分已经更注重以经济手段调节用水行为。节水型社会的本质特征是建立以水权、水市场理论为基础的水资源管理体制。建设节水型社会首先要明晰水权,确定水资源的宏观控制指标和微观定额指标。形成水权交易市场,超额用水加价,节水转让有偿,这是建设节水型社会的第二步。水权交易市场建立起来了,发挥价格的杠杆作用,买卖双方都会考虑节水,社会节水的积极性被调动,水资源的使用就会自动流向高效率、高效益的地方。目前,我国已开始建立以总量控制、定额管理为核心的节水型社会的管理体系。黄河、黑河等流域实行了取水总量控制,有 17 个省、自治区、直辖市发布了用水定额。城市供水初步实现由福利型向商品型转变。这些为建设节水型社会奠定了基础。③

我国一方面缺水问题突出,另一方面水资源利用效率低,用水浪费较

---

① 《国务院关于落实科学发展观加强环境保护的决定》,《人民日报》,2006 年 2 月 15 日。
② 赵永平:《全面建设节水型社会——访水利部部长汪恕诚》,《人民日报》,2006 年 3 月 5 日。
③ 同②。

为严重。如不转变用水观念，创新发展模式，水资源供需矛盾将会更加突出。因此，建设节水型社会，是解决我国水资源短缺问题最根本、最有效的战略举措，是保障我国经济社会可持续发展的必然选择。2006 年 5 月，水利部部长汪恕诚在中宣部等六部委联合举行形势报告会上，对如何推进节水型社会建设进行了阐述。汪恕诚指出，节水型社会建设的核心是制度建设，节水型社会的本质特征是建立以水权、水市场理论为基础的水资源管理体制，形成以经济手段为主的节水机制，建立起自律式发展的节水模式，不断提高水资源的利用效率和效益，促进经济、资源、环境协调发展。节水型社会制度建设要解决的是全社会的节水动力和节水机制问题，使得各行各业、社会成员受到普遍的约束，需要去节水；使得全社会能够获得制度的收益，愿意去节水，使节水成为用水户自觉、自发的长效行为。节水型社会的实现途径：(1) 明晰初始水权。(2) 确定水资源宏观总量与微观定额两套指标体系。(3) 综合采用法律措施、工程措施、经济措施、行政措施、科技措施，保证用水控制指标的实现。(4) 用水户参与管理。这套制度能否有效运转，公众的参与是非常必要的。如成立用水户协会，参与水权、水量的分配、管理、监督和水价的制定。(5) 制定用水权交易市场规则，建立用水权交易市场，实行用水权有偿转让，实现水资源的高效配置。①

他指出，我国节水型社会建设主要目标是：到 2010 年，水资源利用效率和效益明显提高，万元 GDP 用水量年均降低 6% 以上；全国农业灌溉水有效利用系数从 0.45 提高到 0.5，全国农业灌溉用水基本实现零增长；工业万元增加值用水量从 173 立方米降到 115 立方米以下；服务业用水效率接近同期国际先进水平。到 2020 年，初步建成与小康社会相适应的节水型社会，力争实现经济社会发展用水零增长，在维系良好生态系统的基础上实现水资源的供需平衡。节水型社会建设的主要任务是建立三大体系：一是建立与用水权管理为核心的水资源管理制度体系。建立政府调控、市场引导、公众参与的节水型社会管理体制。建立和完善包括用水总量控制和定额管理、水权分配和转让、水价等在内的一系列用水管理制度。二是建立与区域水资源承载能力相协调的经济结构体系。实现从"以需水能力定供水能力"到"以供水能力定经济结构"的转变。三是建立与水资源优

① 汪恕诚：《建设节水型社会，保障经济社会可持续发展》，《人民日报》，2006 年 5 月 23 日。

化配置相适应的节水工程和技术体系。①

在建设节水型社会过程中,要明晰初始水权,要确定水资源宏观总量控制与微观定额管理两套指标体系,要采取法律、经济、工程、行政、科技等综合调控措施保证两套指标体系的实现。汪恕诚特别强调,节水型社会建设涉及不同地区、不同行业、不同产业、不同用户,涉及人口资源环境的协调发展,涉及千家万户的根本利益,需要政府强有力的领导,需要各部门的密切协作,需要全社会的共同行动。社会各界要积极参与节水型社会建设的目标规划、政策制定和措施落实,创建节水型城市、节水型社区、节水型企业。每个人都应当拥有良好的用水习惯,严格监督浪费水、污染水的不良行为。②

2006 年 7 月 21 日,国务院召开全国水污染防治工作电视电话会议,国家环保总局与"十一五"水污染物削减任务较重的河北等 9 省(区)政府签订了削减目标责任书。中共中央政治局委员、国务院副总理曾培炎出席会议并讲话。曾培炎指出,水污染问题已经成为制约经济发展、危害群众健康、影响社会稳定的重要因素,必须痛下决心加以解决。各地区和各有关部门要切实提高忧患意识和责任意识,增强使命感和紧迫感,扎扎实实抓好 6 项工作:严格控制污染物排放总量;抓好重点流域水污染防治;加快城镇污水垃圾处理设施建设;防范水环境安全事故;要优化经济布局、改善水环境质量;大力搞好饮用水安全保障。曾培炎强调,水污染防治的主要责任在地方。各级地方政府要逐级签订水污染物总量削减目标责任书,一级抓一级,层层抓落实。责任书规定的削减指标,是必须完成的约束性指标,国家有关部门要定期检查、考核并向社会公布。③

水利部门以科学发展观为统领,根据新时期水利发展面临的新情况、新问题,进一步完善发展思路,转变发展模式,推动水利发展真正转入现代水利、可持续发展水利的轨道。转变水利发展思路,就要求在各项水利规划中,要按照科学发展观的要求和人与自然和谐相处的理念,更加注重给洪水出路,改变长期以来人水争地,无节制围垦河道、湖泊、湿地的做法;更

① 汪恕诚:《建设节水型社会,保障经济社会可持续发展》,《人民日报》,2006 年 5 月 23 日。
② 《中宣部等六部委联合举行形势报告会,水利部部长汪恕诚强调共同推进节水型社会建设》,《人民日报》,2006 年 5 月 17 日。
③ 武卫政:《国务院召开全国水污染防治工作电视电话会议,9 省(区)政府签订水污染物总量削减目标责任书》,《人民日报》,2006 年 7 月 24 日。

加注重水资源的节约和保护,强化需水管理,建设节水型社会,推进经济增长方式的转变;更加注重发挥大自然的自我修复能力,有效治理水土流失。①

　　建设节水型社会是解决我国水资源短缺问题最根本、最有效的战略举措。为此,就要求按照供需协调、综合平衡、保护生态、厉行节约、合理开源的原则,合理确定各流域和流域内不同地区、不同领域、不同行业的用水指标,建立总量控制与定额管理相结合的新型水资源管理制度。要按照中央关于完善重要资源产品价格形成机制的要求,深化水价改革,建立以经济手段为主的节水机制,形成自律式发展的节水模式。要加强宣传,引导公众广泛参与节水型社会建设,提高全民节水意识。通过综合应用各种节水措施,有效提高用水效率和效益,促进经济、资源、环境协调发展。②

---

①　汪恕诚:《为构建和谐社会提供水利保障》,《人民日报》,2007 年 3 月 22 日。

②　同①。

结　语　农村水利事业面临的新问题及其新对策

除水害、兴水利,事关人类生存、经济发展、社会进步,历来是治国安邦的大事。新中国成立以来,中国共产党和人民政府高度重视水利工作,始终把兴修水利作为治国安邦的大事来抓,动员亿万人民群众大规模兴修水利,集中力量系统整治大江大河,突出重点优先解决民生水利问题,主要江河防洪能力显著提升,城乡供水保障水平大幅提高,农田水利设施不断完善,水资源节约和保护得到加强,取得了举世瞩目的巨大成就。

然而,中国人多水少、水资源时空分布不均的基本国情水情并未根本改变,而且,随着工业化、城镇化和农业现代化加速推进,全球气候变化影响加大,我国水利面临的形势将更趋严峻。从总体上看,我国水利建设仍面临“基础脆弱、欠账太多、全面吃紧”的严峻局面:一是我国防洪综合体系还不健全,2010 年全国有 437 条河流发生超警洪水,受灾人口达 2.1 亿,洪涝灾害频繁仍然是中华民族的心腹大患;二是水资源调控能力还不足,正常年份全国年缺水量 500 多亿立方米,近 2/3 城市不同程度存在缺水,供需矛盾突出仍然是可持续发展的主要瓶颈;三是农业主要“靠天吃饭”的局面仍未改变,全国 54% 的耕地缺少基本灌排条件,20 世纪 90 年代以来,平均每年因洪涝受灾面积超过 2.1 亿亩。“两工”①取消后农民投工投劳锐减,农田水利建设滞后仍然是影响农业稳定发展和国家粮食安全的最大硬伤;四是水利投入强度还不够,全国 4 万多个乡镇中有 1/3 缺乏符合标准的供水设施,水利设施薄弱仍然是国家基础设施的明显短板。②

近年来,我国极端天气事件明显增多,自然灾害呈现多发频发重发趋势,2006 年重庆、四川东部地区的特大干旱,2007 年淮河流域性的大洪水,2008 年南方的低温雨雪冰冻灾害,2009 年大范围的特大春旱,2010 年西南

---

① “两工”指义务工、积累工,2003 年取消。
② 《政策解读:2011 年中央一号文件为何锁定水利》,《人民日报》,2011 年 2 月 9 日。

地区的特大干旱、多数省区市遭受的洪涝灾害、部分地方突发的严重山洪泥石流,造成重大人员伤亡和经济损失,给人民生命财产构成严重威胁,暴露出我国水利基础脆弱、欠账较多的严峻局面,再次警示我们加快水利建设刻不容缓,深化水利改革时不我待,强化水利管理势在必行。

不同的历史时期,党和国家对水利的地位作用有不同的论断。早在1934年,毛泽东就提出"水利是农业的命脉";改革开放至20世纪末,国家明确水利是"国民经济和社会持续稳定发展的重要基础和保障";进入新世纪以后,中共中央提出"水资源是基础性的自然资源和战略性的经济资源"。随着经济社会的快速发展,我国水资源形势深刻变化,水安全状况日趋严峻,水利的内涵不断丰富,水利对全局的影响更为重大,地位更加凸显。近年来,已有20多个省、自治区、直辖市先后出台了加快水利改革发展的政策文件,取得了明显成效。2010年频发多发的严重洪涝干旱等灾害引起社会各界的广泛关注,增强水患意识、加大政策支持、加强水利建设、提高防汛抗旱能力已成为全社会的共同呼声。针对水利工作面临的新形势新要求、存在的新问题新挑战,迫切需要中央就水利改革发展制定出台综合性政策文件,从党和国家事业全局和战略的高度对水利工作进行科学定位、统筹谋划、全面部署,凝聚全社会力量,形成治水兴水合力,推动水利实现跨越式发展。

为切实夯实农业稳定发展的农田水利基础,抓紧突破影响经济社会又好又快发展的水利薄弱环节,中央从党和国家事业全局出发,认真分析形势,广泛听取意见,经过慎重考虑,决定以2011年中央一号文件方式,出台《中共中央国务院关于加快水利改革发展的决定》。

中央发布的一号文件《关于加快水利改革发展的决定》(简称《决定》)提出:水是生命之源、生产之要、生态之基;水利是现代农业建设不可或缺的首要条件,是经济社会发展不可替代的基础支撑,是生态环境改善不可分割的保障系统,具有很强的公益性、基础性、战略性。加快水利改革发展,不仅事关农业农村发展,而且事关经济社会发展全局;不仅关系到防洪安全、供水安全、粮食安全,而且关系到经济安全、生态安全、国家安全。这是第一次在中国共产党的重要文件中全面深刻阐述水利在现代农业建设、经济社会发展和生态环境改善中的重要地位,第一次将水利提升到关系经济安全、生态安全、国家安全的战略高度,第一次鲜明提出水利具有很强的公益性、基础性、战略性。这样的定位,是对我国基本国情和基本水情的准确把握,是对长期治水经验的提炼总结,是对水利发展阶段特征的科学判定,是中共中央对水利认识的又一次重大飞跃。

水利部长陈雷指出:"从农业农村发展来看,实现全国新增 1 000 亿斤粮食生产能力规划目标,确保国家粮食安全,最大的制约因素是水,最薄弱的环节是农田水利,特别是近年来频繁发生的严重干旱,充分说明农田水利建设滞后仍然是影响农业稳定发展和国家粮食安全的最大硬伤。"[①] 针对水旱灾害暴露出的突出问题,《决定》突出强调了加强农田水利等薄弱环节建设的任务:"把水利作为国家基础设施建设的优先领域,把农田水利作为农村基础设施建设的重点任务,把严格水资源管理作为加快转变经济发展方式的战略举措,注重科学治水、依法治水,突出加强薄弱环节建设,大力发展民生水利,不断深化水利改革,加快建设节水型社会,促进水利可持续发展,努力走出一条有中国特色水利现代化道路。"[②] 这种基本思路,是中央在准确分析水利发展现状,着眼经济社会发展全局而提出来的重大战略部署,也意味着国家今后将有更多资金投入水利建设。

为了大兴农田水利建设,中央明确提出,到 2020 年,基本完成大型灌区、重点中型灌区续建配套和节水改造任务。结合全国新增千亿斤粮食生产能力规划实施,在水土资源条件具备的地区,新建一批灌区,增加农田有效灌溉面积。实施大中型灌溉排水泵站更新改造,加强重点涝区治理,完善灌排体系。健全农田水利建设新机制,中央和省级财政要大幅增加专项补助资金,市、县两级政府也要切实增加农田水利建设投入,引导农民自愿投工投劳。加快推进小型农田水利重点县建设,优先安排产粮大县,加强灌区末级渠系建设和田间工程配套,促进旱涝保收高标准农田建设。因地制宜兴建中小型水利设施,支持山丘区小水窖、小水池、小塘坝、小泵站、小水渠等"五小水利"工程建设,重点向革命老区、民族地区、边疆地区、贫困地区倾斜。同时,加快中小河流治理和小型水库除险加固,抓紧解决工程性缺水问题,提高防汛抗旱应急能力。

《决定》着眼于夯实水利基础,全面增强水利支撑保障能力,提出重点加强 5 大建设。一是继续实施大江大河治理。推进主要江河河道整治和堤防建设,加快蓄滞洪区建设,抓紧建设一批流域防洪控制性枢纽工程,加

---

① 《奏响全面加快水利改革发展新号角——水利部部长陈雷解析 2011 年中央一号文件》,《中国水利报》,2011 年 2 月 1 日。

② 《中共中央国务院关于加快水利改革发展的决定》,《人民日报》,2011 年 1 月 30 日。

强城市防洪排涝工程建设。二是加强水资源配置工程建设。尽快建设一批骨干水源工程和河湖水系连通工程,提高水资源调控水平和供水保障能力。三是搞好水土保持和水生态保护。实施国家水土保持重点工程建设,加强重点区域及山洪地质灾害易发区的水土流失防治,继续推进生态脆弱河流和地区水生态修复。四是合理开发水能资源。五是强化水文气象和水利科技支撑,推进水利科技创新和成果转化,加快水利信息化建设。

《决定》在强化水利投入、管理和改革等方面有很多新亮点和新突破:一是在水利投入机制上有新突破。《决定》提出,要建立水利投入稳定增长机制,进一步提高水利建设资金在国家固定资产投资中的比重,大幅度增加中央和地方财政专项水利资金,从土地出让收益中提取 10% 用于农田水利建设,进一步完善水利建设基金,加强对水利建设的金融支持,多渠道筹集资金,力争今后 10 年全社会水利年平均投入比 2010 年高出一倍。二是在水资源管理制度上有新突破。《决定》提出,实行最严格的水资源管理制度,确立水资源开发利用控制、用水效率控制、水功能区限制纳污三条红线。三是在水利体制机制上有新突破。针对水利又好又快发展的深层次制约,《决定》重点强调了 4 个方面的体制机制创新:(1) 在完善水资源管理体制方面,提出要强化城乡水资源统一管理,完善流域管理与区域管理相结合的水资源管理制度,进一步完善水资源保护和水污染防治协调机制;(2) 在水利工程建设和管理体制改革方面,提出要落实好公益性、准公益性水管单位基本支出和维修养护经费,落实小型水利工程管护主体和责任,健全良性运行机制;(3) 在健全基层水利服务体系方面,提出要健全基层水利服务机构,按规定核定人员编制,经费纳入县级财政预算;(4) 在水价改革方面,提出要逐步实行工业和服务业用水超额累进加价制度,稳步推行城市居民生活用水阶梯式水价制度,探索实行农民定额内用水享受优惠水价、超定额用水累进加价的办法。①

《关于加快水利改革发展的决定》的出台,为水利发展提供了重要的战略机遇期,水利发展的又一个春天已经到来。通过 5 ～ 10 年大规模的水利建设,中国将从根本上扭转水利建设明显滞后的局面。根据中共中央的部署,到 2020 年,中国基本建成四大体系:一是防洪抗旱减灾体系,重点城市和防洪保护区防洪能力明显提高,抗旱能力显著增强;二是水资源合理

---

① 《中共中央国务院关于加快水利改革发展的决定》,《人民日报》,2011 年 1 月 30 日。

配置和高效利用体系,全国年用水总量力争控制在 6 700 亿立方米以内,城乡供水保证率显著提高,城乡居民饮水安全得到全面保障,万元国内生产总值和万元工业增加值用水量明显降低,农田灌溉水有效利用系数提高到 0.55 以上;三是水资源保护和河湖健康保障体系,主要江河湖泊水功能区水质明显改善,城镇供水水源地水质全面达标,重点区域水土流失得到有效治理,地下水超采基本遏制;四是有利于水利科学发展的制度体系,最严格的水资源管理制度基本建立,水利投入稳定增长机制进一步完善,有利于水资源节约和合理配置的水价形成机制基本建立,水利工程良性运行机制基本形成。①

届时,我国现代水利工程设施体系将初步建立,国家和区域层面水资源优化配置格局基本形成,旱涝保收高标准农田大规模建成,节水型社会建设全面推进,涉及民生的水利问题基本解决,水生态环境得到根本改善,水利保障防洪安全、供水安全、粮食安全的能力大幅提升,水利保障经济安全、生态安全、国家安全的作用更加凸现,充满生机与活力的水利现代化美好蓝图将变为现实。

---

① 《奏响全面加快水利改革发展新号角——水利部部长陈雷解析 2011 年中央一号文件》,《中国水利报》,2011 年 2 月 1 日。

参考文献

[1]《毛泽东文集》,北京:人民出版社,1993 年。

[2]《周恩来选集》,北京:人民出版社,1984 年。

[3]《刘少奇选集》,北京:人民出版社,1985 年。

[4] 逄先知、金冲及:《毛泽东传(1949—1976)》,北京:中央文献出版社, 2003 年。

[5] 金冲及:《周恩来传》,北京:中央文献出版社,1998 年。

[6] 中共中央文献研究室:《周恩来年谱(1949—1976)》,北京:中央文献 出版社、人民出版社,1997 年。

[7]《陈云文选》,北京:人民出版社,1995 年。

[8]《陈云文集》,北京:中央文献出版社,2005 年。

[9] 朱佳木:《陈云年谱》,北京:中央文献出版社,2000 年。

[10] 朱佳木:《陈云传》,北京:中央文献出版社,2005 年。

[11]《邓子恢文集》,北京:人民出版社,1996 年。

[12] 中共中央文献研究室:《建国以来毛泽东文稿:1—13 册》,北京:中央 文献出版社,1987—1998 年。

[13] 中共中央文献研究室:《建国以来重要文献选编:1—20 册》,北京:中 央文献出版社,1992—1998 年。

[14] 薄一波:《若干重大决策与事件的回顾(修订本)》,北京:人民出版 社,1997 年。

[15] 中华人民共和国国家农业委员会办公厅:《农业集体化重要文件汇 编》,北京:中共中央党校出版社,1982 年。

[16]《中国水利年鉴》编辑委员会:《中国水利年鉴(1991—2008)》,北京: 中国水利水电出版社 1992—2009 年。

[17]《当代中国的水利事业》编辑部:《历次全国水利会议报告文件 (1949—1957)》,北京:《当代中国的水利事业》编辑部,1987 年。

[18]《当代中国的水利事业》编辑部:《历次全国水利会议报告文件（1958—1978）》,北京:《当代中国的水利事业》编辑部,1987 年。

[19]《当代中国的水利事业》编辑部:《历次全国水利会议报告文件（1979—1987）》,北京:《当代中国的水利事业》编辑部,1987 年。

[20] 中国社会科学院、中央档案馆:《1949—1952 中华人民共和国经济档案资料选编·农业卷》,北京:社会科学文献出版社,1991 年。

[21] 中国社会科学院、中央档案馆:《1949—1952 中华人民共和国经济档案资料选编·综合卷》,北京:中国城市经济社会出版社,1990 年。

[22] 中国社会科学院、中央档案馆:《1949—1952 中华人民共和国经济档案资料选编·基本建设投资和建筑业卷》,北京:中国城市经济社会出版社,1989 年。

[23] 中国社会科学院、中央档案馆:《1949—1952 中华人民共和国经济档案资料选编·农村经济体制卷》,北京:社会科学文献出版社,1992 年。

[24] 中国社会科学院、中央档案馆:《1953—1957 中华人民共和国经济档案资料选编·农业卷》,北京:中国物价出版社,1998 年。

[25] 中国社会科学院、中央档案馆:《1953—1957 中华人民共和国经济档案资料选编·固定资产和建设业卷》,北京:中国物价出版社,1998 年。

[26] 中国社会科学院、中央档案馆:《1953—1957 中华人民共和国经济档案资料选编·综合卷》,北京:中国物价出版社,2000 年。

[27] 中国社会科学院、中央档案馆:《1953—1957 中华人民共和国经济档案资料选编·财政卷》,北京:中国物价出版社,2000 年。

[28] 中国社会科学院、中央档案馆:《1958—1965 中华人民共和国经济档案资料选编·农业卷》,北京:中国财政经济出版社,2011 年。

[29] 中国社会科学院、中央档案馆:《1958—1965 中华人民共和国经济档案资料选编·综合卷》,北京:中国财政经济出版社,2011 年。

[30] 中国社会科学院、中央档案馆:《1958—1965 中华人民共和国经济档案资料选编·固定资产投资与建筑业卷》,北京:中国财政经济出版社,2011 年。

[31] 中国社会科学院、中央档案馆:《1958—1965 中华人民共和国经济档案资料选编·财政卷》,北京:中国财政经济出版社,2011 年。

[32] 农业部计划司:《中国农村经济统计大全(1949—1986)》,北京:中国农业出版社,1989 年。

[33] 国家统计局:《新中国成立三十年国民经济统计提要》,北京:中国统计出版社,1980 年。

[34] 国家统计局:《新中国五十年》,北京:中国统计出版社,1999 年。

[35] 国家统计局农村社会经济调查总:《新中国五十年农业统计资料1949—1999》,北京:中国统计出版社,2000 年。

[36] 农业部:《新中国农业 60 年统计资料》,北京:中国农业出版社,2009 年。

[37] 中国农业年鉴编辑委员会:《中国农业年鉴·1980》,北京:中国农业出版社,1981 年。

[38] 水利部农村水利司:《新中国农田水利史略》,北京:中国水利水电出版社,1999 年。

[39] 水利部办公厅新闻宣传处:《造福人民的事业——中国水利建设 40年》,北京:中国水利电力出版社,1989 年。

[40]《水利辉煌 50 年》编纂委员会:《水利辉煌 50 年》,北京:中国水利水电出版社,1999 年。

[41] 水利部办公厅水利部发展研究中心:《水利改革发展 30 年回顾与发展》,北京:中国水利水电出版社,2010 年。

[42] 水利电力部:《中国农田水利》,北京:中国水利电力出版社,1987 年。

[43] 农业部农田水利局:《水利运动十年 1949—1959》,北京:中国农业出版社,1960 年。

[44] 钱正英:《中国水利》,北京:中国水利水电出版社,1991 年。

[45]《钱正英水利文选》,北京:中国水利水电出版社,2000 年。

[46] 中国人民共和国水利部:《水利是农业的命脉》,北京:水利出版社,1973 年。

[47]《当代中国》丛书编辑部:《当代中国的农业》,北京:当代中国出版社,1992 年。

[48] 彭敏主编:《当代中国的基本建设(上下)》,北京:中国社会科学出版社,1989 年。

[49] 李日旭:《当代河南的水利事业(1949—1992 年)》,北京:当代中国出版社,1996 年。

［50］安徽省水利厅:《安徽水利 50 年》,北京:中国水利水电出版社,
　　　1999 年。

［51］安徽省地方志编纂委员会:《安徽省志·水利志》,北京:方志出版社,
　　　1999 年。

［52］江苏省地方志编纂委员会:《江苏省志第 13 卷·水利志》,南京:江苏
　　　古籍出版社,2001 年。

［53］《江苏水利大事记(1949—1985)》,南京:江苏省水利史志编纂办公
　　　室,1988 年。

［54］江西省水利厅:《江西省水利志》,南昌:江西科学技术出版社,
　　　1995 年。

［55］陕西省地方志编纂委员会:《陕西省志·第 13 卷·水利志》,西安:陕
　　　西人民出版社,1999 年。

［56］河北省地方志编纂委员会:《河北省志·第 20 卷·水利志》,石家庄:
　　　河北人民出版社,1995 年。

［57］山西省史志研究院:《山西通志·第 10 卷·水利志》,北京:中华书
　　　局,1999 年。

［58］山东省地方史志编纂委员会:《山东省志·水利志》,济南:山东人民
　　　出版社,1993 年。

［59］湖北省地方志编纂委员会:《湖北省志·水利》,武汉:湖北人民出版
　　　社,1995 年。

［60］湖南省地方志编纂委员会:《湖南省志·第 8 卷·农林水利志·水
　　　利》,北京:中国文史出版社,1990 年。

［61］广东省地方史志编纂委员会:《广东省志·水利志》,广州:广东人民
　　　出版社,1995 年。

［62］四川省地方志编纂委员会:《四川省志·水利志》,成都:四川科学技
　　　术出版社,1996 年。

［63］水利部黄河水利委员会编写组:《黄河水利史述要》,北京:中国图书
　　　馆学会,1962 年。

［64］水利电力部黄河水利委员会治黄研究组:《黄河的治理与开发》,上
　　　海:上海教育出版社,1984 年。

［65］牛立峰等:《人民胜利渠引黄灌溉 30 年》,北京:中国水利电力出版
　　　社,1987 年。

［66］陈惺:《治水无止境》,北京:中国水利水电出版社,2009 年。

［67］郑杭生:《中国水问题》,北京:中国人民大学出版社,2005 年。

［68］张世法等:《中国历史干旱 1949—2000》,南京:河海大学出版社,
2008 年。

［69］汪家伦、张芳:《中国农田水利史》,北京:中国农业出版社,1990 年。

［70］五化云:《我的治河实践》,郑州:河南科学技术出版社,1989 年。

［71］武汉水利电力学院、水利水电科学研究院编写组:《中国水利史稿:上
册》,北京:中国水利电力出版社,1979 年。

［72］武汉水利电力学院本书编写组:《中国水利史稿》,北京:中国水利电
力出版社,1987、1989 年。

［74］陆孝平等:《建国 40 年水利建设经济效益》,南京:河海大学出版社,
1993 年。

［75］董志凯、武力:《中华人民共和国经济史(1953—1957)》,北京:社会
科学文献出版社,2011 年。

［76］武力:《中华人民共和国经济史》,北京:中国经济出版社,1990 年。

［77］高峻:《新中国治水事业的起步(1949—1957)》,福州:福建教育出版
社,2003 年。

［78］徐海亮:《从黄河到珠江——水利与环境的历史回顾文选》,北京:中
国水利水电出版社,2007 年。

［79］郝建生等:《杨贵与红旗渠》,北京:中央文献出版社,2004 年。

［80］李锐:《大跃进亲历记》,海口:南方出版社,1999 年。

［81］王耕今等:《乡村三十年》,北京:农村读物出版社,1989 年。

［82］艾力农:《我国农业建设与经济效果问题》,济南:山东人民出版社,
1982 年。

［83］戴玉凯:《论江苏农村水利建设与发展》,北京:中国水利水电出版社,
1996 年。

［84］罗兴佐:《治水:国家介入与农民合作》,武汉:湖北长江出版集团、湖
北人民出版社,2006 年。

［85］江苏省档案馆水利资料。

［86］安徽省档案馆水利资料。

［87］湖南省档案馆水利资料。

［88］广东省档案馆水利资料。

［89］河南省档案馆水利资料。

［90］湖北省档案馆水利资料。

［91］黑龙江省档案馆水利资料。

［92］吉林省档案馆水利资料。

［93］河北省档案馆水利资料。

［94］上海市档案馆水利资料。